浸浴缸 高低

鄧建初

目錄

代序

認識初哥雖然已經有頗一段時間，但彼此各自忙碌鮮有機會碰面，衹憑年前吃過一頓午飯以及在港交所交易大堂臨別秋波那次碰面機會時所予我的印象，感覺他的態度誠懇，表現很是專業。

他經常傳閱專欄文章及視頻讓我分享，雖然他不懂花言巧語但無阻視頻的精彩內容，而文章的觀點，堪算獨特，茲得悉他出書刊登多年來的文章，對一眾股民在股市投資，無疑頗具參考價值。

初哥邀請我幫忙寫序，盛情難卻，自然樂意遵從，希望他這次集文成書，刊發成功，讓廣大股民繼續從而獲益。

現任六福金融主席及行政總裁

許照中太平紳士

代序

不知不覺已認識鄧建初（初哥)二十多年，有緣曾經與他共事，後來慢慢成為好朋友。初哥為人樸實忠厚，平易近人，勤勉好學，喜歡鑽研股票投資，過去幾十年經歷了香港股市的多個高低起伏，時代變遷。

這本《初哥教路 浸浴缸 高低槓》的書名相當趣緻吸引，以多篇文章重溫過去接近五年香港股市的大時代動盪經歷，內容生動活潑，以獨特精闢和趣味性分享初哥的投資心法哲學，從理論實淺中看成敗得失，一些經典個案值得省思，啟發領悟，對初學投資者可避免犯錯，防止「贏粒糖，輸間廠」 的慘痛經歷 ；對資深投資者也可溫故知新，增強盈利能力，裨益良多。

投資炒股是沒有絕對必勝之道，需量力而為，投資前應多了解產品及對風險承受能力作好評估。

香港證券業協會前主席及永遠名譽會長

李耀榮

代序 不忘初心

初哥找我為其新書寫序當天，正是恆生指數由2萬多又回落至1.9萬水平的關鍵時刻，回想認識初哥時，恆生指數才是四位數，直至今天，港股經歷了陰晴圓缺，一如所有股民，投資路上我們都是有喜有悲，但我在初哥指引下，此段又刺激又驚險的旅途仍是喜多於悲。

我和初哥相識超逾三十載，曾經在地產行業共事，初哥轉行後，由於金融及地產圈子都很緊密，大家仍常有聯絡。這些年來，我最佩服就是初哥的冷靜思維。我認識不少股評人，很多都説話特別多，有時我也摸不到他們的重點，但初哥卻與眾不同，他思路清晰、言簡意賅，每次我請教他如何在股票市場上趨吉避凶，他都能簡明扼要地給予我明確方向，令我在危急關頭，化險為夷。

縱橫樓市三十多年，常常有人問我投資磚頭心得，這些心得在過往一些專欄和訪問中都説了不少，但投資股票的心得就沒人問我，這次不妨分享。投資股票，我是常懷「初」心，初心就是做足功課，現在投資產品非常多，未了解透徹便跟風亂投資，通常都會損手爛腳。此外，這個「初」也是指「初哥」的意見及教路，每次我接觸新產品，我都會先問他，免得自己亂石投林。初哥今次出書，將香港股票市場近幾年的情況呈現出來，讀者必定能從中領悟更深。

美聯集團董事總經理兼執行董事

黃子華

代序

初哥多年在報章與網站撰寫散文講股，又有教授股票投資課程，不時也有錄影電視或網上節目分享炒股心得，以專業股評家身份為人所熟知。筆者與初哥相識超過20年，熟知其眼光獨到，經常有與人不同的獨特看法和見解，為人具有社會責任，從不亂「吹牛」。初哥的文章亦處處反映上述人格，今次喜聞其專欄文章結集成書，亦是造福廣大股民。

書中不少炒股理論寫來簡單易明，輔以個人經驗、歷史事件及生活化的例子，偶爾加插武俠小説經典名著內容以助解釋，讀來通俗有趣。當中除了「難為牛熊定分界」等金句，還有不過時的炒賣道理，以及緊貼時代變化的內容，提醒讀者不合時宜的炒股模式，分析消息圖表的重要性等，絕無坊間常見「見好唱好，見跌唱跌」的市評股評。相信不論是炒股新手，還是經驗股民，都值得一看。

美聯工商舖行政總裁兼執行董事

盧展豪

代序

阿初是我的舊下屬，跟他相識28年，現已變成老友。

他為人心地善良，從不記仇，更難得的是竟然仇人也可變朋友。事實上，他不適合做股票經紀，因為人太老實，也比較保守，因為他明白世事的變幻莫測，不想客戶輸錢。客戶想落盤買股票，問他意見時，不知何解，他經常叫客戶不要買，變相同荷包作對。很多時候証明他的見解是對的。

喜歡研究賭博之術的他，對從事股票操盤及賽馬是一大優勢，我現在喜歡打麻雀練練腦筋娛樂一下也是拜他所賜。奇怪的是，他竟然戒打麻雀多年，累我少了一隻好腳(一笑)。

直至1997股災，他是公司中極少數經紀，能夠倖免於難。股樓皆在高位沽出，才知道他不是僥倖逃生，原來對經濟及圖表分析有一定研究和心得，怪不得有報章邀請他寫專欄。

這是一本教育股民難得的好書，也是他從業見証這30年的世事和股市的串連變化，文字的生動詞語令人回味無窮，讀者們閱讀後應大有得著。他誠意拳拳邀請我為他寫序，我感到很榮幸也當然義不容辭，祝願一紙風行。

前大華繼顯副董事總經理

李隆進

代序

認識初哥，是在1999年，那時我在蕭若元的天網當執行董事，其中一間分公司名叫「股壇追擊」。蕭的獨子蕭定一介紹初哥來撰稿，說初哥的分析很了得，成功預測了1997年的股災。後來，天網倒閉了，「股壇追擊」不在了，我和初哥卻保持交往，皆因我作為股民，有必要接收行家的寶貴資訊，保持市場觸覺。一晃眼，就是二十多年了。

2021年，我創辦了網台，這是個各方朋友共同使用的平台，大家或宣傳個人，或銷售產品，或純無聊發表意見，很自然地，初哥也加入了，成為其中一員，從此，我們也成為了合作無間的伙伴。在敝台的Telegram group，他有大量忠實粉絲，每天即時互動交流股票資訊，氣氛好不熱鬧。

初哥寫股票，是老手。他是《蘋果日報》財經版的初代作家，其後因事忙而辭寫，事後孔明，這當然是失算，但其實，當時的翹楚是《東方產經》，《蘋果財經》的讀者不多，其崛起是2003年之後，大炒細價股之後的事了。現時初哥在《東方產經》也有專欄，讀者很多。

初哥的財經文字，有一個優勢，就是他是一個很好的「說故事者」，文筆流暢，而且由於經歷豐富，坊間的財經作家沒有甚麼人比得上。單看他娓娓道來財經掌故，已有閱讀享受，而鑑古知今，知識上也有得著。我相信，讀者看畢本書，也有同感。

周顯

代序

認識「初哥」十幾年，深受其一直堅持推動香港股票投資不遺餘力所感動。

「初哥」投身股票行業30多年，經歷了亞洲金融風暴、「沙士」疫情、　美國金融海嘯、19年動亂、「新冠」疫情，至今仍堅守股票行業崗位。每週在報章寫股評，一直敬業樂業、默默耕耘，推動行業發展，為香港成為國際金融中心付出自己的力量，這份奉獻精神值得敬佩。

山水摯友會長

楊學明

代序

與建初族兄相知十多年，是在老中醫劉逢吉「吉叔茶敘」首見，吉叔相知滿天下，香江更是知名度極高。與建初兄偶而同桌，知他是股壇老手，對金股投資可算無知如我，從建初兄閒聊間方知其中陰陽逆轉、瞬息萬變、翻手雲雨、消息真訛、內幕言傳，若非經年揣摩、探根求源、尋幽搜秘，不能如建初之深諳其中奧妙。

建初兄幼而多病，幾近全聾，故小時問學，多未能全領所聞，退而揣度而能得其所以然，耳中不聽閒言語，故能心靜多思，更能縱觀週遭人事百態，思考其中千絲萬縷，再以其聰明才智，故能屢臆必中，應付自如。建初興趣多面，靜而好求險，求學時先河界對奕，繼而馬吊競駟，勝固喜時敗亦安，更能從勝敗中探其休咎，再戰江湖。80年代建初兄初涉「缸湖」，耳目一新，愛其深邃無邊，大千萬變，遂一醉至今，不能已矣。近年網絡傳訊如風起雲湧，建初不以秘技私藏，欲導股海迷痴，在臉書、視頻、報章、課節上多有揭示，如：初哥知友、初哥教路、阿周電視、東網、橙新聞、談股奪金、Course Z等。

曾任時富證券聯席董事的建初兄，把多年來每週專論約近三百篇結集成書，愚先睹為快，但覺歷年股海翻騰，轉瞬幻變，新招舊式，電閃雷轟，如讀金庸小説，不能釋手。建初多能按國際形勢、內外經濟、政局推移、財團操弄等因素針砭牛熊，其中建初兄對變幻得失之警語，多據理暢言，振聾啟聵，發人深醒，故對投資者多有裨益，惟知易行難，若無將帥之斷臂大局觀，優柔寡斷，難捨難離，則藥石無靈矣。「缸湖」延綿未盡，尚有來者，初哥之小宇宙，仍待洪發。承建初兄命，略述所知以應卯，祈不棄。甲辰冬月，鄧兆鴻識。

鄧兆鴻校長

退休教育工作者，仍在大學蹉跎

代序

教育這行業我一做35年，教出香港狀元無數；但文科出身的我對財經了解不深。然而集團在2018年在港交所主板上市之後，也必須要持續學習。初哥的文字深入淺出，初學者友好。今次把過去文章結集成書，是投資新手必讀。「初哥」教初哥，揭開此書初哥將帶你走上投資神奇之旅。股市波譎雲詭，有人教路是幸福的。

遵理集團主席

梁賀琪小姐

代序

老編三十年前人生第一次買股票，因為感覺穩陣，也沒有問人意見，便買了三幾萬元的鷹君。誰知此股是不動如山，平日既沒有成交，也沒有波動，過了三年，股價還是入市時模樣，老總把心一橫，出清了。

2000年，英國大東電報局有意出售香港電訊。李澤楷的盈科數碼動力得到中銀、匯豐等組成的銀團提供110億美元巨額貸款，以總代價2900億港元「蛇吞象」，由盈動併購香港電訊，改名電訊盈科。因為係行業龍頭，主席阿爸又係香港首富，加上數碼港概念及科網股熱，令香港電訊在易手消息傳出後大幅炒高。老編同其他散戶一樣，對這隻股票有無限憧憬，併購後瞓身以30萬元在高位入貨，可惜同年美國科網股爆破，亦由於以巨額借貸作併購，利息成本極高，電盈於2001年虧損達69億元，並一度資不抵債，淪為「負資產公司」，股價繼而插水，至2003年更因股價過低而要將股份「五合一」，2008年被剔出藍籌。當日大部份高位入市的股民損失9成以上，包括老編。

2007年11月，阿里巴巴在香港上市，融資逾110億港元。上市首日，阿里股價大漲192%，報收39.5港元，一時風光無限。老編當日都有趁熱鬧，喺30元左近買了15萬元，覺得今次總算執到。

其實2007年香港上市的「阿里巴巴」是阿里巴巴集團下的B2B業務公司，而不是後來在美國上市的阿里巴巴集團主體，即除B2B業務外還有淘寶、天貓、阿里雲等業務。

長話短說，阿里上市後股票輾轉回落，後來更係長期跌破招股價，到了2012年集團宣佈在香港退市，最後以 每股13.5元成功私有化公司。老編總算有進步，這次沒有輸九成。

老編做老散炒股多年，經歷了不少慘劇，多數是短炒變長揸，長揸變「坐艇」。每次股價下跌，老編總是自我安慰：「再等等，會反彈！」殊不知，等來的卻是更深的虧損。

初哥在本書中提到的這些散戶常犯的錯誤，簡直像是為老編量身定做！尤其是他說的「倒轉金字塔式買股法」，越升越買、越買越貴，結果股價一回頭就輸得一場糊塗。

初哥的文章，不僅僅是投資指南，更像是一面鏡子，讓我們看清自己在股市中的種種愚蠢行為。他以幽默風趣的筆調，把股市中的複雜法則拆解得淺顯易懂，讓人讀來不得不反思：為什麼我們總是在同樣的地方跌倒？

作為老散，老編對於未能早日看到這些寶貴的文章，深感遺憾，但幸運的是，讀者現在就有機會學習到這些智慧。希望各位能從中汲取教訓，不再重蹈覆轍。畢竟，在股市中反敗為勝，不僅僅靠運氣，更需要智慧、紀律和冷靜；能夠在適當時機果斷出手，才可實現財務自由！

本書集結了初哥由2020至2024年末的股評文章，這五年香港股市恰巧也出現了五十年未見之變局，一路向南，是歷來最長的下跌期，而且由於不停有國內企業來港上市，香港股票市場由質到量到結構都出現了根本變化，加上地緣政治的影響，外資消退而國內資金持續湧港，港股炒法已大不同於以往，初哥這幾年的文章正好記錄和分析了這些大大小小的變化，故此對投資者特別有參考價值。

老編

自序

台上一分鐘，台下十年功。如是者，一萬小時成專業。

初哥自小歷盡多般苦難，嬰兒時期因麻喉入肺，遍訪名醫而不果，醫院拒收，命懸一線。幸得隣居相助，找到法國回港執業的林鐵梅醫生拯救，但右耳已全聾，左耳得八成聽力。因聽覺不靈光，習慣看他人口型，猜測其説話內容，日子有功，對猜測事物能力甚有幫助，可惜亦因此有社交恐懼症。首份工作是在恒基地產任職，耳濡目染，對地產有相當認識。加上午飯後跟叔叔去遠東交易所睇金魚缸，看見股票價格跳上跳落，喜愛博奕遊戲的初哥頓時著迷。因利乘便，每日免費閱讀多份報章財經版，日子有功，對股票市場的知識大增。報讀基礎圖表班，博覽相關書籍，買賣股票累積作戰經驗，揣摩應用所學。為求每日睇市，95年更當上股票經紀。

雖然幸運地避過87、97、08股災，但2001至2003年，竟因某種原因迷失在股票市場中，經歷3年黑暗歲月。痛定思痛，每日勤做功課，至今寫下自己獨創的多式炒股及期指心法，對撰稿文章亦有幫助。感謝青梅竹馬的老友杜偉鴻帶初哥入行，還有時任記者林錦週兄及鄭瑞棠兄厚愛，97年及98年開始在經濟日報及蘋果日報撰寫專欄及「每周好介紹」。

承蒙東方日報抬愛，由2020年3月「缸湖俠客」專欄開始到現在東網，每周一篇，在此非常感激引薦初哥寫專欄的Peggy，亦多謝May，阿南及阿康的校對並刊登拙作。

非常感謝老友周顯大師介紹黃仁傑兄予初哥認識，得以一償所願，順利完成作品。感謝許照中太平紳士，老友李耀榮、黃子華、盧展豪、李隆進及周顯、楊學明兄、黃仁傑兄、鄧兆鴻校長、梁賀琪小姐（排名不分先後）為初哥寫序。以上各位皆是城中翹楚，在不同的領域中舉足輕重，得到他們的關顧，實在榮幸。最後當然要感謝太太，陪伴初哥走過高山低谷，相濡以沫。還有愛兒的鼓勵和支持，都是重要的動力。

本書部分文章中記載了初哥入行的見聞、經歷及轉變，也有2020年至2024年之間港股及世界政經局勢的變化。這幾年港股風雨飄搖，香港經濟也面臨百年一遇的大轉變。

關關難過關關過，獅子山下的精神，雖歷盡風雨仍挺力前進，締造一個又一個的神話故事。願與廣大讀者共勉之。

鄧建初

2020

佳寧事件常重演 六親不認求散貨

2020年03月16日

筆者甚少煲劇，早前卻追看了一套劇集，皆因內容講及七八十年代香港股市光怪陸離的現象。雖然當年初哥仍年少，尚未踏足股壇，但劇中不少情節竟是似曾相識！

80年代的佳寧事件，令人印象深刻，原因是親戚間中會帶筆者上雲咸街的遠東交易所，而他追捧的股票正是當時得令的佳寧集團。其時佳寧股價飈升，金魚缸內股民如痴如醉，興奮莫名。後來公司主席被控貪污詐騙，公司停牌清盤，親戚所持有的股票變成廢紙，一鋪清袋，家人對其怨恨甚深。事隔多年，初哥銘記心中，引以為鑑。

上述所提的劇集以佳寧事件為藍本，主角有兩句金句，對股民來說可真是當頭棒喝。一是開場第一集的「六親不認」，另一句是大結局時有股民痛斥主角害他輸掉身家，主角淡然回應：「我冇用槍指住你買！」雖然不中聽，但股票市場的確如此，所謂「牛唔飲水，又點撳得牛頭低」呢？

近期在風雨飄搖的大市中，莊家亦難以搵食，於是又使出「六親不認」這一招，經紀朋友就中了圈套。話說有一隻新上市的細眉細眼股票，在死黨的朋友圈中聽聞幕後玩家會將股價推高甚多，於是落飛抽，可惜一股也抽不中。暗盤一開，果然推高接近三成，朋友心想，升得不算多吧，應該不止，立即搶入，結果在回調接近升兩成時買到，沾沾自喜，以為買得平貨，不禁大聲説給其他同事及客戶聽，叫他們快點買，還説當晚要擺慶功宴，股價會比上市價起碼升五六成以上。入貨後股價在附近徘徊，朋友認定發達目標不遠。

翌日開市價卻是低於其入市位一成，他仍然信心十足，覺得支持力度不俗，繼續加碼，又叫客戶一齊溝貨。誰料一路下跌，沽盤湧現，轉眼間插穿上市價，驚魂甫定，立即致電死黨，死黨安慰説：「震倉啫！公司可能係未儲夠貨。」收線後一會，再狂跌半成，這時死黨來電，傳來消息是出了點意外，所以未能跟足劇本行事，但不用害怕，公司會頂住。結果收市價比上市價插了足足兩成多，朋友損失慘重，欲哭無淚，加上覺得連累同事及客戶輸錢，心中有疚。

次日股價又狂瀉多一成，了無起色，朋友沒精打采。下午時分，死黨突然來電說上市公司也想不到出了岔子，為了感謝他的支持，可以幫他收回股票，還說公司並非個個都會收回。他當時只想快點把蟹貨脫手，又感激公司記得他並予以關照，於是連回收價幾多也不問，便立即答應。說時遲，那時快，一收線股價竟然往上反彈十多格，朋友心思思之下又再追入，意圖搏翻身，幸而倒升收市。遺憾的是之後股價輾轉向下，至今仍未止瀉。

散戶在市場中容易迷失方向，一聽到任何消息，最要命的是由認識的人提供，總會疑假疑真，禁不住把目光投向消息股，稍見郁動，馬上撲入。內裏乾坤應是不少散戶同時聽到消息，齊齊搶貨，造成一個向上升的假象。不幸被套牢，便採取鴕鳥政策，不聞不問，幻想有朝一日能穿鳳，一飛沖天。要抵抗假消息的誘惑，惟有自己用心研究，勤做功課！

股海起伏藏法則 成功拆局避風暴

2020年03月23日

股海浪潮，跌宕起伏。在那看似變幻無常的海浪中，自有一套渾然天成的法則。初哥大部分時間都喜歡用圖表去測市，但遇着令人撲朔迷離、疑幻疑真的政治市，及突然而來如今次的疫情，則會兼用拆局方法去理解新聞的真確性，預測後向。雖不能百發百中，但成功率非常高，幸運地避過多劫，如1987年股災、1997年亞洲金融風暴、2008年金融海嘯、中美貿易戰及新冠肺炎等冧市。

1987年股災前的某一天，港股已急跌了300點，初哥在股票行看見有外國人行色匆匆地跑來沽期指，聯想到他應是投行職員，可能得到內幕消息，偷偷走出來下單。筆者心知不妙，立即將手上原本長揸的股票全數沽出，只剩下一隻已賺了數倍的淘大，亦即是現在的恒隆地產(00101)。眼見一位與我並肩作戰的朋友，孖展倉甚重，便勸他沽售股票。不久港股竟停市四日，再復市時多隻股票狂跌幾成，有些甚至淨沽無買盤，股民無法走避，哀鴻遍野，血流成河。朋友原來只減持了部分孖展，結果遭斬倉，欠債纍纍，令人惋惜。

1997年樓股大崩圍前，泰國因為匯市遭到老虎基金等對沖基金狙擊，宣布放棄固定匯率制，泰銖匯率一天內暴跌17%，初哥認定這是一個非常危險的信號；加上其時特區政府宣布推出八萬五建屋計劃，筆者知道政策有變，又憶及特首上任前後均表示樓價太貴，力勸市民暫時不要買樓，於是在專欄中大膽用標題「熊市來臨」貼市，結果短時間內真的發生了崩瀉式的狂跌市，亞洲金融風暴來臨。

2003年起雷曼兄弟把次級房屋貸款債務按揭包裝成新的金融產品「迷你債券」、各大銀行推出的累計認購期權(Accumulator)及股票掛鈎票據(ELN)等衍生產品，隨後在香港推售。由於佣金豐厚，銀行落力游説客戶購買，初時市民不感興趣，但後來市場不停傳出消息，有人買了Accumulator日日坐收巨利，令市民趨之若鶩。

2008年，有朋友按捺不住，想買入Accumulator，問初哥是否買得過，我回答説自己不熟悉的，不要隨便去買，並直言這是做了期權莊家，輸是無限的。不久股市大跌，股價直插，Accumulator亦隨之由坐收巨利變成到期接貨，後來更演變成雙倍接貨。買家最後無力接之，惟有一接到立即拋售，於是股市日日有龐大沽壓，演變成惡性循環。購入者傾家蕩產有之，精神崩潰有之，莫不悲嘆為何沒人告之有此等危險。

今年1月，疫情開始蔓延香港、澳門等地，再向外地擴散，初哥已聯想到歐美必定出事，只是時間問題。事緣之前美國疾控中心估計已有二千多萬人患上流感，入院人數20多萬，死亡人數高達16,000人，故此猜想內裏必有乾坤。從彼得林治的生活揀股法去看，便知趨勢如何。香港發生疫症時，街上的外國人極少戴口罩，美加朋友們亦説已沒有供應，已可判斷外國政府明顯低估了嚴重性，歐美多國將有疫症爆發，所以前周五筆者曾在「初哥教路」臉書內提及外國人不喜歡戴口罩，預計疫情會失控，歐美股市大瀉是可以預期，建議耐心等待入市時機，果然一估即中。目前是否低撈之時？初哥認為市況立立亂，暫不宜手多多！

股神心訣難倣效 止蝕止賺保安心

2020年03月30日

港股連日狂跌，有一日更曾甫開市即大瀉逾一千七百點，連藍籌股也跌個四腳朝天，魚缸內血流成河，散戶遍體鱗傷。

社交群組傳來二次創作，正好反映了刻下散戶的心酸：「十年炒股兩茫茫，先虧車，後賠房。千股跌停，無處話淒涼。縱有漲停應不識，人跌傻，本賠光。武漢封城難還鄉，睡不着，吃不香。望盤無言，惟有淚千行。料得年年斷腸處，熔斷夜，大熊岡。－－確診詩人 白交易」

新冠肺炎疫情全球爆發，各國元首應對疫情顯得無能為力，英國以集體染疫法去解決疫症問題，引起恐慌；美國聯儲局短時間之內兩次勁減息，重藥之下更觸發信心危機，全球股票市場大冧檔。碰上俄羅斯與沙特談判破裂，油價大崩圍，一時之間，債股油金，無不狂瀉。熊蹤處處，人人自危。

可是想深一層，股票市場雖然有時看來好像飄忽不定，但其實每一個成交都是好淡雙方之間的博弈，既然參與其中，就應該深入研究。學好圖表分析、檢視公司基本面，判斷新聞真偽，以及捉摸市場心理等武功心法，對馳騁股場應是無往而不利。更何況，炒股票迷人之處是有無限可能，買到獨特概念的好股可以升到你唔信。當然，揸着曾風光過但走向夕陽的行業股票，就會輸到血本無歸。

貪婪與恐懼是人性的弱點，股神巴菲特有一經典名句「人人貪婪時我恐懼，人人恐懼時我貪婪」。巴菲特富可敵國，人人恐懼時入貨，坐了艇可繼續加碼，這種跌了五成才開始入貨，愈跌愈溝，是金字塔式的炒股方法，贏面很大。

普羅股民很多只是一兩注本錢，用股神的方法是行不通的，退而求其次，只能看準時機入市，並定下止蝕及買中獲利點後將止蝕盤推上變止賺為上策。散戶買股喜用倒轉金字塔形式買股法，開始升時信心不大，只落小注，愈升愈心雄，愈高愈買得多，成本價拉高，一回頭已輸凸。

有學生問初哥，止蝕後，下跌不多後竟掉頭倒升，把他氣個半死，再遇此等情況便不肯止蝕，終有一次跌至體無完膚，恨錯難返。

由於耳朵不靈光，初哥已多年沒有上電視財經節目，記得最後一次有觀眾問一隻跌了九成的股票，應如何處置。筆者強調止蝕止賺的重要性，就是不希望再見到有股民問同樣的問題。而初哥在社交媒體上發布的市評，常用止蝕盤及止賺盤來釐定出入市時間。初哥不喜沽空，只憑單邊睇好的策略，跌市博反彈屢建奇功。參考圖表可以增加入市信心，但當持貨時，留意股價有沒有跌穿止蝕位，必要時進行停損，是一個避免所持股票「蝕入肉」的有效方法。

一將功成萬骨枯 三餐不繼誰可憐

2020年04月06日

疫症肆虐，令香港本已疲態畢現的經濟更如冰前颷雪。港股雖然仍能維持在千億元以上成交，但經紀業務絲毫不見起色。近來證券業界開始有聲音，要求恢復已經取消了十七年的「最低佣金制」，可見不少證券行已難以再苦撐下去。

回想初哥在九四年尾入行當股票經紀，港股已是電子化交易。努力經營之下，從零客戶逐漸增加至高峰期的300餘個，只享受了數年真正好景的時光。二〇〇三年，一位曾經90度鞠躬謝罪的問責局長宣布，取消股票最低佣金制。這猶如在業界投下了一枚炸彈，把以往靠佣金維生的經紀生存之道毀掉了。

當局推出「最低佣金制」的理由是想跟隨世界潮流，又認為可以提高行業競爭力。行內人士卻認定當局是想谷大成交量，增加收入，以向股東交代。然而諷刺的是，綜觀取消最低佣金制以來，客戶交易量是否增加，並不是取決於佣金是否低廉，反而是市場波動情況。可是，最低佣金既已取消，經紀生活再無保障，有經紀月入低至數百元，沒有福利及任何津貼，可謂三餐不繼，試問這情況又有誰來可憐呢？要求經紀考專業試，得到牌照之後卻原來連生活費都付不起，可真是悲哀！

守株待兔非良策 轉型才有出頭天

2020年04月13日

互聯網世代的產生，手機提供了電腦的大部分功能，為人類帶來了翻天覆地的變化。人人一手機，生活更方便。愈來愈多的工作已被手機程式替代，大部分人覺得這樣更加隨心、更有私隱。互聯網上自由配對，自主取捨，海量資訊，唾手可得。正因為這樣，中介人的角色已變得可有可無。不想被社會淘汰，便要思考如何轉型。即食麵的時代，更要快人一步，同一工作，可能數以千倍計的人來爭取。所以時刻留意市場變化，至關重要。

獅王滙豐控股(00005)宣布取消派息，震驚中外股民。初哥認為遷冊英倫乃其一大錯着，皆因獅王扎根香港多年，市民一直視之為本土名牌，遠飄他鄉，不知有否考慮水土不服問題。遷冊一事，令港人傷心不已。而遷冊後，果然漸趨暗淡。

金融海嘯之後，獅王王朝已開始沒落。各國競相推出量寬，利率一低再低，資產價格卻瘋狂攀升。衍生產品令客戶如驚弓之鳥，樓市辣招又令樓按業務裹足不前，靠豐厚借貸利息收入及佣金來保持業務增長的銀行界猶如被砍一刀，惟有積極尋求其他發展。

然而，由於大勢所趨，任憑獅王出盡法寶，經過十多年來的重組業務，甚至割肉求存式的大幅削減人手，都僅能維持不過不失的狀態。

貴為一間香港最多存款客戶的發鈔銀行、一隻曾經最多股民追逐的股王，如今取消派息之事，恐怕更為它增添了幾分落難愁緒。獅王開發網上銀行模式、參與「轉數快」等等已經是積極轉型的一個表表者，無奈時不我與，加上遷冊錯誤，也是無話可說。

另一個供應鏈之王利豐(00494)，在九十年代科網股出現之前叱咤香港股壇，基金奉為神股，爭相推薦。其消費產品遍及成衣鞋類及飾物、玩具與遊戲、家具餐具等等，規模龐大，市值千億，儼然一個消費品王國。

然而十數年之間，股價跌至慘不忍睹，成交稀少，無人問津。證明若然不懂在適當時機轉變經營模式，終會被時代進程之洪流所淹沒。

供應鏈之王公布私有化後，初哥一位舊客戶立即來電，說自己聽從另一經紀建議，在3元及2元之間分批買入，現跌至此殘價，又有私有化好消息，應否追入溝貨。初哥認為，此股甚多街貨蟹貨，私有化不易，應候高沽出，若然非常鍾情，可待急跌再買回。

江山代有人才出，股王亦然。雖然追隨者仍然留戀，但一代股王畢竟已成過去，要重振聲威談何容易。苦苦守業，漠視洪洪潮流，不懂創新經營，得來的可能是產業不保。股民守株待兔得到的，已不再是當初癡癡相望的那一隻股票了。

獅王撤息累散戶 圍剿股仔顯無稽

2020年04月22日

獅王滙豐控股（00005）暫停派發股息，瞬間成萬眾焦點。然而，最令筆者感到奇怪的是股壇長毛的表態。過往他多次對上市公司口誅筆伐，儼然一個散戶發聲器。可是今次他卻站在大笨象一方，認為股民不應該浪費金錢時間再糾纏下去。

回想一七年，股壇長毛的「50隻不能沾手的股份名單」一出，弄得滿城風雨，引起監管機構注意，隨後不少散戶喜歡炒賣的細價股一日之間狂瀉，甚至曾經跌到一仙剩沽，滿目瘡痍，損失慘重。後來傳出要整頓市場，強制取消上市地位（DQ）。自此細價股一沉不起，無人敢再沾手。

以往每逢有大升市，股仔總會有一段爆升狂潮。小股民資金不多，買股仔是看中了以小博大的機會，希望能夠在市場分一杯羹。隨着股壇長毛之窮追猛打，加上監管當局之無情DQ，令一眾股仔及其投資者在這幾年間完全無運行。樹大有枯枝，不良分子被DQ情有可原，但對一些本身有經營正當業務的公司，動輒亮出尚方寶劍，勒令上市公司停牌或DQ，試問投資此等股仔的散戶，損失全部金錢，翻身無望，又有誰來憐憫呢？

所有上市公司，當年都是經過嚴格審查才可以公開掛牌，有些並非犯了甚麼嚴重罪證，只不過是經營不善或者轉型不及就被DQ，是否公平，則見仁見智了。

內地市場在一九九八年便已因應部分經營不善或虧損的股票而將之歸入ST板塊，提醒股民炒賣此類股份時要特別注意風險。初哥認為，香港何不認真考慮設立類似平台，給予這些公司一條生路，待經營改善、或者重組後可以重新出發。而持有此等股票的小股民不至於無法翻身，有機會給他們拿回少許的血汗錢，也算是功德無量吧！

一九九九年有一隻仙班股，業務差強人意，股價長年低殘。有一天忽然大升，成交配合，初哥留意到異象，本想追入，猶豫之間卻停牌了。後來證實，被某名人注入資產，買殼改名為盈科數碼動力。

從此這隻不見經傳的股仔飛上枝頭變鳳凰，股價升天，當時持有的小股民都發了大達。後來盈科數碼蛇吞象，與市值龐大的香港電訊合併，搖身一變成為大藍籌。至於合併後，香港電訊這隻眾人的焦點股，寄望甚殷，卻由高位一路下跌九成幾，老股民連棺材本也輸掉，反證了只是細價股仔才令股民輸大錢的説法是一大謬論。

其實，任何股票，只要買入時間不恰當，不懂得上車落車，最終只會輸身家。

投機市場滿地雷 不熟不做最放心

2020年05月06日

世事如棋局局新，每局都充滿傳奇。2020年接二連三發生的天災人禍，只會令人覺得每局都光怪陸離。疫症全球大爆發，人性盡現在眼前。獅王派息竟告吹，言而無信太失望。石油期貨負價位，駭人聽聞世界變！

期油價負40美元，等於說將來油商貼錢出售石油，買石油者竟然可以有錢收！這在現實世界中真是匪夷所思，可說是顛覆了長久以來的投資概念。此次事件，事前能夠預測到的可說是鳳毛麟角，證明投機市場風險甚大。零和遊戲，有贏家就有輸家。

有投資經驗的讀者都知道，當市場一面倒看好看淡，黑天鵝就或會出現。眾地莫企，是投資市場的生存智慧。初哥記得，當油價跌至20美元的時候，眾口一詞，差不多全部分析報告都是看好，認為低無可低。加上鋪天蓋地、與油價相關的衍生產品ETF（交易所買賣基金）的廣告攻勢，不禁令人心動。聽聞有很多經紀誤信見底言論及廣告的渲染，買入ETF。一覺醒來，身家不見了一大截，損失慘重。 此類產品雖不似油價期貨要補回斬倉輸凸的金額，但一度較歷史高位下跌了近九成，輸錢程度驚人。且由於掛牌號碼予人錯覺，很多股民以為是股票，其實是跟隨油價上落的期貨另類衍生工具，屬於極度高風險的產品。ETF衍生產品還有一個風險，就是發行商履行責任問題。前事不忘，後事之師，十餘年前的雷曼事件，公司倒閉，旗下衍生品也無法運作。

初哥喜歡簡簡單單，買賣以股票為主、期指為副的策略，其餘衍生產品已不沾手多年。鏡頭一轉，回到22年前。那時候，報紙上琳瑯滿目的債券廣告，有銀行客戶經理不停推銷當時非常熱門的日本債券，經不起她的不爛之舌，初哥投下了數十萬元。三、四個月後，竟下跌兩成多。問客戶經理，她說債券價格可升可跌，要揸至到期日，發行的公司沒有出事才可以連本帶利取回。

深思熟慮後，初哥覺得事有蹺蹊，認為這應是銀行炒房的傑作，炒至高峰期，惟恐太大手不容易在市場沽售，打散給客戶接貨就最好不過。於是當機立斷沽售了那批蝕本的債券，轉而認購政府推出的盈富基金（02800）。從此對銀行推出的產品便另眼相看，自己不熟悉的，更不會沾手。

簡單是福，不熟不做。初哥覺得這理念在萬變的投資市場中，更是顯得歷久彌堅。

江山代有股王出 與時並進免執輸

2020年05月13日

股王一出，誰與爭鋒！氣吞山河，眾人焦點之所在，指數隨之而起舞。股王登基，反映時代趨勢。

歷代股王，在位最長的應是滙豐控股（00005）。七、八十年代，油價飆升，全球通脹，樓按利息曾上升至21厘。二〇〇一年，利率協議全面撤銷，銀行公會定息成為歷史。開放利率令銀行的暴利時代畫上句號，獅王股價從此裹足不前。

九十年代，香港樓價及地產股價節節上漲。其中長江實業表現強勁，成為當代股王。一九九九年，智能手機興起，科網股熱潮捲至。上市兩年的中國移動（00941）終於潛龍飛天，衝上雲霄。説起中移，又想起往事。初哥有一位老友，因為九七金融風暴，樓市大冧而變了負資產。他手持多間物業，正苦惱如何翻身。筆者費煞思量，提議他買入中移，結果大賺！在電訊股王中移動發威之後，電訊盈科數碼（後改稱電訊盈科（00008））　亦曾短暫成為股王，借殼得信佳，股價炒至巔峰時之市值高過長實，惜王者之位逝如浮雲，股價一瀉不止，捧場客輸得眼淚直流。

二〇〇三年沙士後，股神巴菲特公布入股中石油（00857），市場又掀起一片股價追逐戰，把它捧為股王。中石油未上位前，很多股票經紀以它為自營炒賣目標，大手一掃，一格食糊，既做出成交量，又有銀両入袋。

此外，兩隻科技股包括當年主打B2B業務的阿里巴巴網絡及騰訊控股（00700）乘着科網熱潮起革命，並駕齊驅，互相輝映。不過阿里在港股市場尚未展開王者爭霸戰，就已經私有化，留下騰訊獨大至今。

回顧眾多過氣股王，在位之時叱咤風雲，股民莫不趨之若鶩，甚至山盟海誓，相守到老。然而世間哪會有永恒不變之股王？若不能守位，步下神壇，方才發現與平民無異。時移世易，物換星移，炒股如不能與時並進，只會輸至頭崩額裂。

實力股票向下炒 大展財技私有化

2020年5月20日

曾經是基金界寵兒的利豐（00494）終於塵埃落定，在股東大會以大比數通過私有化。高位入貨、寄予厚望的股民翻身無望。只有小量能於極低位撈貨的醒目資金，才能賺取豐厚利潤。供應鏈之王曾兩度私有化成功，就看幾時再重新出發。

眾多私有化的上市公司中，筆者印象最深刻的要算是阿里巴巴（09988）。當年上市時非常哄動，股民中籤比率低。初哥有位醫生朋友，IPO只抽中五千股，覺得太少，於是在掛牌當日，30元搶入了一萬股，滿心歡喜告知初哥。我愕然說：「我剩係建議你抽，唔係高位搶嗝！」他答道：「咁好嘅優質股，怕乜嘢？」我只補充了一句「世事難料」，誰不知原來30元真的差不多是最高位，之後不斷下跌，更宣布私有化，撤銷上市地位。2014年前往美國上市，後來港交所（00388）開綠燈才重臨香江，由於不是恒指成分股，重視程度遠不及騰訊控股（00700）。

股市低迷，私有化成功機率大增；大市高位時，卻顯得阻力重重。近年私有化成功者較以前大幅增加，隨便一數，就有百麗、新世界百貨、大昌行及華能新能源等，當然有失敗例子，例如哈爾濱電氣（01133）。這些公司在私有化前有一個特色，就是股價不斷尋底。股價向下炒，令私有化要動用的資金大減，如果公司有大量淨現金，就可以空手入白刃，將整間公司吞掉，然後靜待時機，塗脂抹粉再上市。

私有化成功，從好的一方面看，高位被綁的捧場客，可以較市價為高去套取資金換碼至更有潛質之公司。如在低位買到殘價股票，被相中私有化，便能賺取可觀利潤。至於如何揀選，要看股票資產淨值、現金與負債的比例，大股東的持股比例愈高愈好。當然還要靠圖表的幫助，低位徘徊，突然出現大成交上升，往往埋伏了私有化的契機，可能有春江鴨入貨。此時不宜馬上追貨，應待第二次上升及成交增加才買入。然而，投資者亦應訂下止蝕位，以防萬一。

長揸短炒兩相宜 各擅勝場憑性格

2020年5月27日

人有人格，股有股路。浸淫魚缸日久，自然知道不同股票的特質，要長揸抑或短炒，端視自己性格如何。長揸股票，首要條件是看其公司基本面，相中一隻有前景、有概念的，贏他一個盤滿缽滿不是難事。識於微時或中途上車，耐心等待大升特升時才沽貨獲利。

其實不少股民喜歡短炒，密食當三番，每日在股場遊走幾回，大顯身手。當然，這並非普通有工作在身所能做到的。股票經紀坐鎮前線，目睹股價急升暴跌，而且目標眾多，但資金有限，自然也會跟隨著急行疾走，連初哥也是其中一份子。好處是逃避股災機會較高，然而針無兩頭利，不停換馬來炒，除了使費問題外，遇着坐艇的股票而不肯止蝕，則會一鋪輸突不足為奇。

筆者炒股生涯中，曾有兩隻股票印象最為深刻，可惜都因性格及為賺取佣金收入，進行短炒，以致錯過長線釣大魚的發達良機。2000年科網股正值熱火朝天之時，股民喪炒，連寂寂無名的股仔也變身成科網界明日之星。有一次和才子做財經節目，他問初哥，如果睇好中國基建發展，有什麼股票值得長揸。我反應奇快地回答了可留意安徽海（914），撳機一看，2毫一股，成交稀疏。做經紀的我眼見當時此股無形無勢，暫且放下。後來海螺變鳳凰，再經歷幾次送股，屈指一算，已升了數百倍，升幅媲美股王騰訊（ 700）。聽老友講起，有一位前輩揸了此股至今仍未放，身家已暴漲幾億。

在2003年沙士期間，樓價相比97時已下跌七成，通街銀主盤。有經紀同事驚慌下低價沽樓，套回資金，問初哥有什麼股票可長揸。筆者回答説：「可以買**港交所（388 ）！五蚊一股，平！」她問原因，我說：「如果港交所都唔掂，香港陸沉啦！」遺憾的是，她半信半疑並無購入，而我也因當時生意低迷，無心戀戰並沒有購入此股，錯過了其後60倍的升幅**。長揸好股賺大錢是很多人的心願，然而，除了眼光獨到，識得揀股，亦要考驗耐性及不懼震盪的性格才能做得到。可惜喜歡短炒的我，注定與此無緣。

港交所（388 ）：(1) 2003年低位 $10 以下 (2) 歷史最高：01/02/2021 $587

其實短炒也並非全不可取，以前有一位已退休的著名冠軍基金經理，九年短線炒賣生涯中，差不多每年皆可贏取相等於其他基金的數年升幅，發達後金盆洗手，從此退休享受人生，做個快活人。

誠然，進行短線炒賣而能夠賺大錢的，可算是鳳毛麟角，但只要守規律及做好風險管理，已經足夠糊口。長揸短炒，各擅勝場，如何揀選，視乎性格。

乍然驚現黑天鵝 信心盡失入市時

2020年6月3日

前周五市傳人大委員會直接頒布「港版國安法」，以圖杜絕後患。風聲一出，恒指節節敗退，暴跌1,349點收市，眾多股票跌個四腳朝天。經過兩日假期持續發酵，上周一開市再急插400餘點後反彈，連日中美雙方出招，且看今次又會否歷史重演，港股補回失地，再度重新出發。

黑天鵝製造入市良機，過往例子不少，近年最經典的例子有兩個，一個在英國，另一個在美國。黑天鵝倏地出現，對股票市場猶如投下一枚震撼彈。早年英國前任首相卡梅倫，從民意調查中，得悉贊成留歐派遠多於脫歐派，為了提升民望，以利其競選連任做首相，於是豪賭一鋪，公投英國脫離歐盟。

怎知同屬保守黨的時任倫敦市長，即現任首相約翰遜首先跳出來贊成脫歐，影響力深入民心，在民調中領先的留歐派竟然敗給一路落後的脫歐派，造成了震驚世界的黑天鵝。公投結果一出，英鎊及股市均大插。奇怪的是，英鎊至今疲不能興，但股市竟然還創出歷史新高。

另一隻黑天鵝發生在美國，三年半前的民主黨女總統候選人希拉妮對決異軍突起的共和黨特朗普。民調一路領先的希拉妮，以為坐定粒六，誰知陰差陽錯，時間較早或較遲也可勝出，偏偏在十一月中選舉就是贏了人數，輸了代表票數。初哥翻查歷史，發現克林頓及希拉妮夫婦二人，與特朗普以前是攬頭攬頸的好朋友。從陰謀論看，似是希拉妮獻計特朗普在共和黨初選攪局，以利其勝算。不按章法出牌的特朗普，在共和黨初選竟大獲全勝，於是雄心萬丈覬覦總統寶座。

本來幫希拉妮出來攪局的人，無所不用其極地抹黑及打擊對手，利用互聯網攻勢增強其競選本錢。至正式選舉當日，希拉妮民調仍領先特朗普，眾人皆以為美利堅合眾國會出現歷史上第一位女總統。揭盅一刻，特朗普竟然勝出。黑天鵝閃現，港股大冧，美股當晚亦急挫。孰料特朗普正式上台，美股竟然連番創出歷史新高點。

兩隻黑天鵝都牽涉民調失效。固然部分民調有誤導，可是很多為口奔馳或者知識水平低的民眾，受到有心人的精心部署挑撥離間而投票，這些都未必反映在民調上。

黑天鵝乍然驚現，市場信心盡失，沽盤湧現。市況不明朗，卻提供了低位買貨良機。擾攘過後，一切回復正常，股市多能恢復理想升幅，股民可記取此一模式。

新股迎來中概熱 贏輸要看基本面

2020年06月10日

初哥廿幾年前開始借孖展抽新股，屈指一算，這遊戲已為初哥帶來了超過七位數字的可觀利潤。那些年，普遍股民都認為抽新股借孖展要付高息，資金又被困一段時間，倒不如在市場買入股票博上升。初哥當時覺得可兵分兩路，一邊炒當時得令的股票，另一邊借孖展抽新股，博其掛牌後上漲。

有一點是眾多股民所忽略的，就是新股有「安全港」機制，容許包銷團在一定時間內掛牌來維持秩序。當然，包銷商並非一定會出來頂牌，但筆者發覺有名牌團隊的新股，掛牌後都有一段上升期，勝算很高。

多次抽新股的歷程中，有幾隻令初哥甚為難忘。有兩隻全數中獎的，分別是前身**山東國電，即現時提出私有化的華電國際(01071)，以及深圳高速公路(00548)。兩者都獲配百餘萬貨，屬意料之外。幸好為初哥賺了合共40萬元的利潤，開心之餘，繼續尋寶。**

至1999年，兗州煤業(01171)招股上市。初哥覺得質素不俗，於是落了100萬元抽，殊不知全公司只得我一人落飛。公布抽籤結果時，嚇到標冷汗，中了近千萬元共300多萬股的貨，比初哥手持現金還多。

雖然認為公司前景好，不甚擔心，但因認購不足額，顯示市場不看好。由於要補孖展，否則要立即沽出，心中恐慌，故求救老友，幸得三人相助。

誰料禍不單行，當晚美股大冧，初哥心想，今次難道要輸七位數？莫非要將以前贏的錢輸凸？

至掛牌當日，恒指大瀉，眼見名牌包銷商掛入龐大買盤力頂，初哥每次80萬股共五次才沽清，抹了一額汗，微賺了數萬元離場。該股高位已見，並在一個月後跌了一半。自此以後，已不想冒這麼大的風險，看清形勢及市場反應才決定落飛與否。

隨後中國人壽(02628)等進行首次公開招股(IPO)上市，初哥才再大膽落飛，動用200萬元金額抽新股，老友記者知悉，做了訪問，從此得到「新股王」的美譽，筆者可真是卻之不恭，受之有愧。

後來中芯國際(00981)上市，初哥看過資料，覺得內有政治目的，縱使市場熱捧而不敢落飛。有記者來電詢問意見，初哥如實告知沒有入飛原因，幸運地避過「傷心」一劫。從此新股的贏錢密碼已成過去式，陰陽格局的情況交替出現，近期數隻新股表現亦良莠不齊。

中概股再度回歸，京東集團(09618)及網易(09999)回港作第二上市，市場又掀起一片新股熱潮。初哥因有利益衝突問題，不能抽之，眼白白失去賺錢的機會。

上升下跌周期短 牛熊分界漸模糊

2020年06月17日

傳統上，牛市升得慢而長，熊市跌得急而短。然而，這種傳統特色在近年的股票市場已不能帶來啟示作用。金融海嘯發生後，美國時任聯儲局主席伯南克為求挽救瀕臨爆煲邊緣的美國經濟，採取了量化寬鬆政策，硬將原本是熊市的美股挽救過來，並展開了長達逾十年、由科技股主導的大牛市。

反觀傳統股票寸步難行，股票市場從此起了「炒股不炒市」的巨大變化，單憑指數去選股已不像當年般容易了。

筆者留意到，科技股經過了大升浪潮後，現時已變得抽上抽落，股價亦飄忽非常。科技股龍頭騰訊（00700）進身指數成分股之首位，第二位是友邦保險（01299），兩者加起來已佔恒生指數比重超過20%，成為好友力推、淡友壓低的武器。所以炒股的時候，留意兩者的變化，就可以判斷恒指的方向。

興起多年的電腦程式買賣盤，亦是令大市難以變成單邊上升市或下跌市的原因之一。市場眾多股民喜歡用的移動平均線，在這種大型上落市中經常出錯，主要原因是數值應用上犯下了邏輯性思維的錯誤，這裏不作評論，留待日後有機會再談。

二〇一三年尾，初哥僥倖贏得了銀行合辦之「投資王擂台賽」第一名。同年公司內部比賽亦獲得了首名。於是公司建議，幫我設計一個全由我構思的圖表技術電腦程式買賣盤，不經人手，完全用電腦操盤。我聯想到有斬倉盤跌九成的畫面，甚為恐懼，加上對電腦盤不熟悉，膽小的性格令我不敢簽合約。

有一次，發覺一位經紀同事每天用上了電腦盤操作，然後施施然走開，收市後才回來察看。這樣持續了一段時間，突然沒有再回來了。後來謠言四起，說他用電腦操盤買了一隻跌九成的股票，斬倉不及，輸了大錢。股票市場風高浪急，完全靠電腦操作是有一定程度的風險。

電腦操盤是經過人腦思考設計的模式炒作，設計得宜，與市場步伐脗合，勝算仍會大過人手操作。然而長線投資，電腦盤作用不大，人腦的思考選股明顯優勝。

此外，不少衍生產品的操作，也扭曲了股票市場的生態及運行。現今股票市場，已難有大單邊市出現，只能維持大型上落市而已，真是難為牛熊定分界了。

炒賣勝敗乃常事 要識止蝕勿糾纏

2020年06月24日

初哥在90年代經營快餐店失敗後，曾跟隨哥哥到慈善伶王開設的外匯公司當經紀，學曉了短炒的技術。經不起每日朝九晚三共十多小時的操作生涯，深感對健康無益，半年後重返地產公司工作，兩年後才重投金融業。

在外匯公司工作時，聽見一位靚女經紀幫客戶炒賣一張外匯，輸了不肯止蝕，運用當時甚為流行的鎖倉技巧，即新買一張反方向的來做所謂對沖。反覆鎖了不知多少次，終於累客戶輸掉約三千萬港元。那時開始，我明白輸了就要認錯，要馬上按計劃止蝕，待冷靜後才再上戰場。三國演義中，梟雄曹操在「赤壁之戰」大敗後，曾經講過歷史名句「勝敗乃兵家常事」。這用諸於炒賣市場亦甚為合適。就算超級炒賣高手，如美國鼎鼎大名的李佛摩，最後輸在不肯認錯，沒有止蝕離場保命。

股票市場上，很多散戶贏的時候心思思想出貨，惟恐失去眼前利潤。相反輸了就死抱不放，守株待兔式期望股價重回買入價之上，如在低位入貨還可以有一守之力，遇着高位搶入者，下跌時不肯止蝕，終會將過去盈利一鋪輸凸，犯下「贏粒糖、輸間廠」的兵家大忌。

初哥有一位好朋友曾經説過，如果買入的股票坐了艇，可以慢慢等待回升之日，相反最慘的是見到沽了的股票，還繼續上升，那種痛苦和激心，難以言喻。我告訴他，沽了的股票仍然上升，證明選對了出擊對象，是強勢股，可待回吐時補回便可以了。如果永遠糾纏於過去的經歷，只會一輩子也不快樂。現今股票市場非常多元化，隨着衍生產品盛行，市況已不如以前般可以簡單預測，而且睇好者已不單單是只買股票，還可選擇揸期指，買入好倉期權、沽淡倉期權，甚至炒窩輪、牛證等，可謂各適其適。

從前的外匯鎖倉行為又再度重現江湖，揸期指睇錯時不肯先行止蝕，反過來買入期權淡倉再作對沖，再睇錯又用沽空期權淡倉再作對沖，最後不知究竟是睇好或睇淡，簡單複雜化，終於搞到頭昏腦脹，混淆不清。可能是初哥對期權的威力未能參詳透徹，不能神會其中奧妙。

金融市場多種投資中，初哥素來喜歡以股票為主力。曾經有一段時間玩期指，後來發覺股票期指兩邊走，有時成為雙面人，會因主觀感覺容易造成錯失，此後甚少沾手期指，亦從不做淡，只博反彈算了。做淡友遇着大升市時，眾人賺錢，唯獨自己輸錢的滋味相當難受。如果預期大跌市來臨，寧作壁上觀，等待時機入市。

獨市生意港交所 割喉放血經紀苦

2020年07月08日

潮流興中概，日日講新股。中資概念股為逃避美國政府打壓，紛紛選擇回流香港作第二上市。加上不少內地優質企業，如生物科技及物管股等爭相掛牌，令香港交易所（00388）備受追捧，股價超越歷史高位，勝過多間本地名牌地產公司，正如賭王金句，「肥到連襪都着唔落」，套用在港交所甚為貼切。

二〇〇〇年六月二十七日，聯交所、期交所及中央結算公司合併而成的香港交易所上市，持有牌照的證券商，按比例獲配售股份。有長遠眼光的券商在持貨多年後發了大財，而部分短視的早早割禾青沽了，只賺得個蠅頭小利。

港交所上市後，公司政策更趨商業化，追求業績盈利，以向股東們交代。其中一招，為求刺激更多股民參與炒賣，不惜犧牲了股票經紀的飯碗，取消最低佣金制，希望谷大成交量將收入提高。美其名是追上國際潮流，增加競爭力，加強市場吸引力，然而如此低消費入場便可以吸引投資者的話，為何港交所不將自己的收費同時取消或減免？這樣豈不是更能吸引股民，谷大成交量？諷刺的是，貴為國際金融中心持份者的港交所盡攬得益，獨步股壇，經營此等業務的一眾證券商及領正牌的經紀們卻落得慘淡境況，果真是「朱門酒肉臭，路有凍死骨」。

現時市場上除了標榜「零佣金」，或者進取搶佔新股市場的幾間證券行仍然生意滔滔之外，其餘可謂苟延殘喘，已經接近絕命邊緣。自最低佣金制取消後，經營困難，加上日益嚴苛的合規制度，成本激增，收入微薄，簡直令經紀行業無法經營，就差在要不要售賣家當，以求解脱。

過去兩年，隨着內地有興趣來港買證券行的投資者愈來愈少，一些以為靠苦心經營的一間證券行可以賣得好價，已經好夢成空。幾年前市場上幾隻殼價十幾億的券商股，現時跌至仙班，市值億餘也無人問津。而一年前仍然身價千萬元的1號牌經紀行，近期更狠下決心，劈價至百萬元求售。

股票經紀都是自僱人士，既無底薪，又無津貼，更不要説福利，連強積金也只能靠自己一個人去供，佣金就是唯一的收入。一個取消最低佣金制的決定，就等於扼殺了這些從業員的生計，不少經紀的收入連最低工資也沒有，甚至比外傭的人工還要低，試問考牌還要來何用？難道真的要股票經紀做義工嗎？

新股多如天上星 無額可用嘆奈何

2020年07月15日

近期新股熱火朝天，抽中的股民莫不笑逐顏開。可惜的是6月尾招股上市的多隻新股，不少撞期，令一眾股民及經紀們疲於奔命！

因半年結等因素影響，以致借孖展抽新股額度有限制。在顧此失彼之下，焦點所在的歐康維視生物(01477)有高達1,900倍的超購情況，其他熱門的思摩爾(06969)、永泰生物(06978)等超額認購情況遠不及歐康。很多股民沒有融資可做，用實錢來抽有如六合彩大抽獎，中籤機會率極低。

港交所每次臨近半年結及年結時，都通過大量新股申請，趕尾班車爭相上市。花多眼亂情況下，短時間內普遍股民很難作出抉擇，就算有多年抽新股經驗的初哥也略感吃力。多隻新股一齊推出，難免厚此薄彼，結果一些成為焦點的新股，聲勢浩大，其他較為遜色，造成極度懸殊的現象，但其實並非多人認購的一定賺得最多。

部分做包銷的證券行，內部風險部門限制身為自僱人士的經紀，連同直屬配偶及子女們都不能參與認購、暗盤及開市買賣，此舉着實令我百思不得其解。新股公開發售，鋪天蓋地式讓傳媒發放消息介紹企業，招股書也明明白白詳細披露所有公司資料，眾人皆知，既無內幕消息，亦無甚麼秘密可言，卻不許證券行內的經紀及家人去抽籤碰運氣，直接扼殺了經紀抽中賺錢幫補卑微收入的機會。

此外，新股公開發售部分如何分配，長久以來也是另一熱議話題。散戶分得多可以增加流通量，大戶分得多則容易控制價格，無論哪一個做法，都只會將利益傾斜去大戶一邊，小散戶就惟有肉隨砧板上，真的要看運氣了。

新股市場性質獨特，與大市升跌並無任何直接關係。

然而，在物極必反情況下，小心有被追捧的新股跌穿招股價，抽新股熱情就會被冷卻了。

大千世界小散戶 鱷魚蝨乸分杯羹

2020年07月22日

多年來魚缸內普遍有一種説法，就是外資把香港股票市場當作是提款機。由此可以想像，香港真的是遍地黃金，看誰有本事，就能夠在此分一杯羹。

在股票市場這個大千世界裏，弱肉強食，六親不認。用黑色幽默來演繹，是100個散戶養一個中戶， 100個中戶養一個大戶， 100個大戶養一個超級大戶。説到這裏，讀者定當感覺一盤冷水照頭淋。講真一句，如果在股票市場進行毫無章法的密集式短炒，同過大海進貢賭場並無分別。賭場賭錢、或者賭波賭馬等，是零和遊戲，一個贏了，對手就輸。股票卻不然，在某一個時段，持續上升趨勢中，音樂椅遊戲尚未停止時，買入者可以個個賺錢，這就是股票市場和其他賭博的最大分別。

大戶財雄勢大，而且有專業團隊做分析研究，資訊快人一步，當然比散戶有優勢。近年有不少Algo電腦程式操盤出現，主要以短炒為主。其研究團隊日以繼夜在港美交易時段內，不斷更新及改變其軟件的操作模式及數值，壓力之大非外人所能想像。

談到電腦程式買賣盤，N年前初哥幸運地贏得一間機構舉辦的第一屆名家股票擂台賽冠軍，及同年公司內部比賽奪冠。於是公司想和我簽合同，由我去設計一套模式，電腦部編寫程式供我用，但軟件版權歸公司擁有，還不可以對外公開。令筆者感到最不放心的是，不經人手看過而自動落盤，恐怕遇著斬倉而不能及時處理，所以還是拒絕了。

初哥有兩位同行，因生意不多，唯有靠自己操盤炒賣，希望能幫補生計。可惜不懂分辨消息的真偽、不認識公司基本因素、又不會圖表分析，胡亂地跟風短線炒作，以致經常損手而回，真是賠了夫人又折兵。初哥觀察多年，前線經紀炒賣犯的錯誤不少。我炒股30餘年，87及97股災均能避過。但於2001至2004年之間，受同行影响，炒得太大，當局者迷般渡過了三年的黑暗歲月。幸得旁觀者清的一位同事好言相勸，令我如夢初醒，經過多年努力鑽研，終於重拾過往成功模式。

一件事情，重複做一萬小時可成為專家，付出的努力不會白費。大戶雖財雄勢大，然而散戶勝在轉身靈活。只要能夠洞悉走勢方向，做其鱷魚蝨乸，也是不錯選擇。如果炒作多年還不成功，初哥勸喻還是轉行找一份穩定收入的工作算了吧，以免望天打卦，虛渡時日。

息字頭上一把刀 賺息蝕價風險高

2020年08月11日

初哥從事股票經紀多年，看盡散戶們的炒股百態。有一個相當奇怪的現象，很多股民在同一時間內，人云亦云情況下，一窩蜂去做同一動作。這就像是傳染病般，如何患上，懵然不知，中招之後，可能元氣大傷。

最近就遇到此一情況，有幾個朋友不約而同地詢問初哥，買哪隻收息股好。他們揀選的目標，同樣都是銀行股。

在普羅股民心目中，這類股票息口吸引，算是進可攻、退可守的穩陣之選。可惜這種只考慮息率吸引、並未察覺行業衰落的錯誤思維，只會令散戶又陷入了賺息蝕價的痛苦之中。

有位朋友將收息股和收租樓拉上關係，認為買股票收利息，就等如買樓收租，財息兼收。

其實兩者大有分別，供樓利息隨着時間愈供愈少，且租金收入過往趨勢是輾轉上升的。然而，隨着香港面臨多事之秋，除了利息還可低企外，租金短時間內很難回復上升之勢。

至於股息，與公司的賺錢程度掛鈎。過去三十年，香港經濟繁榮，本土企業亦隨之壯大，盈利豐厚，自然慷慨派息。然而花無百日紅，即使是散戶至愛的銀行股恒生銀行(00011)，本地數一數二高息股，隨着盈利倒退，派息亦減少了。

銀行本是百業之母，屬於穩陣之選，奈何自取消利率協議機制，推廣衍生產品等收取豐厚收入又遭受金融海嘯的打擊，市民再沒有信心沾手此類項目。

炒房近年遇着驟升暴跌的投資市場，又贏又輸情況下貢獻不了盈利，部分銀行甚至要結束炒房。本地地產股及收租王領展(00823)派息率雖然相當不俗，但受到政治及疫情拖累，難有起色。

縱使現價處於資產淨值之下，收息仍追不上股價的跌幅。過往跌市之星的本土公用股，息率雖不及獅王，但對穩陣一族亦是不錯選擇，礙於本港市場已經成熟，業績難有突破，防守力強的公用股也難逃下跌的厄運。

羊毛出自羊身上，派股息及送紅股，在股價上直接扣除，股息其實就是股東自己本身的錢。除非股價長升長有，否則除息後股價返不回買入價，就等於輸錢。

所以買收息股不能只單看股息吸引與否，還要看行業前景。很多公司股息低得可憐，甚至無息派，也可大升特升，股神巴菲特的巴郡股票就是一個好例子。

忘記股票入市位 不看樹木保森林

2020年09月03日

炒股票説易行難，但只要勤做功課，長揸要看公司基本面及前景，中短線炒賣靠圖表、市場心理及初哥最喜用的模式炒股法，勝算大大提高。跟模式入市，等如中西醫照單執藥，藥到病除。至於長揸或短炒，孰優孰劣，難有定論，跟自己性格配合就可以了。

兩者之中，當然以短炒難度略高，若然炒得不好，除了輸價位外，更輸掉使費。由於佣金不多，價位收窄而波幅較以前大，買中後扣除使費，短時間內已有利潤。根據浴缸理論，拿捏得準確，回報應會勝過長揸一隻股票。有一客戶，在恒指整年無甚變動情況下，一年回報逾1.3倍。獲得理想回報，是因為肯聽從我的出入市指示，靈活走位。但後來在外匯市場聽信其他消息，又投資巨大，結果虧損嚴重。惟股票投資額度細，所賺的也補不了外匯的龐大損失，從此對投機包括股票市場意興闌珊。

短炒股票除了看圖表趨向、心理戰及模式，還有兩大關鍵元素。首先忘記入市價位，改為只記下昨日收市價；加上短炒數隻股票時，要看整個組合的總資產額，總額是賺了，已算是贏錢。不能只沽了贏錢的，輸錢的就由它留低。這是看森林不單純是看樹木的炒股智慧術。散戶經常輸錢的原因，是緊緊地牢記買入價，大勢已去仍不肯止蝕沽出，短炒成績自然不理想。寫到這裏，初哥又想起兩個故事。

一位外籍客戶，數年前跟從我提供的股票買賣及抽新股建議。初期成績尚算理想，幾次獲利後雄心萬丈，抽中了一隻數倍升幅的新股，初哥建議沽出。他覺得股數中得太少而不肯高價套利，其後更發展到買入的股票無論輸贏都不沽出。直至股市開始下行，計算其整體組合(森林)仍有盈利，只是剩下的部分股票(樹木)輸錢。眼見不妥，於是勸喻將組合清倉，唯因個別股票已經距離買入價很遠，在難捨難離的情況下，股災來臨弄致虧損嚴重，他還同我説森林燒着了。

另一位女士抽新股，非常心雄，每次都想食大茶飯。因落大飛，抽中的數量也不算很少。隻隻也不肯沽出止賺，其中有些真是不斷上升，她時常引以為傲説好彩未沽出，可惜整體新股組合是下跌，而且個別跌得甚深，更有一隻近年被DQ了。又是一個只顧個別樹木，不看整個森林的失敗例子。

炒股與賭馬 投資邏輯也類同

2020年09月11日

初哥自幼耳濡目染，小學六年級已收聽電台賽馬直播節目。自此對賽馬產生了興趣，數據也有一定的掌握。那時候馬匹的實力比較懸殊，連負磅154磅的馬匹也可勝出，對於現今頂磅135磅來説是匪夷所思。大熱門的勝出率高逾三成五，近數年馬匹數目漸多，賽馬日子也增多。在專業評磅員評分情況下，馬匹的勝負距離愈拉愈近。現時大熱勝出率偏低，不夠三成，只約為二成五。賠率低於二倍的明星馬也經常超熱倒灶，輸盡馬迷們的荷包。

炒股何嘗不是，香港的恒指成分股中，當眾人以為大熱門的美團點評(03690)，必入成分股無疑，揭盅一刻才知道只能入國指成分股，未能順利進身藍籌新貴。反而事前甚少人提及的冷門股藥明生物(02269)爆冷入選，頓時股價衝上雲霄。

另一是半熱門的小米集團(01810)升勢也較大熱門阿里巴巴(09988)凌厲得多，還較藥明生物跑得更快。美團點評由於仍可入國指成分股的緣故，還有升幅，但已較前三者遜色。

那邊廂美國也有雷同事件，上週五(4日)道指收市後更換成分股，納入三隻股票包括商務雲端服務商Salesforce、製藥公司Amgen 及工業公司Honeywell。然而，超大熱門Tesla出乎意料地沒有入選，跌盡眾股民的眼鏡，大熱倒灶模式又再出現。

大部分人在某些時空期間，都會估錯居多。人站在十字路口中，不知何去何從，走對的機率只有二成五。所以要有邏輯性思維，溯本求源，不與群眾共同思維，才有較大機會選出正確的答案。可惜的是，普遍散戶只會跟風、人云亦云。在跟大隊方向走而不知行錯路的情況下，注定與贏錢一族無緣，只能依憑幸運之神眷顧了。

美國蘋果公司(Apple Inc.)及電動車公司Tesla自從宣布將股份拆細後，股價屢屢創出新高。因其價格太大，入場門檻高，小散戶早已望門興嘆，冀望股份拆細，能躋身參與這類長升長有的股票。

無奈迎來的只是一盤冷水照頭淋，兩者的股價同是在拆細股份當日，如高空煙花一般，在極度燦爛中落幕，股價開始大跌，並牽動納指於高位大幅回吐。禍不單行的是，Tesla配股集資50億美元。

原來股價飆升，是因為可以趁高配股集資，好讓充裕資金做護城河，提供足夠子彈繼續進行研究等工作。至於期望能夠分一杯羹，在股份拆細行動中趕及上車買入的散戶，在高位買入被套牢，吃了嚴重的眼前虧。

沒有及時止蝕的話，惟有期望股價能有一日撥開雲霧見青天。升上拆細股份的行動，以往多的是，不乏急跌之後無以為繼，然而成功者也並非沒有，但多是急跌後再度起航，此一模式可以記住。

新股熱潮何時了？ 螞蟻集團屬尾班車

2020年09月18日

新股熱火朝天，不少由暗盤開始已經錄得可觀升幅。狂蜂浪蝶，不請自來。坊間及網上，熱烈討論的，都是哪隻新股抽得過。全城躍動，加上名牌保薦人、包銷商團隊的明星效應，營造出非抽不可的效果。

初哥早前曾講及，近期有不少過往全無興趣參與此類新股遊戲的股民也落場想分一杯羹，甚至大借孖展，以求分多一點。僧多粥少，各人分得的股數少得可憐。幸而利息尚算低迷(相對往日而言)，只要股價升得勁，補回利息支出之餘，尚有不俗利潤。**按農夫山泉(09633)的中籤結果，抽150手(即30000股共約65萬元)，亦只能穩獲一手，以利息2.68%計算，10日息(歷史上罕有利息最長期)，共約430元，假使手續費30元，每股成本價23.8元，掛牌當日最高39.8元，最低曾見31元，獲利平均約1,500至3,200元不等。**即是用約65,000元可獲利2.3%至到4.9%，在這種上衝下洗的大市中，避免虧損而有錢賺算是不過不失。

抽新股借孖展是有局限性的，因太多人參與認購，而資金供應有限，去到一定程度已是借無可借。眾多股民望門興嘆，部分惟有用現金抽。農夫山泉在部分人想做孖展、卻無法借到的情況下錄得超過6,000億元凍資，可想而知股民的參與程度是何等熱烈。

初哥有一位親戚，借不到孖展，我說可放30元成本抽吧！他落飛的區域中籤率不夠三成，竟然獲派一手，賺了約3,600元，開心不已。他從前是用現金抽新股的，可惜經常抽不中，後來我建議他借孖展抽，父母妻子都開戶口一起做，僥倖的每次都抽中。最經典的一次，五成中籤率，竟四個人全部皆中了一手，並在接近最高位沽出，每人賺了萬餘元，歡天喜地去了泰國旅遊。自此經常抽中，原因是用了「人多好辦事」的策略。

雖然抽新股表面上是容易賺錢的遊戲，但亦有機會中伏。熱情高漲之際，總有一盆冷水照頭淋。N年前，抽新股一路順風順水，晶片股中芯國際(00981)上市時，亦引來超額數百倍的認購，誰知一掛牌已跌破上市價，並潛水多年才返家鄉。

眾多股民經常犯的錯誤，就是用上次反射理論來認購新股。有一位經紀錯過了認購輝山乳業，眼見上市時勁升，接著來一隻業績較遜的同類股，便急不及待入飛，果然中了，不過是中了伏。從此對抽新股起了戒心，「一朝被蛇咬、三年怕草繩」，再也鼓不起勇氣去玩這遊戲。然而，近期受不住別人贏錢、自己無份的滋味，終於鼓起勇氣再度下海，可惜因落現金飛，屢抽不中。至此境況，根據多年的經驗，往後抽新股定要小心行事，初哥相信螞蟻集團應是今年抽新股的最高峰期，暫時仍未到危險時間。

近期有一大一細新股上市，暗盤時段均迅即跌破上市價。大的一隻百勝中國(09987)是第二上市，雖然阿里巴巴(09988)、京東(09618)、網易(09999)珠玉在前，但散戶可能對此股認識較少，反應冷淡，不過由於對沖基金踴躍認購，仍然超額51倍。初哥推測是有基金持有美國掛牌的百勝中國，先行沽出手頭股票，然後迫使公司由原先的468元上限價，大幅降低定價至412元，一來一回便可賺了差價。是為一掛牌便跌破上市價的近期罕品。還有一隻是過往保薦紀錄良好的保薦人公司，包銷一隻細眉細眼股仔，怎知掛牌竟跌到一仆一碌。原因初哥在此不便說了，所以現在的新股，定要想清楚，及注意注碼的風險為上。

申請認購H股股數	有效申請股數	配發/抽籤基準認購H股總數的比例分配	甲組配發H股以申請
200	215,510	申請中有25,861份獲發200股股份	12.00%
400	65,251	申請中有10,203份獲發200股股份	7.70%
600	24,924	申請中有5,027份獲發200股股份	5.60%
800	24,985	申請中有4,817份獲發200股股份	4.82%
1,000	34,316	申請中有6,863份獲發200股股份	4.00%
1,200	12,060	申請中有2,533份獲發200股股份	3.50%
1,400	7,045	申請中有1,529份獲發200股股份	3.10%

1,600	5,810	申請中有1,301份獲發200股股份	2.80%
1,800	8,704	申請中有1,958份獲發200股股份	2.50%
2,000	46,385	申請中有10,669份獲發200股股份	2.30%
3,000	14,944	申請中有4,035份獲發200股股份	1.80%
4,000	23,009	申請中有6,544獲發200股股份	1.42%
5,000	19,302	申請中有6,273份獲發200股股份	1.30%
6,000	11,130	申請中有3,840份獲發200股股份	1.15%
7,000	7,069	申請中有2,722份獲發200股股份	1.10%
8,000	8,092	申請中有3,237份獲發200股股份	1.00%
9,000	15,353	申請中有6,771份獲發200股股份	0.98%
10,000	40,203	申請中有19,297份獲發200股股份	0.96%
20,000	24,599	申請中有19,679份獲發200股股份	0.80%
30,000	10,881	200股股份	0.67%

農夫山泉 (9633) 配發結果
資料來源: 港交所網頁

三種炒股方法 點解有人發達有人閉翳？

2020年09月25日

初哥在23年前接受一媒體訪問時，曾講解過幾何圖形投資法，這其實是與風險管理有關。金字塔式投資方法最適合富翁，因為有龐大資金，可以多次落注。在大市持續下跌了很多的時候，優質股大跌3成(股神巴菲特更忍耐至大跌5成才吸納)，開始先買第一注，再下跌8%加大注碼購入第二注，以此類推。因頭輕尾重，只要有大反彈就可反敗為勝。這個方法，首要條件是要揀對有前景的優質股才可以，否則可能血本無歸，然而富豪們多有專業意見提供，失敗機會較微。

另一種是普羅散戶們最喜歡採用的倒轉金字塔式，買中一隻獲利的股票，在雄心萬丈、以為自己眼光好，又或者聽了消息買入後一如劇本預告般上升，深信是堅料，故此在高位加碼入市，這是頭重尾輕的倒轉金字塔式買入法，只要一回頭就輸突。寫到這裏，勾起了初哥九七年亞洲金融風暴的一些往事，感受甚深。

那時候初哥是股票經紀，非常忙碌，電話響個不停。股市暢旺，股票行內全民皆炒，連落盤員也拿起鑊鏟來。開放式落盤，經紀只須喊出來，落盤員回應一聲就算。初哥聽覺不靈，往往需要再問一次。曾有落盤員收市後才驚覺做錯了盤，求初哥代他賠償，否則會被公司炒魷魚。初哥心軟，代他賠了幾單，為數不少。當局者迷，旁觀者清。後期轉了公司，回想起落錯盤事件，才覺得事有蹺蹊。落盤員做錯盤，股價收市下跌就要初哥賠；為何沒有一單做錯盤，股價上升而歸還初哥的呢？從此不肯隨意相信了。

有一位舊同事，在初哥處開戶口炒股票，借孖展來增加回報。他跟從建議買入屢有斬獲，不禁大喜。至金融風暴前，不少人早上入貨，下午沽貨已輕易賺錢。有一次他竟大膽用20萬元買100萬元貨。

初哥眼見大市已達瘋狂階段，加上他愈買愈大，是典型倒轉金字塔式炒法，非常危險，於是勸他。誰知他氣憤地說：「你即係阻住我發達啫！」立即轉投另一證券行，從此視初哥如陌路人。初哥感覺無可奈何，不久股市崩圍，很多孖展客被斬倉，全軍覆沒，證明當時對他們的勸喻是正確。身為經紀，不能只看佣金收入，要如實告知風險之所在，否則誤人誤己就不好了。

十年人事幾番新，近期科網、生物科技及內地物業管理股受到市場熱捧，有數年無炒股票的朋友重踏股壇。嘗到甜頭後，又用了倒轉金字塔式方法，不斷加碼買入，滿手蟹貨又開始漸漸變成長線持有。初期在整個股票組合應有錢賺卻不肯全身而退，至今變成虧損。但他說「輸錢我是不會沽的」，高位追入仍信心滿滿，初哥也難以再對他說些甚麼了。

萬丈高樓從地起，炒股太心雄心急，一朝發達真的是那麼容易嗎？大市愈升，愈想𨇯身去買，成本價愈來愈貴，一回頭很快就會由贏變輸，那種滋味甚不好受。還有一種是方形投資法，每次皆買相同注碼的股票，贏了一定程度，才再將注碼略加多少，令心理壓力不致太多，炒股自然進退有度。財富是由時間累積而來的，這就是聚沙成塔的哲理。

股市散戶長年輸錢 原因係性格問題？

2020年10月05日

坊間選股，主要有兩大門派，分別是公司基本因素研究，以及圖表技術。旁及陰謀論，相反理論、市場心理、術數等等，五花八門，各適其適。初哥認為，只要順着自己的性格，去揀選一兩個長期能夠贏取盈利的方法就可以。要學就要鑽研至最精，專門一兩瓣總好過雜而不精。

有朋友貪便宜，見有免費講座就去報名，看看有甚麼新發現，聽得太多，思路反而混淆不清。其實只要花點學費，揀些好的導師，更重要是迎合自己的思路性格，勤做功課的話，必有所成。可惜他並不明白，以為多聽就會學懂，其實免費講座通常只是略講皮毛，要深入探索惟有自己看書自學或者上有關課程。

已有多年炒股經驗而仍然不斷輸錢的散戶，主要原因是擺脱不到屢犯錯誤而不自知的困局。所謂「性格決定命運」，做性格巨星，下場都是失敗居多。很多學圖表分析的人，想要的是百發百中的圖表指標，這是近乎不可能，如果世上真有此一炒股法，定會有錢過股神。可惜的是，就算贏面甚高的圖表技術，只要有一兩次失敗，很多人就斷定其不可行，再去尋尋覓覓，找其他指標，最終蹉跎歲月，一事無成。

坊間教授圖表有多種課程，甚至巧立名目，其實是大同小異，用得着與否要看導師的功力。朋友説聽過很多講座，都是差不多，「又係一樣貨色」。每個指標，是經過千錘百煉、反覆研究得出來的結論，世間哪有如此多新鮮指標出現呢？

而且圖表有一特色，要多人用的才有成效，因同時在那點入市，威力自然大增，孤芳自賞的冷門圖表技術指標，股民不認同的話，亦難發揮其威力。當然，太多人一窩蜂地做同一動作的話，就有出錯的機會，因會給超級大戶殺個正著，這就是「螳螂在前，黃雀在後」的道理了。所以利用技術指標入市前，最好先定下入市策略、止蝕及止賺盤，便可客觀地執行戰略部署。

利用圖表分析去炒股，勝在適當時機入市及離市，在過程中可沾手多隻股票，賺取多個升幅。相反看基本因素，相中數隻股票來長揸，除非選中神仙股升幅倍數計，否則回報有局限性。可是買中一隻能夠長相廝守的持續上升股，非一般資金不多的散戶能夠做到。

精通圖表揀股出擊，可賺取升幅應勝過長揸股票。當然，出入市太頻密，付出使費也不少。幸而取消最低佣金制後，加上股價價位收窄，波動較大，增加了短線炒作的空間。圖表派亦可大派用場了。

世事多變難料 時刻警惕勿忘形

2020年10月09日

美國歷史上最醜陋的總統辯論，上周在一片謾罵聲中落幕。舉行前廣泛意見都認為特朗普會勝出，因為他一向以來表現出極度自信，而且有報道謂拜登少年時期已有口吃，言語表達能力欠佳。民調及賠率縱使互有反覆領先，但仍普遍看好特朗普。

辯論開始，唇槍舌劍，繼而進展到互相企圖以聲音蓋過對方，連主持人也無法制止二人，結果以混亂告終。民調顯示特朗普支持率下滑，因為他「插話、人身攻擊及打斷發言」，令國民反感。能言善辯的特朗普竟輸給曾有口吃問題的拜登，這似乎是與拜登準備工夫做足有關，反觀特朗普過於自負，以為臨場執生就可輕易勝出。若是如此，證明機會是留給有準備的人。

一場辯論，勝負只是甲乙其中一方而已，但結果可以超出預期之外，更何況是賭味甚濃的香港股票市場？一句話或者一個未經證實的消息，已經可以造成翻天覆地的影響。既然如此，更加要做好策略準備，以免臨場呆若木雞，不懂反應，又或者情緒失控下，做了錯誤動作。詳細研究上市公司的前景，精讀圖表分析，確保買入的股票不是偏離合理價位太遠。熟悉你買入的股票，如同熟悉你的客戶一樣重要。

執筆時傳來特朗普等多人染上新冠肺炎病毒的消息，突如其來的殺個措手不及，應驗了初哥常掛口邊的「世事難料」。亞洲時段美期曾大插逾500點，再一次「黑天鵝事件」震撼市場，亦同樣提供了入市契機。當晚美股經過震盪後，道指只跌134點，反觀連日受到追捧的納指大跌251點，幸好的是道指還未跌穿上兩個交易日的升幅。然而於高位搶入的科技股，今次應會損手居多。現今世事多變，上升太多的股票不宜搶，市況一逆轉可能跌幅甚巨。

2008年，時任國務院總理溫家寶推出「港股直通車」計劃，港股短時間內直衝上雲霄，一時之間雞犬皆升。有位老友同初哥講：「今次發達啦！港股直通車喎，恒指睇嚟會衝上48000，你快啲同我買10隻股票！」初哥衝口而出：「世事難料呀！」眼見他如此興奮，初哥更加忐忑不安，於是採取「拖」字訣，不敢再提。可惜經不起他鍥而不捨的逼迫，終於數日後提供了那時候比較優質的熱門股票，他大喜之下馬上入市。當時眾多坊間評論亦預測港交所應上500大元，其後並有大量散戶投資衍生工具累計期權Accumulator(I kill you later)。

另一位老友眼見朋友買入累計期權後日日收高息，於是致電初哥問可買否。初哥如實告之，買入者是做期權莊家，風險是無限的，最要命的是跌至某價位，更要雙倍接貨，如果無錢接貨便要立刻斬倉，風險無限大，並奉勸他不熟不做。幸好他聽從我的意見，避過了大劫。後來國務院宣布取消「港股直通車」的計劃，加上金融海嘯捲至，港股跌至慘不忍睹。我的老友10隻股票組合亦損失慘重，止蝕沽出，從此對股票市場意興闌珊。

初哥在股票市場打滾多年，見盡不少樂極生悲例子，所以時刻警惕自己，在股市熱火朝天、眾人興奮莫名之時，要謹記「世事難料」。

美國總統選舉出現鐘擺回盪

2020年10月15日

不久前初哥曾經寫過一篇文章，預測變臉總統如果當選，政治政策亦會隨之而全盤改變。

首場辯論結束，特朗普因為表現欠佳，民調支持率急降。兩日後更驚爆染上新冠肺炎病毒，入院三日立即以強人姿態迅速出院。如此動作，無非是想告訴全世界，他身體狀況良好，絕對適合繼續做總統。

4年前的美國總統選舉，結果大出意料之外，出現「黑天鵝」事件，金融市場出現短暫大震盪。大熱門希拉里，民調一路領先，加上投票給她的人數多過對手200餘萬，最終卻不敵異軍突起的特朗普。

箇中原因是美國的選舉制度並非簡單地一人一票，而是由每州份的選舉人票作最終投票結果，特朗普就是靠贏取搖擺州份的選舉人票，一舉擊敗對手而當選。搖擺州份的市民由於知識水平略遜，所以歷來投票均很受當時的氣氛影響，平添了不明朗因素，州份的選舉人數票源花落誰家，只有揭盅日才知曉。

4年任期即將屆滿，特朗普前言不對後語的行為加劇出現，務求日日可以在媒體上出鏡，毫不理會自己的形象。在他的領導之下，美國道德水平大幅下降，以往琅琅上口的普世價值，已不知從何説起。為這個國家帶來的傷害，影響全世界的和平，後遺症只有往後的歷史才知道。

根據最新的民調，落後差距百分比逐漸擴大，只要競選對手民主黨參選人拜登沒有染上病毒的話，可望擊敗特朗普。然而，有評論謂英國首相約翰遜染上病毒後的民望竟大幅上升，所以反射到特朗普今次的情況，應有類同的效應出現。

初哥認為，這種反射動作效應於約翰遜和特朗普是截然不同。

兩人雖同擁有「壞孩子」身影，然而約翰遜在政治圈打滾了數十年，深諳政治之術，在適當時機露出一手有利他民望的做法。大家還記得，在前首相卡梅倫的「脱歐公投」中，他憑着跳出來極力反對上司的建議而贏得支持率，得以扶搖直上。染上疫症康復後，嚴厲控制疫情擴散，與特朗普同樣染上病毒後的處理方式有天淵之別。

這可能與美國總統選舉11月3日太近有關，特朗普用類固醇去極速回復體力，掩飾自己的健康問題；對境內20餘萬肺炎死亡人數輕描淡寫，將疫症持續惡化無力阻止擴散之責任諉過於中國，轉移視線；一味誇誇其詞讚美自己上任後經濟良好，從中國搶回不少職位及資金。卻與國民眼見之事實不符，自必有反效果出現。若以「鐘擺理論」來看，鐘擺已經開始回盪。

弱勢已成，部分選民轉投拜登，相信特朗普明年一月後離開白宮。至於連任失敗後，特朗普往後有何舉措，我們當吃花生睇騷算了。

抽新股贏錢攻略 真假消息如何分辨？

2020年10月23日

初哥曾經寫過幾篇關於「六親不認」的股壇老千術，有機會賺錢的地方，就有大鱷動腦筋布局上下其手。

新股市場也不例外，上市前的消息層出不窮，真假難分，連超額1,000倍的熱門也如是。若然不懂分辨公司的真正價值，動輒借大孖展去抽，利息成本重，股價又升得不多，可能會輸入肉。不肯止蝕的話，甚至可能輸得一敗塗地。

近期新股熱火朝天，多隻同期招股上市，花多眼亂，初哥也感吃力，更何況是普通的散戶們？定要多花心思，抽絲剝繭去研究，才能找出真正值得下注的對象。

最近有兩隻生物科技股上市，同樣有名牌包銷商團隊，其中一隻突然提前招股，另一隻落飛程度因而稍遜。初哥認為事有蹺蹊，於是建議客戶們只抽後者，不抽前者，果然後來居上，股價表現有過之而無不及。

企業良莠不齊，新股規例列明只要達到要求就可申請上市，而且獲批機會甚大，否則怎能維持全球新股集資排名三甲內呢？

除了熱門新股多人抽外，毫不起眼、規模較小的亦乘機來分一杯羹。然而，並不是每隻新股都會甫上市即升，掛牌迅即破發的何其多。間中突然有隻表現出眾的新股仔，不禁令人眼前一亮。

最近有一隻細眉細眼的新股仔招股，根據初哥多年打新心得，覺得此股甚具倍升條件，於是建議熟客可將之前所得利潤放膽一博。因為沒有研究，他心懷恐懼，只肯用部分利潤去抽。落飛後，竟又來電告訴我，有人通風報信，謂此股可能上不了市。初哥說這樣最多退回金錢，並無任何損失，但如果擔心就退飛了吧！

劇本如他所述，真是出通告延遲，但後來換了包銷商後只相隔數日便上市，一掛牌還要暴升倍餘。落飛抽中的，莫不贏錢笑呵呵！

數年前初哥也曾幫他抽一隻細價新股，大手落飛，因為當時是完全授權委託戶口，公布結果時他才得知抽中甚多，非常擔心。此股果然大升，到帳面勁賺3倍時，有一日初哥見盤路不對勁，於是想替他沽出，誰知他說收到消息會更上一層樓，不肯沽售。當日股價逆轉，一路下瀉，結果到他肯沽出時，已跌至只賺逾20%。發達之神，擦身而過。

抽新股遊戲，賺1倍以上或輸5、6成之機會幾乎參半，但只要能懂得分析，勝算是略高。從以上例子來看，就算獲得準確消息，亦並不一定成事。甚至有時因消息真實，反而市況不對路時，仍然硬信消息而不肯止蝕。寫到此處，腦海中又重回87年股災前的一些往事。

初哥有一位老友，87年前炒股發了達，進身上流社會認識名人，獲得了華資收購英資置地的消息。他大量買入期指，可惜碰着美股大跌。香港跟跌的那一日，眼見置地竟逆市而升，他滿懷信心下不肯平倉止蝕。終於聯交所話事人作出停市4日的決定，復市當日期指大瀉2,000餘點，他所持的重倉損失慘重，而那單收購行動亦馬上煞停。初哥探望他時的情景，歷歷在目。

自此以後，筆者不喜歡聽任何小道消息，亦謹記「世事難料」這一句金石良言。萬種行情歸於市，就由市場告訴我們去向，摸着石頭過河，按策略行事算了。

螞蟻開價80蚊 值唔值得買？

2020年10月29日

經歷中美貿易戰及疫情連番衝擊，香港實體經濟大受影響，商戶們無不叫苦連天，本土相關股票疲不能興。然而，在北水資金助力下，頻頻掃入內地經營業務的科技股、物業管理股及生物科技股等板塊，使港股市場維持動力，形成大型上落市格局。

鑑於現貨難炒，新股乘時而起。除吸引散戶參與外，亦獲得北水的青睞。初哥留意到近期多了大量一手黨出現，尤以大陸資金為甚。短時間內開了相當多的戶口，造就新股動輒數百倍甚至逾千倍認購，僧多粥少的情況下，中籤比率低得可憐。要待股價大升5成以上才有肉食，跌破上市價更會輸至面青。

從生物科技股掛牌倍升的熱潮帶動，隨後的招股，眾人紛紛借大孖展額以求穩陣中籤。早前的福祿控股(02101)及今周二掛牌的藥業股先聲藥業(02096)，挾過千倍及600倍超額認購之聲勢，竟然在正式掛牌日迅即跌破上市價，現金抽的也輸，更何況是借重孖展付利息的股民們更損失慘重。股民熱捧程度，連借10倍也嫌少，借更大額度的20倍甚至40倍是理想不過。可惜乙組的中籤機率，愈抽得大百分比愈細，頂頭錘飛更低至可憐的0.17%也有，利息成本加上雜費連沽出的使費，成本價分分鐘高達3至5成，遇着質地欠佳的股票，能夠升達5成以上甚至倍數計，談何容易。

股民對新股如蟻附羶的效應所及，新近招股的兩隻內地物業管理股份定價提高了不少。如上限定價，可高達80及90倍市盈率。隨着物管股近期跌幅巨大，醒目的股民紛紛退飛。有證券行規定不能抽飛，客戶們硬着頭皮接貨，唯望掛牌當日能夠守穩招股價吧！

眾裏尋他千百度，千呼萬喚始出來的螞蟻集團(06688)，經歷美國政府打壓，中國政府施展拖延戰術，加上一輪公關功夫出台後，終於在今周二開始招股。執筆時尚未知道定價及發行股數如何，筆者甚不喜歡這種透明度低的試探市場方向式宣傳手法，不過，在這個利益至上的商業社會也是可以理解的。估值由最初約15,000億港元，再不斷吹風，提高至約36,000億港元，升幅逾倍。

上周日學生在群組裏問及螞蟻集團的看法。初哥搜集資料，抽絲剝繭細心分析，斷定這是叫高開低的手法，相等於大公司提高價錢，然後減價造勢一樣。得出了結論後，我在群組及Facebook「初哥教路」網頁寫下這一段文字：「我估計螞蟻應是市值約25,000億港元上市，發行股數共約33.4億股，集資約2,750億元，估計定價約82元，今年預測市盈率約50倍，如果屬實，算平了。是否如此，星期二便揭曉！」終於星期一晚上傳來螞蟻集團定價80元的消息，初哥幸運地猜中了。

說回螞蟻集團，雖然集資額龐大，不過公司盈利前景良好，今年預測市盈率約48倍，明年更降低至約32倍。按其盈利增長率(PEG)低於1，算是定價低於市場預期。根據股數分配，應會做到一人一手，皆大歡喜。

炒股最忌故步自封

2020年11月05日

股票市場，究竟是銷金窩還是聚寶盆，端看個人炒股修為。找對了道路，勤力去鑽研，這些當然是贏錢不可缺少的首要條件。再下來便是遵守紀律，控制心魔。審視圖表路線的趨勢、懂得判斷新聞真偽性及對股價影響程度、還有就是不要對股票感情用事及太主觀，這都是炒股成功的必要元素。

所謂「有智慧不如趁勢」，順勢而行是炒賣股票的王道兵法。當代股王騰訊(00700)長期處於上升軌，趨勢明顯是向上，而且盈利增長屬於持續性。股價上升反映其未來價值，間中遇着整體大跌市才出現大幅回吐而已。能夠把握急跌購入的良機，獲利回報應是不俗，不過大部分散戶患有畏高症，大幅回調時更加不敢再看。

有經紀朋友在股王價位400元的時候講過，不會買騰訊，因股王曾經一拆五，折合舊股價2000元，她覺得太昂貴了。這是原則性問題，寧願買幾塊錢或者十多廿元一股的，認為比較合理，這樣大價怎麼買得落手呢？跌數十元怎麼算？下跌空間太大了。數元的股票，下跌空間應會較細，安全感強得多。初哥卻認為這個想法缺乏數學邏輯思維。升跌幅度要看百分比，不是看股價升跌銀碼。況且選擇股票要預算入貨後跌多少，不如不要買了吧？怪不得她經常找細眉細眼的股票來炒，不要強股，只愛殘價，輸多贏少是可以預期的。

場內不少朋友，喜歡揸一些「超值」股票。簡而言之，就是價格低殘的股份。他們認為這就是價值投資法，相當於大公司減價般，貨品質素不俗，只不過暫時降低價錢，此時不買，更待何時？殊不知炒股不是四圍格價及貨比三家，而是要參考過去業務表現，來推斷未來發展如何。一言以蔽之，股價走勢是取決於未來前景，公布出來的業績已是過去式，只能用來參考推斷將來業務表現如何，並不是決定股價上升或下跌的根據。可惜大多數股民只記着過去的業績，以致迷信於坊間的一般行貨式評論，一窩蜂追逐股票買入或沽出，果真如一群羊牯般追追逐逐。

太有原則變成機會流失，過分主觀以致故步自封，靈活變通才是生存之道。就以iBond為例，從前少人參與，亦無北水的流入，中籤率不如現在的低得可憐。第一批iBond上市時，坊間普遍評論，都嫌棄回報低，認為炒一隻股票的賺幅大得多。初哥心想，這是政府派錢。於是大膽用了數十萬元來抽，竟然差不多獲全派，沽出後獲利理想。今次已是第七批iBond ，可惜仍有股民不懂iBond ，一開口就問：「會唔會跌破招股價㗎 ？」令筆者哭笑不得。

炒股最緊要事前多預測 臨場執生欠周詳

2020年11月12日

美國總統選舉戰情激烈，一如既往，期間翻炒候選人醜聞，雙方招來招往，更加插歷史上最醜陋的選舉辯論、以及「十月驚奇」特朗普染上新冠肺炎的戲碼。

根據過往數據，如非太差，在位總統連任機率可説是十拿九穩，然而一場疫症，令人看清楚各地政府治國之道及如何處理危機。美國竟然是全球確診及死亡人數之冠，令自詡為世界一哥的美國人顏面何存？特朗普拚命製造經濟上升大好表象，卻淡化世紀疫症的恐怖蔓延，缺乏有效對付疫情的措施，因而將可以連任的總統寶座斷送，可謂「大意失荊州」。

今年10月15日曾在東網「專家點評」專欄中，根據「鐘擺理論」、反射錯誤運用、民調拜登領先特朗普近10個百分點，加上身邊朋友一面倒傾向特朗普當選的相反理論等理據，初哥推斷特朗普應會輸掉選舉之戰。並預期連任失敗後，特朗普會無所不用其極，扭盡六壬謀求翻盤，不肯承認落敗，對美國人民起了極壞示範作用。

10月22日，東網記者致電初哥詢問港股格局，我同樣認為牌面上拜登較大機會勝出，特朗普落敗後會用盡一切手段推翻投票結果，美股在此段時間應會大跌。結果市場因恐懼競選形勢不明朗，美股提前一星期開始先大跌1800點，卻在揭盅日後完全追回失地。其時螞蟻集團招股上市，因為需要認購，部分基金及股民沽出手持股票以求騰出資金落飛，大市受到沽盤影響而下跌。果如所料，總統選舉及港股路向一如劇本演繹地兑現。

選舉當日，不停有朋友傳來消息，加上電視台的評論，強調特朗普在多個搖擺州份領先。初哥馬上登入網站查閱情況，均顯示拜登全部落後若干百分點。同時亦有朋友截圖，傳給初哥看網頁寫着特朗普拿了289張選舉人票，贏了拜登的236票。初哥一時不慎，信以為真，看來大局已定，連後來另一好友傳來訊息説還未計郵寄人數票源也不以為然。心想今次可能估錯了。誰知道峰迴路轉，經過郵寄選票點算後，拜登從後趕上，雖然特朗普不肯認輸，但選舉應是拜登勝出了。

從以上例子可引證，事前經過深思熟慮、抽絲剝繭地用邏輯思維去推算，好過臨場執生，相信即時發布的消息。事前推敲可比喻是旁觀者清，即場執生則是當局者迷。

炒股何嘗不是如此？初哥事前預測，很多時候都勝過臨場執生，所以寫稿及教學可強化我深思熟慮去作出預測，並做好應對方法。至於臨場執生的弱點，經過盤後作出檢討，並記下模式，多年來勤做功課，現已改善不少。

恒指由新經濟股主導 唔好炒錯？

2020年11月19日

一場世紀疫症，帶來了整個社區生活翻天覆地的變化，也扭轉了市民的起居飲食習慣。減少外出購物用膳、無法外遊渡假，頻繁上網處理日常事務，這些改變都反映在有關股票的走勢上。新經濟股交投暢旺，節節上升，股民如蟻附羶，舊經濟股被冷落一旁。然而升得多自然有趁消息回吐的一日，此時後者乘勢而起，猛力反彈，幅度驚人。如此新舊輪流交替，股民若不能適時轉向，便會錯失食糊時機。

上周五收市後，恒生指數有限公司宣布了恒指、國指、科技及綜合大型股等指數成分股變動的檢討結果。眾股民當然最重視代表港股市場的恒指成份股，亦即是「藍籌」之變動。三入一出，春江水暖鴨先知，大熱門美團點評(03690)及安踏體育(02020)果然入圍，怪不得近期股價走勢異常強勁，反觀百威亞太(01876)跌碎股民眼鏡，爆冷入圍。初哥認為加入百威亞太，有心顯示香港是國際金融中心的象徵而已。

屹立藍籌行列多年的老牌英資機構太古A(00019)被剔出，成分股由50隻加至52隻。這個趨勢告訴我們，未來恒指成份必是有增無減。太古黯然出局，或與近期旗下公司國泰航空(00293)處於經營困境，不斷傳出負面消息有關，恒指公司看淡其未來前景。

港英時期叱咤風雲的怡和、置地，已於回歸前退出香港市場，連看好香港的唯一純英資機構也被淘汰於藍籌股之列，令人唏嘘不已。只有外籍人士仍擔任管理層的滙豐控股(00005)，仍穩居於恒指成分股行列，可惜以前獨佔鰲頭之獅王所佔比重，現已退居至第三位。滙豐有一特色，就是大股東不能擁有超過10%股權，是真正代表香港人的傳統舊經濟股。可惜未來前景看不透，股價長期不振，影響恒生指數的重要性已大不如前。至於太古出局，應與其市值大跌有關，估計並無政治考量，按其現時市值來決定是否仍可染藍，應是機制的問題。

近年舊經濟股不振，主要是業績並無顯著增長，加上疫情蔓延，對其有一定程度的打擊。新經濟股起而代之，根據新加入的美團，連同之前排首的股王騰訊(00700)、阿里巴巴(09988)、小米(01810)等四隻科技股，市場稱為ATMX，已佔恒指成份股23.68%，意味着市場掃起或質低上述四隻股票，恒指漲跌幅度定必比以前大得多。

隨着新經濟股進佔恒指成份股趨增，未來走勢會非常波動。初哥亦留意到，美國的納斯達克指數將來影響恒指表現，重要性較道指有過之而無不及。所以股民必須調整策略，不能單靠道指的表現來判斷港股走向，否則會誤判形勢，吃虧在眼前了。

炒股想贏錢 定要搣甩散戶心態

2020年11月26日

股票經紀的日常工作，除了幫客戶落盤做買賣、有詢問時提供意見，及作為證券行與客戶間的橋樑之外，亦會在客戶授權之下揸主意操盤。當然做這個動作，首先條件是簽妥全權委託買賣協議書、或者預先電話錄音作出指示才可以。事實上，這項任務對經紀來說並不是易做的，只有對判斷市況較佳者才可勝任，壓力之大亦並非個個能夠負擔得來，除非只求賺取佣金，對客戶賺蝕漠不關心者則屬例外。

好客戶難求，能夠完全互相信任的更是絕無僅有。有一位老友，自初哥在1994年尾當股票經紀至今，不離不棄，對初哥非常信任，不時詢問專業意見。2008年金融海嘯發生前，他致電予初哥：「阿初，好多朋友買咗Accumulator　，好似好過癮咁喎！一日袋數十萬，不知幾疏乎，我真係想玩吓！」幸好初哥了解其產品特色，如實告知風險非常大，等如做了期權莊家的角色，贏有限而輸無限。他打消了購買念頭，最終避過浩劫，而他的朋友均輸掉了過億元金額。自那次開始，更加信任初哥。他曾講了一句名言：「只要信、不要問」。要信任一個可靠的經紀，原因是自己不懂市場運作，不會過問當中細節和買賣原因。

另一位老友亦非常欣賞初哥，時常致電問股票動向。在螞蟻集團上市前，初哥曾建議他趁高沽出阿里巴巴離場。他聽從忠告，幸運地差不多在最高位全身而退。他和上述談及的老友彼此相熟，而且都肯聽從初哥意見而付諸行動，知人善任，怪不得早已上了岸，現只是打風流工。

一樣米養百樣人，同行未必知同行苦處。數月前有一位股票經紀朋友約了初哥夫婦二人吃早餐，說要我幫忙轉運，因自己黑仔，過去10年來，自營炒賣竟連年虧損，後來更進展到幾乎每日輸錢。由於憂慮繼續輸下去，所以找一份工作做，遠離股票市場。在他懇請下，我終於答應幫忙睇盤。

雖然至今贏了近兩成利潤，然而，曾當股票經紀的他，竟變回一般新入場散戶的思維，喜歡馬後炮和臨場擅變。開始進入順風順水階段，恒指突然急跌，惶恐下說要暫停買賣。錯失了低位進場的好時機，決定恢復買賣後，又問為何買那隻慢如蝸牛的保險股。那好吧，不買它了，偏偏那隻慢如蝸牛的股票竟如斷線風筝般衝上，眼白白溜走了賺錢機會。跟着美國大選期近，他擔心有意外，又說要暫停，於是又錯過了賺錢良機。近期最令初哥感到意外的是，雖然賺了錢，卻問為何不在低位入貨，升了才去買，令人哭笑不得。連在市場打滾多年的經紀，想法也一如初入場的散戶，初哥實在感覺無奈。

應用相反理論炒股 贏唔贏到錢？

2020年12月03日

過大海賭錢，各師各法，包括看攤路、跟旺門和專找弱者對賭等，前兩者順勢而行，後者就是所謂相反理論。然而，就算找到合適的弱勢對象來對着幹，也不要讓他察覺到，否則惹怒了對方，麻煩可能會來了。

炒股如無心水時，也可運用此方法。可惜黑仔買入的股票，價位如何，旁人事先知道的甚少，往往只有馬後炮的談及，所以並不可行。初哥多年前做過統計，看評論股票的專家貼大市及股票走勢，發覺大部分類似澳門賭錢客心態，見升睇升，見跌睇跌，事後就自圓其說睇中了。當然，有些是真材實料的，要是長期跟進，應有得着。

相反理論與陰謀論甚為相似，初哥認為後者多用在政治上，前者在股票市場較常見。然而，隨意濫用，問對方意見後只管走相反方向，則吃虧在自己。記得N年前，有位同事時常上媒體財經節目，有日他突然問初哥港股後向走勢，筆者告知應會上升，他馬上說：「多謝初哥，咁我就睇跌啦！」初哥不禁愕然，這個回應，恐怕是從沒有看過初哥過往測市成績吧？那次港股真是升了很多，直至他離開公司前，見到初哥都只談風花雪月，不再問大市怎睇了。而初哥因對自己有信心，已經多年很少問其他人的意見。

近期又發現有一位好朋友，專做「包拗頸先生」。初哥在群組內傳遞訊息，他總是發表相反意見來回敬。這種以反對別人觀點，來作為自己意見的思維，只能令自己不斷圍繞著別人來轉圈子，失去自我，更談不上任何進步。初哥想起數年前與他有關的炒股往事。他曾轉介一位印度朋友給初哥，初期成績尚算理想，並建議其抽了一隻新股賓士國際(01705)。可惜不聽從初哥勸告，升了數倍也不捨得沽售，結果掉頭急挫，最終破發倒跌5成。後來建議買入比亞迪汽車(01211)，但他心儀對象是濠賭股，後期市況逆轉，筆者眼見他的組合仍有錢賺，建議清倉重新組合，可惜在不捨得情況下，整個森林燒着了，損失慘重。

那位好朋友見初哥眼光好，聯同親戚朋友共三人出資找初哥提建議，並為他們申請加大了孖展額。頭炮打得響，中段曾提供小米集團(01810)，賺取了可觀的利潤。經過一輪炒作後，要求減佣金。短期內贏了逾4成回報，其後太心雄，認為初哥提供的股票過於穩健，不感興趣，轉炒高風險的股票，卻輸了不少利潤。於是又叫初哥再提供建議，當時提議中國鐵塔(00788)，買入位1.25元，可惜他們心急之下，在手機落盤搶高了兩價位。好景不常，鐵塔升至1.29元就急回，他們按捺不住於1.13元止蝕，錯過了其後的大升浪。輸錢一刻，埋怨初哥，整個組合由贏錢，變成輸數百元，跟着更提款不再玩了。至今和他在群組中對話，初哥發覺到原來他有相反傾向和包拗頸的性格，此刻才明白那時炒股票有如此思維。然而大家都是好朋友，只是初哥不再跟他講股票罷了。

短炒要練操盤技巧 一朝發達不切實際

2020年12月10日

不少散戶炒股，都想一朝發達，贏了錢固然信心大增，乘勝追擊。在貪婪驅使下，愈高愈追，兼且愈買愈大，終於「上得山多終遇虎」，變成一鋪清袋。輸錢皆因贏錢起，正是涉足股票市場必經的一個心路歷程，然而可否因此得到教訓而學會了控制自己的心魔，那又是另一個層次了。愈買愈大是倒轉金字塔的投機方法，高位一回頭就很容易由贏變輸，遇着急瀉的股票更會輸得一敗塗地。

各有前因莫羨人，每個人的性格、背景都不盡相同，跟人炒作，看似容易做時難。話説有一位朋友，多年前兒子留學回港，想入金融圈內闖一闖，朋友自己也非常希望兒子能夠學好炒股技術，於是搭路安排他跟了一位金牌大經紀。朋友心想，金牌大經紀炒股技術了得，兒子跟着炒，學識了操盤技巧，以後可以贏大錢。怎知不到一年，已輸了數百萬元，遂勒令其兒子轉行，不再沾手股票。

跟着大經紀操盤，表面上看似贏面高得多吧！可是箇中境況，不足為外人道。初哥多年前就親歷其中，但並非我跟人炒，而是被一個大經紀弄得滿天神佛。這位大經紀一開始選擇了坐在我後面，孰料三年的噩夢從此展開。我買的股票，他跟風極大手掃入，並施展搭棚頂牌造假盤等等犯規操作，吸引其他散戶及經紀接貨，食糊後立即縮牌拆棚，股價因此而被打散，我持的貨也無法沽出了。因他買得太大兼頂牌動作太露骨，最終惹來了眾大行圍攻，炒股蝕多賺少，也連累我輸了數以百萬計的金錢，而客戶也埋怨為何掛牌經常難以沽出。這是筆者炒股生涯中，唯一失敗的三年。

當局者迷，旁觀者清。三年輸了多少錢，初哥懵然不知。幸好一位經紀同事好心，告知初哥實況，當頭棒喝如夢初醒，痛定思痛離開傷心地，轉往新公司亦要經歷數年後才能重拾昔日的測市水準。

跟人炒股票，其實就是俗語所謂「執輸行頭」。試想想，有人大手掃入，往往吸引一眾股民的眼球，跟風追入時已可能已上升幾格。到沽貨時，由於是大手關係，質低一至二格是等閒事，跟隨者來回計，相當於吃虧了起碼二至四價位，長期短炒操作，連使費成本，蝕底程度可想而知。所以要練好本身的操盤技巧才是上策。

萬丈高樓從地起，炒股亦然，聚沙可以成塔，長年累月贏錢，即使少少亦能積聚可觀的利潤。然而，這種耐性，自非一般散戶所能做到。

簡單技術分析 點解容易出錯？

2020年12月17日

東邪西毒南帝北丐中神通，是《射雕英雄傳》及《神雕俠侶》中最傳奇的武林五大高手，當中以北丐洪七公的降龍十八掌及打狗棒法兩大鎮幫神功，最為經典。洪七公憑着這兩套功夫，幾乎打遍天下無敵手。練好神功，除了天份之外，勤奮及臨場經驗也是重要因素，缺一不可成為大師。股票大千世界亦如是，勤練炒股模式，吸取教訓，在詭異多變的博弈市場中，能夠分一杯羹不是難事。

眾多技術分析指標中，最容易學習的首推移動平均線。然而，這套最簡單易明的分析工具，在單邊市自然可大派用場，可惜在上落市中，會經常被左一巴、右一巴摑至面腫。事實上，如果上升下跌的單邊趨勢市，犯不着用這套眾人皆知的指標來判斷後市去向。只要用簡單的數目字，便可釐定出入市目標。

技術指標多人用，當然有其實用性。遺憾的是，一窩蜂地使用，市況出現一面倒的時候，超級大戶就會反道而行，跟風者往往被殺個片甲不留，正是「螳螂捕蟬、黃雀在後」。

初哥最初學習的亦是這套簡單易明的移動平均線，近年已不再採用，因覺得有其他更好用的分析工具，而且坊間普遍所用的平均線，在日子的參數設定方面似乎犯了邏輯性錯誤。筆者經過驗證，發覺出錯率是非常高。

短線用10天20天平均線，中長線用50天100天及250天線，其中出錯頻率最高的，當非10天線莫屬。

20天線尚可一用，因接近每個月的平均交易日。

中線指標50天線又是出錯率高的平均線，而且數字上犯了邏輯思維錯誤，不知理據何在，初哥猜想，是抽取兩個月和三個月交易日的中間數罷了。

100天平均線似是50天線的倍變數字，命中率亦高不了多少。

反觀250天平均線，即是所謂牛熊分界線，符合了接近一年的交易日數目，命中率可算是眾多平均線中最高的一條。遺憾的是，要等待大市上升或下跌一段長時間才出現突破，失卻了低位入市的契機。

然而，突破後總還有一段趨勢日子可跟隨，算是可靠的一個指標了。

至於10天升／跌穿20天線、20天線升／跌穿50天線、甚或是50天升／跌破250天線之終極黃金/死亡交叉線，似乎有高位或低位追突破的買賣意圖，往後的股價，都會受制於低位吸納之獲利沽盤的壓力，遇着急速回調時，下方的支持力甚為脆弱，所以聰明的讀者，應會明白箇中原因吧！

作息定時有序才有財富臨門

2020年12月24日

好朋友告知，一位初哥也認識但不稔熟的超級大經紀離世，心中不禁感到惆悵惋惜。筆者入行之時，他已是一間知名大證券行內生意最大的經紀。敬業樂業，成功之處是自己從不參與炒賣股票，只做貼心客戶服務，更是全天候式隨傳隨到，不時陪伴大客戶傾心事至天亮。交際手段圓滑，經常聯絡一大群客戶互相介紹認識，得到一眾客戶的歡心。

他曾說要趁後生搵多個錢，事實上，90年代月入逾百萬元，令人羨慕不已。他勤力的程度，非一般普通經紀所能及。精通五國語言，聯絡客戶自有一定優勢。由早上股市開市時段，工作至下午收市，回家稍事休息，晚飯後又重回公司睇外匯，甚至睇埋美股至深夜。長年累月的熬夜耗神，黑眼圈甚為嚴重，初哥猜想應是睡眠不足，健康透支。但願他一路好走，在另一國度做個快活人。

講到外匯，回顧陳年往事，初哥自90年代經營快餐店失敗後，跟隨哥哥在慈善伶王開設的外匯公司當起外匯經紀來。每天早上八時返工，至凌晨三、四時才拖着疲乏的身軀回家。經過半年時間，整個人也消瘦不少，開始擔心長此下去，對健康會有嚴重影響。剛巧舊上司力邀回巢，於是重返地產公司重操故業，起居生活習慣回復正常。後來預計前途有限，於是下定決心考取牌照當起股票經紀，算是揀對了適合自己性格的行業。

從事股票經紀初期，亦有看即市美股走勢表現。一段時間後，初哥發覺睡眠質素欠佳，大升固然興奮莫名，大跌忐忑不安產生恐懼感，腦細胞過於活躍，弄至失眠。

想深一層，既不炒美股，何必看至深夜？明天一早起床，看財經新聞不是一樣可以了解清楚嗎？而且養足精神，看盤時不會有睡意，習慣養成了，壓力感自然大減。

初哥以往曾有參與推介活動，由於聽覺不靈光，在公眾場合反應遲鈍，答非所問，更鬧出不少笑話。久而久之，遇着一大班人聚會，似患上恐懼症般，惟有減少晚上應酬，因此失去了成為超級大經紀的機會。

然而經過了多年炒股經驗，對短炒技巧自有一套模式，現在更昇華至無壓力狀態下炒股，進退有度，蝕錢時只當交易成本而已。正如老友周顯大師所言，經常贏錢就是投資，時常輸錢就是投機行為。

屋漏兼逢連夜雨 寡頭巨企遇災劫

2020年12月31日

多年來港股傳統有所謂「聖誕鐘，買滙豐」，12月聖誕節前後，有股民喜歡買入滙豐等藍籌股，博年結時基金粉飾櫥窗，會掃起股價。自今年恒指加入多隻科網股及成立恒生科技指數後，騰訊控股(00700)等所佔之比重較諸滙豐更多，基金紛紛轉而持重倉。

可惜今年聖誕前，多隻科網龍頭遭逢劫難，繼美國政府的封殺行動後，再傳來內地監管部門的反壟斷法進行立案調查工作，加上恒生指數服務公司，推出諮詢工作，由原來的52隻成分股增加到65至80隻，諮詢將於下月24日結束，預料明年2月公布諮詢結果。

三重打擊情況下，基金重倉之科網股跌個四腳朝天。反觀中概股受到美國政府打壓，市場憧憬回流香港市場掛牌，當中最為受惠之港交所(00388)連番破頂；恒指成分二哥之友邦保險(01299)在高位徘徊；另邊廂的數隻新股如盲盒玩具泡泡瑪特(09992)、小型家電Vesync(02148)、華潤萬象生活(01209)、融創服務(01516)、水中茅台農夫山泉(09633)、電子煙思摩爾(06969)及生物科技榮昌生物(09995)等等卻升幅可人。港股市場呈現近年罕見的混亂局面，處於此陰陽怪氣之市況，頻頻出現令人措手不及的資訊，當真是難纏之極。

中概股陸續回歸香江是可預期的，初哥早前曾撰文論及。今年初以來，內地已就反壟斷法公開徵求市場意見，然而螞蟻集團在形勢不妙之下仍強行闖關進行上市，終在上市前兩日被內地監管當局勒令停止計劃。阿里巴巴等一眾科網巨頭即時急瀉，更遭到立案調查其壟斷性行為是否影響市場公平性競爭，於平安夜的半日市大跌收場。反而阿里巴巴的競爭對手拼多多及京東集團，在美國ADR股價均是先跌後回升，唯獨阿里巴巴斯人獨憔悴，股價仍然跌勢未止。將疑似涉及金融穩定問題的螞蟻集團強行上市，觸動了有關當局的神經，古語有云：

「貧不與富鬥、富不與官爭」，何況公告天下，正在進行諮詢當中的法例？

美國總統特朗普推出方案撤銷一眾中概股未來的美國上市地位，發展方向只有回流香江一途，作為國際金融中心的最大得益者，當非盡享獨市生意的港交所莫屬，股價破頂並不令筆者意外。

反而恒生服務公司建議的恒指成分股變動，將來由52隻增多至最高80隻，則令初哥感到意外。

考慮原因，或與數隻科網巨頭現已佔據約23.8%比重有關，因股價處於高位，恐大升或大跌時會嚴重影響指數劇烈波動，站錯邊可能遭遇滅頂之災。同時為求本地之龍頭企業不致被淘汰出局，以後或會保存一定數量的本地薑在恒指成分股內，另將騰訊獨大之10%比重下降至最多8%，與其餘成分股所佔比重看齊，得以平衡恒指的波動表現，如此對港股後市發展劃上了定海神針之重要一筆。

2021

股市回顧與前瞻

2021年01月07日

香港自回歸後，經歷了兩次傳染病的浩劫。2003年沙士肆虐，幸得內地及時推出「自由行政策」，將奄奄一息的香港經濟挽救過來，樓市股市均由谷底回升甚多，零售行業更得益匪淺。正當人們已把沙士回憶淡忘之際，2020年新冠病毒迅即大規模席捲全球，較諸17年前的疫魔更為狠惡。

之前一場令人傷感及唏噓不已的社會事件，已經將香港經濟從高峰推倒，零售旅遊等行業被弄至半死不活，再加上這個疫情，除了受惠於疫情的藥房、超市及網店外，飽受摧殘的各業已然危在旦夕。去年的港股市場，充分反映經濟情況，也出現了南轅北轍的兩極化現象。新經濟之科技、生物工程、新能源汽車及內地消費股等股份升幅驚人，反觀舊經濟股表現不堪入目，前者多是內地的企業，後者是土生土長的本地傳統生意，除了少數有經營網店的股票外，香港幾乎無一是新經濟股，難怪跑輸了幾條街。

作為經濟寒暑表的恒生指數，已不能正確反映本地狀況。昔日叱咤一時之本地龍頭股，對恒生指數升跌已起不了作用，就算以往風光一時之太古A及利豐，亦難逃被剔出恒指成分股行列的命運，後者跌至體無完膚之時，成功以低價私有化，對小股東們作出致命一擊，忠心追隨卻落得如斯下場，老一輩的傳統股民實在情何以堪。恒生服務公司眼見本地企業陸陸續續被淘汰出去，於是提出建議，保留一定數量的本地公司在成分股行列。是否能夠落實，在二月公布諮詢結果時便可知道。

新股市場熱鬧非常，惟上市數目之多，以及經常幾隻擠在同一時間，連初哥也感吃力。今時不同往日矣，以前多些時間消化公司基本面、行業前景等多項因素再作出決定，現在花多眼亂，而且良莠不齊，抽新股賺錢程度已不及往時般容易。加上多了一手黨參與，分薄中簽股數，掛牌時升幅較少者，抵償不了孖展之利息成本，假若誤中地雷如螞蟻集團般忽然上市不成，孖展可能損失慘重，欲哭無淚。

展望今年，仍有多隻明星新股陸續登台，新股熱潮不減去年。港股經歷去年的折騰後，市盈率跌至單位數字，而新經濟龍頭面臨壟斷法整頓，舊經濟股前景有望好轉，股票市場表現不會太差。更何況一眾科技巨頭股價已大跌，未來再大瀉機會較低。香港的最壞情況已出現，往後復甦機會大過繼續沉淪，恒生服務公司又作出大改革，初哥大膽預測，恒生指數應可一洗去年全年跌近1000點之恥辱，上升機會甚大。

（後續：執筆時間上周六上午，恒指新的一年好開始，過去三日共升460點。）

樓市長線賺錢容易 股市浪急講求技巧

2021年01月14日

2個多月前，螞蟻集團招股，全城熱捧，母企阿里巴巴(09988)氣勢如虹，衝破300元關口位。老友持重貨，問初哥如何處理。當時大膽建議他沽出，果然不久因螞蟻撻Q事件，阿里巴巴大幅下挫。食髓知味，上周老友又來電詢問股市行情，初哥建議低位吸納科技股及低殘得可憐的中移動(00941)，他跟隨入貨，應已獲得回報。後者的情況似曾相識，與去年滙豐(00005)一樣，同受重大不利消息打擊，股價遭逢巨劫，逆升市而大幅下跌，如能倣效滙豐的入市策略，其實正是執平貨的契機。

老友認識不少富豪朋友，提到他們的發迹史，幾乎清一色是靠地產發達，在股票市場大賺特賺的，鳳毛麟角。初哥雖然從事股票行業多年，但並不諱言他的論調是對的，因樓市走勢較容易掌握，只要政治穩定，社會經濟向好，通貨膨脹關係，已足以令樓價持續上升。而且槓桿極大，如有穩定收入，銀行肯借錢的話，買樓是很好的投資。初期上車可能較為吃力，但有目標去奮鬥，而且隨着連年加人工，就會漸漸覺得寬鬆。買樓投資是要長期才見成效，所以耐性及穩定收入是必須的。有朋友長期租樓住，曾同我講「買樓發達有乜咁叻，佢哋只係坐享其成啫，反而炒股票發達，先至係真叻人」，可惜他也同樣是在股票及期指市場損手爛腳，證明吃不到的葡萄是酸的。

股票市場投資產品眾多，其中股票是可以在單邊上升趨勢中個個賺錢。然而，如果資金不多，用現金買賣，贏錢程度當然不能與買樓相比。借孖展炒賣，若不得其法，在上衝下洗的股市運行中，高位搶進者遇着急速下挫的一刻，捱不住止蝕沽出，更甚是買中夕陽行業或升至不合理的股票，可以跌至體無完膚的地步。而衍生產品如期指、期權、窩輪、牛熊證等是賭博成分甚高的投機項目，極考眼光和運氣。

樓市與股市本是息息相關，一環扣一環的孖寶兄弟。以前股市是反映樓市之寒暑表，走在樓價上升或下跌前三至六個月，原因是過往本土地產及銀行企業佔據恒生指數成分甚重，現今兩者所佔比重大不如前，影響力遠遜內地新經濟股，所以已不能反映本地經濟的實際境況。至於衍生產品，筆者留意到，做期指期權者，多是以沽為主。究其原因，期指期權客往往是想短線獲利，下跌過程急而快，切合其理念；而且意識上覺得股票沽空手續麻煩，不如就在期指期權上做吧！

初哥畢業後投身社會，認為本港最有前途的行業首推地產，亦有幸進入大型地產公司工作，獲益良多，後因興趣及內向性格而選擇了自僱形式的股票經紀行業。樓市股市，皆是香港經濟命脈，藉着躋身其中，熟悉行業運作，算是幸運。

香港地小人多，是樓價持續上升的其中一個原因，可惜太過集中此範疇，錯過了科技發展的黃金歲月，把機會送給了鄰近的深圳，連全國龍頭地產之位置，亦漸被其搶過頭了，殊為可惜。深圳致力發展經濟，香港這廿多年來卻糾纏於政治議題，自絕前路，一進一退，落後於人無可避免。

IPO熱潮停不了 抽新股有咩秘訣？

2021年01月21日

抽新股是初哥的強項之一，上周五掛牌上市的五隻新股之中，初哥在群組內只建議抽醫渡科技(02158)及稻草熊(02125)，果然一如所料，升幅排列首二名。

初哥早於1999年已參與此遊戲，當時新股較少，融資利息遠高於現在，參與認購的股民不多，因此分配到的股數非常可觀。初哥亦曾有兩次100%及一次97%中籤。然而，經過獲派97%的那一次驚濤駭浪，往後抽新股已變得小心翼翼，事前研究的時間多了，亦不會全部都認購。現時打新股民人數大增，熱門股中籤率低，贏錢的程度遠不及從前容易。但只要小心推敲，仍可揀對會升的新股來抽，算是仍有可為的投機項目。

去年新股數目多如繁星，花多眼亂，兼且多次同一時間有多隻新股招股，上周五同一日上五隻就是例子。筆者不明白，有關當局何不盡量將招股及上市時間分配不同日子，免得撞期，讓股民能多花時間研究及有足夠子彈去準備，避免抽得一隻不能抽其餘的，失卻了可以多賺錢的機會。

選擇目標是有竅門的，要集合多項有利因素才可重錘出擊。一旦有目標，找高倍數融資但利率低的證券行就最理想，落幾多飛就要看個人的財力而定，不要讓自己太大壓力而捉錯用神抽錯新股。

有股民以為看新股抽籤金額來決定理想與否，初哥認為應用本錢來衡量中籤數目才對，如果放不開懷抱，覺得獲派數量會太少的話，不抽就是了。

認購新股是一個不錯的投資項目，因為上市初期，是易升難跌的，主要原因是當局容許有「安全港」的穩定期，是合法的莊家護盤行為。

第一次是天才，第二次是庸才，第三次則是蠢材。遇着有獨特概念的新股，宜看重之。市場首次出現的概念股票，自然引來狂蜂浪蝶，如蟻附羶。先頭部隊定價相對便宜，上升空間甚大，同類的上市愈多，市場內不少選擇，加上定價愈來愈進取，損手機會大增。其餘揀選的因素包括包銷團的過往歷史、基石投資者、公司知名度等多項參考因素，坊間評論甚多，初哥在此不贅。

在美國掛牌的中概股陸續登陸香港，加上眾多明星新股計劃今年上市，喜歡抽新股的股民有福氣了。本港新股集資額，今年展望會進佔全球第一，香港的國際金融中心地位更加鞏固。

升市中牛熊共存 如何避免左一巴右一巴？

2021年01月28日

近期股市熱火朝天，恒生指數短時間內扶搖直上，升逾2,300點（執筆時間為上周六早上），買中上升股票、揸期指或衍生工具好倉的股民，應獲利匪淺。

然而，今時不同往日矣，以往大市上升，絕大部分股民都贏錢，現在掛牌上市股票數目多於2,000隻，大升市不代表全部股票上升，只是集中於數個板塊，如新經濟股的科技、生物工程；受惠於國策之新能源股、世界潮流之電動車及無人駕駛智能汽車；穩定盈利之內需股及個別內地物業管理股等。被美國打壓的股票如中移動(00941)、中聯通(00762)、中電信(00728)、中芯國際(00981)及中國海外(00688)等皆由低位回升不少，能買中獲利點而適時平倉者，利潤算是可觀。初哥訂閱群組早前建議低吸上述股票，跟隨者應收穫甚豐。

有老友跟隨我的建議，低位吸納中移動，亦遵從我的策略升破50元之上套利，短時間賺取了20%升幅。證明上車落車時間掌握得宜，是炒短線的致勝之道。至於另一隻騰訊(00700)早前亦按初哥提議低位買進，可惜有一日筆者眼見整體大市不對路，馬上致電他沽出，變相沽早了，錯過了其後的更大升幅。

另一邊廂，在大升市中損手爛腳的大有人在。有一朋友喜歡炒期指，經過數月來的上落市，專做沽倉，逢高加碼，差不多日日賺。可惜遇着突破阻力點而形成的單邊市，渾然不覺，仍按以往習慣逢高加碼，終於一鋪將過往數月贏來的輸凸。在操盤過程中，他曾多次放下止蝕盤，可惜過不了心理關口，在指數快要觸及止蝕盤時立即撤回。如是者來來回回，愈向下沉，愈不捨得斬纜。結果不想輸錢，終於輸了大錢。大市升至上周五開始轉勢下跌，他竟一反過往做慣淡倉的行動，轉頭做好倉。這種炒法似是迷失了方向，又像是偏向拗頸，變成兩邊不是人。所以宜事先做好策略，不宜臨場執生，否則非常危險。

輸錢皆因贏錢起，在股票市場屢見。有一位朋友近來贏了錢，感覺大市雞犬皆升，自己似乎贏得太少。剛好有一個不認識的股票WhatsApp群組邀請她入內，聲稱免費提供貼士，交流交流。劉姥姥進大觀園，目迷五色。群裏講的股票她從沒聽過，可是好像一講即升。心想如此好機會怎能放過？平時買實力股只敢花數萬元，聽貼士買瞓身一博，死而後已。動用了數十萬元之多搶了一隻細價股，買的時候已是高位，但收市前股價狂拉，竟升了19%，帳面賺了14萬元，不禁笑逐顏開。

翌日開市，只見低開8%，沽盤重重，買入盤卻零星落索，很快下跌了近9成，收市仍跌8成。朋友損失慘重，但覺得如果自己走得快，仍是有利可圖，群裏提供股票的那位小姐不會是故意引他去買的。輸得焦頭爛額，他竟然再用數萬元買群裏推介的另一隻細股價，誓要把輸去的博回來。初哥實在大惑不解，只能夠嘆一句，「橋唔怕舊，最緊要受」。

貪新忘舊抽新股 過氣明星半新股回調

2021年02月04日

上周一隻超級明星新股快手(01024)上場，主打短視頻平台，吸引全城熱捧。快手與另一龍頭字節跳動旗下抖音堪稱「一時瑜亮」，你追我逐之下，前者終於搶先在香江落戶。這隻初起家時寂寂無名的公司，經股王騰訊(00700)相中入股，成為主要股東後，瀏覽人數大幅增加。由於去年字節跳動捲入政治風波，子公司抖音聲勢被對手迎頭趕上，加上快手成功在港上市，集資400餘億元，不但知名度急升，更有足夠資金燒錢，增加市場佔有率，未來人數增長幅度進一步追近抖音。

同期上市還有兩隻生物工程股，心通醫療(02160)及貝康醫療(02170)，前者經營心臟類器材業務，後者定位試管嬰兒領域。三股行業屬於河水不犯井水，各領風騷，後兩者認購情況遠不及快手，然而，夠膽與快手同期上市，自必信心十足，胸有成竹。可惜因為撞期，資金都傾向了快手，市面上難以找尋融資，一眾股民望門興嘆，惟有用現金抽這兩隻明星生物科技股，碰一碰運氣。

一如既往，有巨無霸明星新股上市，股民憧憬掛牌初期升幅可觀，寧願沽出手頭獲利理想的過氣新股，套現落飛。在一眾沽盤壓力下，多隻半新明星股於上周跌幅驚人，包括京東健康(06618)、醫渡科技(02158)、榮昌生物(09995)、再鼎醫療(09688)、明源雲(00909)、雲頂新耀(01952)、思摩爾(06969)等等。這就是「貪新忘舊」的炒股心理學，初哥預計在其資金回籠後，上述半新股可望重回升軌。

新股市場還有一個特色，就是「炒仔不炒㜷」。因母企上市多時，持貨股民數目眾多，街貨分散，而且經過下跌潮後，上方蟹貨重重，形成上升時屢遇阻力，時起時落變成常態，除非有市場高手的敏鋭觸覺，能夠掌握上車落車的時間，否則容易損手爛腳。反觀剛剛掛牌上市的新股，因破高位後上方望空，沒有阻力，形成初期易升難跌局面。

然而，當「安全港」穩定期過後，包銷商如行使額外股權，再度推高散貨，那時候便要小心行事，必須定下止蝕/止賺盤以策萬全，否則摸頂入市，損失程度非散戶所能負擔得來。近期經典例子有華潤系之華潤萬丈生活(01209)、恒大系恒大物業(06666)、融創系融創服務(01516)等，母企財力雄厚，照顧「親生仔」綽綽有餘。富爸爸光環照射之下，這幾隻新股價位都闖高峰。除非業績亮麗，或者有新資產注入，否則經過一段時間的上落，開始形成蟹貨區，阻力漸大，那時候，就不可再留戀，否則走避不及做了大閘蟹，苦不堪言之餘，亦影響了信心，投資成績自然大打折扣。

新股惹瘋搶 鬥傻鬥癲幾時停？

2021年02月11日

新股市場自走自路，跟股票市場升跌毫無關連性，只不過當大市狂跌時，股民信心受影響，落飛的熱情，自然會大減。尤其是概念獨特的公司，市場內缺乏類同者，只要經過包銷團的大力推廣，必然吸引眾多股民蜂擁捧場。以往例子多的是，如電子煙思摩爾(06969)、眼科醫藥平台歐康維視(01477)，及房產業雲計算的明源雲(00909)等，掛牌時均升幅驚人。

近年短視訊平台項目風靡全球，香港尚未有此類公司上市，快手(01024)落戶香江，備受青睞，一舉奪得歷史以來最多人認購及最多資金捧場的雙冠王美譽。當然，如果去年上市失敗的螞蟻集團(06688)成功在港面世的話，快手就會退居二哥位置。

快手上周四暗盤以336.6元高位收市，較招股價115元升幅1.92倍，翌日正式掛牌，開市338元，高見345元後迅即回調，並以300元最低位收市，成交竟多達375億元，較股王騰訊(00700)138億元高出1.71倍，非常誇張，這是新股市場掛牌首日的常見情況。從盤路看，能有如此巨大升幅，初哥推算或與貨源歸邊有莫大關係。

現時唯一仍有炒上的理據，自然是扯上三月一日，將被納入MSCI，及周一收市後公布將被納入恒生指數等多項成分股。有朋友問初哥，他抽不中，可否購入炒短線？我答曰「鬥傻理論」，看誰接火棒吧！大部分股民有一個心理問題，有貨在手想沽，無貨在手就想買，這是一般散戶常犯的毛病，忘記了值博率的問題，連初哥也曾是過來人，當然非常明白。

坊間評論多數講升五成至一倍，而初哥接受訪問時曾説起碼升一倍以上，但結果仍出乎我意料之外。這只可解釋是「鬥傻理論」，盲目追捧而已！快手仍是一間沒有盈利的公司，去年還蝕本72億元人民幣。以每股397元計，市值高達16,511億元，遠高於在美國掛牌上市的B站約3,700億元，初哥認為市場已嚴重高估了快手的價值。

回到1997年時光隧道，那時的北京控股(00392)，挾着紅籌熱潮，同樣是萬人空巷，排隊認購，上市日升幅竟高達2.22倍，全市哄動，較快手有過之而無不及。然而之後升幅無以為繼，後期更跌至體無完膚，經過多年後轉型至經營天然氣等業務，但已無法再引起股民的興趣了。近乎無迹可尋的新股，股民在不知其真正價值時胡亂入市，博其再上升，這就是「鬥傻理論」。接火棒的劇目輪流上演，音樂椅遊戲何時結束，只有由市場來告知了。

新股分配機制，不知何解任由包銷商自行釐定。按快手為例，只有2.5%公開發售，認購超額95倍後回撥亦最多只有6%，違反了過往2.5%回撥至10%的傳統做法。這樣分配對散戶極不公平，觀乎現時認購的金額多達1.2萬億元，有142.3萬份申請，可見極多散戶有興趣。具相當名氣又市值大的企業，應盡量照顧小股民的利益，完全傾斜於國際配售近乎壟斷性囊括絕大部分股票，使人真正體驗到「貧者愈貧、富者越富」的現實。除了違反公平原則之外，更是吃相難看。

新股集資風熾熱 港交所料續創新高

2021年02月18日

港交所(00388)公布委任新行政總裁，由阿根廷籍但擁有香港永久居民身份的歐冠昇接替退任之李小加。巧合地兩者曾為同一間外資名牌大行的亞太區主席，分別在於前者是外籍人士，後者是內地人。新官雖云與中國友好，但並非同聲同氣，往後的表現如何，只能讓歷史告知了。

撇開人選問題，港交所可謂得天獨厚，擔當起外資與內地融合的橋樑。外企習慣了香港的法治制度及營商模式，要投資內地公司，自然選擇購買香港掛牌的內地優質公司企業，以享中國高速發展的成果。

美國前任總統特朗普連番打壓中資公司，在美掛牌的中概股惟有選擇回港作第二上市，以防閃失。各方關注拜登政府是否延續前任對華政策，若無法如常在美國股票市場掛牌買賣，便會加速進行回流。

港交所時來風送滕王閣，除了受惠於美國上市之中概股陸續回歸，亦獲得內地知名企業如短視訊平台快手(01024)等選擇來港上市，今年應會打破過往的新股集資記錄，有望鰲頭獨佔，問鼎全球集資王首位。多間內地優質巨企排隊在港掛牌上市，港交所得益匪淺，預期大市未來成交額超逾2,000億元可成常態，港交所業績更上一層樓，股價應會持續創新高。

風光背後，諷刺的是本港一眾小型證券行無緣受益，初哥聽聞過年前已有9間小型證券商結束營業。市場上少數幾間經紀行瘋狂減佣、甚至零佣金搶客，處於同根相煎情況下，惟有寄望新股認購可以賺得孖展利息，然而想融資又被銀行拒諸於門外，更被其以低息瘋搶生意。主要的入息是佣金及利息，收入欠奉，卻要增加人手支出及設備以滿足各種合規要求，蝕本生意還可以支撐到幾時呢？只好遣散多年工作的員工，有積蓄的尚可勉強生活，餐飲餐食餐餐清之輩，惟有碌卡借貸度日。經濟不景，找不到理想工作，根本不能負擔高昂的信用卡利息支出，最終可能走上破產之途。

新股市場令人擔憂的，除了銀行撈過界強搶融資生意，令普遍經紀行得不到資金外，抽籤分配機制傾斜大戶亦日益明顯。快手並非蚊型股，卻只有2.5%作公開發售，回撥亦只增至6%，眾多散戶空手而回，即使落重注乙組五百多萬元，亦只能獲派一手萬餘元。對比更具名氣的京東，由公開發售的5%回撥增至12%，及京東健康由公開發售5%回撥至11%，明顯地快手國際配售囊括絕大部分股份。小投資者得不到公平分配，「不患寡而患不均」這現象屢次在香江出現，更愈趨嚴重，貧富極度懸殊增加社會怨氣，長遠對港不利。

鑑於散戶對認購新股產生濃厚興趣，近期公開發售部分，認購金額差不多已逼近國際配售。就以快手為例，公開認購部分約1.2萬億元，已追近國際配售約1.6萬億元。前者有1204倍之鉅，後者只有39倍。初哥認為，有關當局應盡量照顧小股民利益，調整政策，大型巨企招股上市，與中小型公司看齊，公開發售部分超額認購100倍或以上，可回撥五成，令一眾小股民能在市場分一杯羹，則皆大歡喜矣。

買股應按計劃行事 臨場發揮多失誤

2021年02月25日

三國演義中，有「孔明揮淚斬馬謖」一幕，是為諸葛亮人生中一大憾事。街亭之戰，使　蜀軍元氣大傷。馬謖是諸葛亮器重的一名智囊，熟悉兵法，劉備生前曾告誡諸葛亮，認為馬謖雖然好論軍計，但其實只屬於紙上談兵，實際經驗不足，大事勿用。防守街亭重地時，諸葛亮提拔馬謖擔當此任，卻是「一子錯、滿盤皆落索」。

臨出發前，諸葛亮已千叮萬囑吩咐馬謖定要在大路上紥營，不可違背。可惜馬謖自作聰明，臨場覺得在山上紥營、居高臨下更加可以看清形勢，於是拒絕接受將軍諫言，執意選擇登上南山。誰知改弦易轍的一個決定，惹來折戟沉沙之痛。司馬懿軍隊在山下團團圍住，切斷水源糧道，用火攻上山，終令蜀軍傷亡慘重。失卻了街亭這一重要戰略據點，諸葛亮進退失據，無法再戰，惟有放棄隴右三郡，退守漢中。立下軍令狀的馬謖被處以斬首，諸葛亮也自貶三級謝眾。痛失街亭，埋下其後被魏軍滅亡之路。這就是典型的「臨場執生」失敗經典例子。

初哥自問炒股有一套兵法，亦是賴以維生的一門技術，但臨場執生，不及事前預測及盤後分析般準確。上週五早上開市前，在訂閱群組預測大市應會向下填補30180附近的上升裂口位，並建議急插時買入股票。可惜在大市急跌時，有一位好朋友突然WhatsApp我，詢問貝康醫療「使唔使走呀？」，當時股價下跌少許至30.50元，我眼見美股期貨急跌，遂建議先行沽出，並拋下一句「小心美股」。貝康醫療再下跌至$29.65元，之後跟隨大市掉頭回升，更升至33.2元收市，初哥頓時感到不好意思。由此證明「臨場執生」的弊處，算是我的弱項之一。寫到這兒，又觸起1997年股災後的往事。

97年樓價大崩圍，負資產隨處可見。一日，有老友突然來電找我放工後往他辦事處。到達後他關起了門，神色凝重地說：「阿初，你就好啦，股災樓災你都走得甩，我就慘，幾間物業全部變晒負資產，依家剩係得番百四萬現金響手，你幫我揀一隻股票，我要搏翻身呀！」冷不防他有此一問，我頓感壓力重重。費煞思量，想了逾半小時，終於提議當時上市不久，並跌破上市價的中電信（ 941 ，後改名為中移動 ）。買入價9元多，我見他有一部股票報價傳呼機，遂勸他將股票機棄掉，並將股票提出來，往過戶處轉名長揸，專心工作以維持供款給銀行。

中電信隨後一如所料上升，衝破14元後，徘徊良久。他突來電說：「股價係咪短期見頂呀？不如依家沽咗佢先啦，跌番啲先至補返得唔得呀？」我說既然想長揸不放，不是講好不要理它嗎？他說：「你幫我睇吓幅圖先啦，呢排都唔郁！」我一看應是短期見頂，遂如實告之。他開心地沽清，賺了逾60萬元。不久之後中電信再度發力，竟在一年內直衝上雲霄，狂升至約80元，升值近千萬元。

由此可見，臨場執生每每不及事前及盤後經過深思熟慮般準確，連初哥也不例外。幸好此一弱點，經多年努力勤做功課，總算改變了不少。間中的失誤，只能當交易成本算了。

與優質股識於微時 長揸不放升值誇張

2021年03月04日

股票吸引之處是，只要揀對了前景良好的公司，識於微時，在起步點買入，長期持有，同步成長，財富效應可以很驚人。香港股壇最經典的例子，當非超級股王騰訊(00700)莫屬。2004年上市的時候， 股價徘徊在3元多，初哥也經常炒賣，可惜喜歡短炒的我目光如豆，以致錯過了10多年間近900倍的火箭升幅。處於股價動盪，朝不保夕的亂市之中，試問有幾多股民能長相廝守，持有至今？

香江有一富豪，在騰訊上市前時已低價認購了20%股權。到掛牌後騰訊拾級而上，富豪已賺逾10倍，由於要籌集資金以收購一隻藍籌，除了向銀行借貸，還要將所有非核心業務出售，於是把騰訊股權售予南非基金。如果富豪持有至今，肯定能在世界富豪榜上獨佔鰲頭。正所謂「時勢造英雄」，證明眼光獨到，敢於冒險，也要有時機及耐性來配合。

另有兩隻股票包括海螺水泥(00914)及港交所(00388)，則是初哥於2001年及2003年曾經品題。在一網台做財經節目時，才子問初哥睇好內地經濟前景，可買甚麼股票。我思索片刻，告之海螺水泥。當時股價企於2毫之上，可惜成交稀少，紋風不動。隨着中國經濟起飛，大量基建工程上馬，房屋需求增加，水泥價格開始飆升，海螺水泥股價持續攀升，後來送股分拆，高峰期竟比我推介時大升逾500倍。

2003年沙士期間，一位同事沽了數間物業後，套回小量資金，想買股票長揸，於是詢問初哥意見。我回答港交所，當時只有5元多，市值約50億元。她一臉狐疑，問何解揀此股票。初哥說：「連港交所都唔掂，香港陸沉啦！」然而她半信半疑並沒有購入，結果錯失了接近100倍升幅。初哥性格使然，加上為求賺取佣金，只做短炒，也同樣錯過了港交所的黃金歲月。

以上例子只是冰山一角，在股票市場，急升狂瀉時有發生，就算優質股票，也有暴跌的一刻。在當時的市況，股民最感到迷惘的，是股票往後的前景究竟是好是壞，股價是升是跌，總會撲朔迷離，舉棋不定。就算往時被認為優質的股票如香港電訊(00008)、思捷環球(00330)、德昌電機(00179)及利豐(00494，已低價私有化)，最後仍是剎那光輝，股價如流星下墜，跌幅慘不忍睹。

識於微時購入優質股，亦要時刻留意市場的變化，畢竟能夠在市場中飆升得驚天地泣鬼神的，始終是鳳毛麟角。

股市到頂多股神 價值投資才是正道？

2021年03月11日

屹立股壇而不倒，長據世界富豪榜前列的股神巴菲特，縱橫股場數十年，經歷多番牛熊市交替，憑着獨具慧眼的「價值投資法」，替股東長期獲取理想回報。以前對科網股懷有戒心，從不沾手，近年終於開竅，追趕潮流，大量買入蘋果電腦的股票，成為旗下巴郡公司持倉最重的一個投資。一如既往，時機拿捏之準確，從減持蘋果電腦，高價套現可見一斑。

近年冒起之新進股神，多是沾手新經濟股包括科技及生物工程股。憑藉眼光加膽識，冒險買進大量高風險的股票，食正趨勢而發了大財。奇怪的是，當傳媒陸續報道這類突然冒起的股神，如何具備眼光賺大錢的時候，往往多是狂升一陣子，就有或大或小的股災來臨，屢試不爽。

比特幣是近年的熱點，連傳聞中發明此虛擬貨幣之日本人(後來有一名澳洲人承認自己就是發明者)也走漏了眼，在起步不久後就沽清離場。虛擬貨幣的出現，造就了洗黑錢的良機，各國政府不肯承認其地位，卻又不予取締。經過狂升暴跌的過山車式炒作後，終於吸引進身全球首富馬斯克的注意，表示會投資小部分資金購買這類高風險產品。在名人效應推波助瀾下，比特幣如脫韁野馬般直衝上雲霄，剎那間光輝不代表永恒，終在高位大幅回調。

繼往開來，每次股市狂潮，皆有新鮮人物如股神般橫空降世。以前有街邊擦鞋仔的神奇故事，繼而少年股神出現，到了現在的科網股熱潮，毫不例外又出現劇本角色，只是換了近年冒起的美國女股神。新聞炒作的目的是為求吸睛，其特徵為報道時的股價，均處於極高位置。當傳聞出街後，股民在刺激之下如蟻附羶爭相購買，令股價更上一層樓，形成了最後一個上升浪。諷刺的是，接踵而來的是大跌收場，應驗了傲視股壇逾半世紀的真正股神金句「水退的時候，看誰沒有穿泳褲」了。

當然，股市狂潮冷卻後，基本因素不良，只着重概念、憧憬未來美好前景的，多數難以返回高位。反之，經過汰弱留強後，仍能重新上路的股票，幾可肯定是質素佳的企業。是否如此，要看未來公司公布業績便可知曉。能夠買中此類公司，除了眼光好，亦要獲得幸運之神眷顧。

炒股需要消息配合 如何判斷新聞真偽？

2021年03月18日

新聞判斷法對炒股極其有幫助，初哥經過多年的觀察，對比消息傳出前後與股價的升跌情況，與及訊息發布來源渠道等等作出深入探討，分辨真偽，從而作出相應行動。這種判斷自有一套兵法，並在網上教學課程論及。

今年2月19日下午開市後，市場有消息指小米集團(01810)敲定進軍智能電動車行業，**股價隨即作出反應，由原來早上下跌4.5%，轉為急速大回升，最多升6%，12分鐘之內股價由28.75元反彈上32.3元，力度驚人。**

初哥在當日憑藉多年心得，大膽在Facebook 「初哥教路」網頁發表意見，指出是有心人想借助消息推高股價散水。小米股價收市報30.65元 ，公司隨後作出官方澄清聲明，指尚在考慮過程中，並未作出立案決定。翌日小米果然應聲下跌，當時聽到消息而搶入之股民頓時坐艇。股價輾轉下滑至近期低位，跌幅超過3成。所以消息出街時定要看清楚股價當時所處的位置，有逆向思維及必要時用陰謀論的判斷法。

機會是留給有準備的人，內地手機一哥華為被美國打壓制裁後，初哥已判斷二哥小米集團遲早會成為下一個制裁目標，所以當公布進軍智能電動車消息出街後，股價飆升，我已想到這方案還未起步，只是初步構思。而且搞新項目，燒錢是免不了的，又聯想到有春江鴨或會知悉某些不利消息，出口術推高股價散貨。事實上，今年1月14日美國曾有聲音提出，制裁包括小米集團等中國企業的行動，股價已立時急跌，到反彈後再釋出進軍智能電動車消息，實際上是刺激市場情緒以便最後出貨。隨後再度大跌的原因，是被剔出當時指數成份股行列。

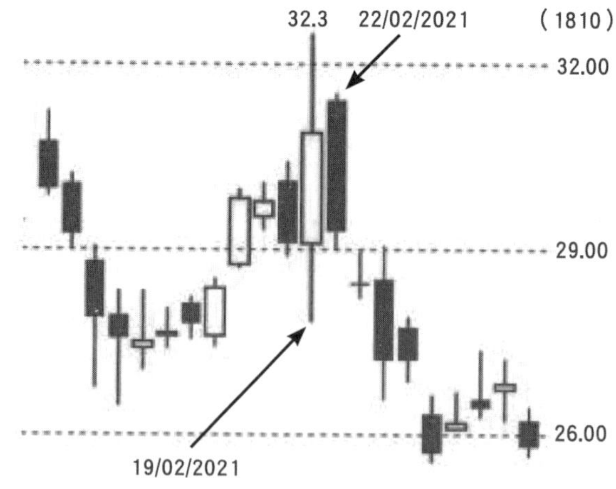

受「造車」傳聞撐起股價的小米(1810)， 集團澄清指一直關注電動汽車生態的發展，但有關研究還沒有到正式立項階段。 2月22日周一小米急吐5.4%，報29元

可惜真相大白後，股價已大幅下墜，可憐當時不假思索，看見股價急升而冒險搶入的無知股民，付出了慘重代價。眼前虧已是吃定了，幸好的是小米集團基本因素尚佳，加上話事人計仔多多，未來前景仍可望良好。只要耐心等候，假以時日，估計應會重回家鄉，甚至創出歷史新高也無不可。

股票市場消息多如恒河沙數，疑幻似真，未必能即時洞悉真偽。初哥建議股價急升不宜即時追入，等待消息冷卻後再作打算也不遲。然而當局者迷，在市場炒賣，突然有利好消息，又眼見股價節節攀升，股民心情必是興奮莫名，唯恐錯失入市良機，冒死買之而後快。誰不知搶進後，竟迎來一盤冷水照頭淋，滋味難以形容。實不相瞞，初哥以前也是過來人，只是交了不少學費，才能領悟此中道理。

成手蟹貨 點樣短炒先可以解圍？

2021年03月25日

美國總統順利交接後，市場憧憬拜登政府對華政策有變，兩國緊張形勢稍為紓緩，加上疫苗誕生，為投資者帶來想像空間，期望在不久將來可恢復正常活動，帶動經濟增長。

今年初香港股票市場持續上揚，升破了去年恒生指數高位，正當眾人皆以為無限風光在後頭，展望港股能於今年內重上歷史高位，孰料一盤冷水照頭淋，恒指跟隨美國納指及本港新成立之科技指數急速下挫。處於此新經濟股跌幅遠較恒生指數為大的惡劣市況，普遍股民抱持賺錢才沽、輸錢死抱的心態，變成蟹貨一籮籮，惟有望天打卦，希望有朝一日重回家鄉。

市場去向，除非有明確政策或者重大改變出現，否則很多時候是難以判斷的，唯一方法是用圖表及策略去應對。**就以這兩三個星期來說，圖表告訴我是營造頭肩頂形態，這種走勢應該有多次反彈潮**。初哥基於圖表形態，屢次在下跌時，候機吸納博反彈，升至若干百分點就平倉套利。這種炒法的好處，是在上沖下洗的過程中，可以密食當三番，而避免資金被套牢。

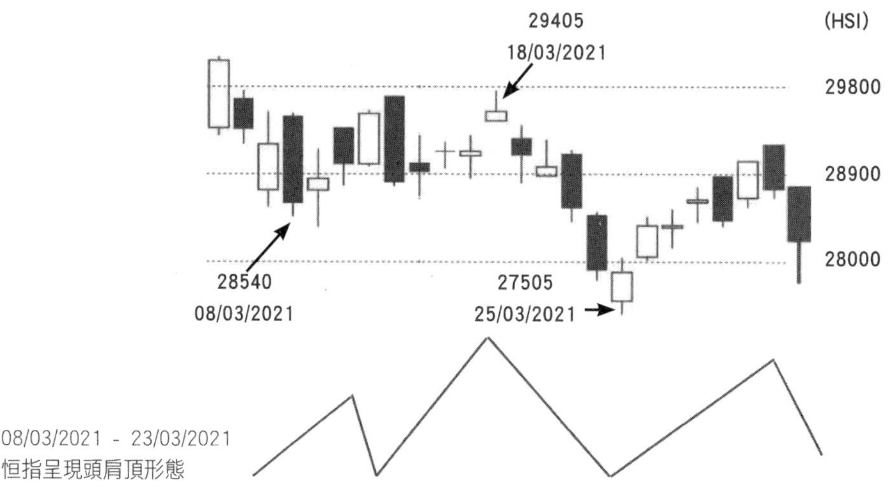

08/03/2021 - 23/03/2021
恒指呈現頭肩頂形態

近期一隻新上市股仔，初哥就用此方法，共贏了數次反彈浪共約3成的利潤。另外的熱門當炒股也是來回的贏了多個回合，雖然每次利潤微薄，但是山大斬埋有柴，在上落市況中，總算搵兩餐飯。誠然，並不是次次都順利凱旋而歸，如果失手，定要止蝕離場。

短炒是初哥的強項之一，入市時要耐心等待靚位，而離市套利或止蝕就要隨意些才可。否則掉轉來做，入市隨意，出事執着於某個價位才肯沽出的話，輸多贏少是必然的事。這套短線兵法，原是初哥開始學人炒外匯時領悟出來的，只不過外滙市場每日十多小時炒賣，實在是非人生活，不想影響身體健康才放棄了。但在此市場短暫的炒作生涯中，學會了「入市要謹慎、出市隨意些」的炒股哲理。

賺錢離場當然好，然而總有失手的時候，所以必須要事前做好策略，不如預期般上升而繼續下跌時，定要用止賺/止蝕盤來保護本金。當止蝕離場時，如果認為仍是好股的話，初哥會再在低一級的支持位博反彈。若然買中獲利點，則可追回那次止蝕盤的損失。

只要揀好出擊對象，定下出入市策略，處於這種上上落落、反覆無常的市況中，除可密食當三番外，亦可增加自己應對市場的信心，直至大市見底回升時，才長揸好股，未為晚也。

新股熱隨大市冷卻 仲值唔值博？

2021年04月01日

近來香港股票市場與美股走勢南轅北轍，表現差天共地，原來恒生指數已不再與美國道瓊斯指數掛鈎，轉移步伐跟隨納斯達克指數而上落。

恒指自納入多隻新經濟科技股後，所佔比重已蓋過一眾傳統舊經濟股。新經濟股之特色是波動性強，起伏變化甚大，數個百分點已是等閒事。**二月十八日恒指升破去年高位，報31183點，當一眾股民認為牛市重現時，大市竟急速回落，至近期三月廿五日低點27505計，已跌去3,678點，跌幅之巨，連初哥也大感意外。**個別新經濟股更跌個四腳朝天，大插30%至50%者，比比皆是。幸好初哥嚴守自己在訂閱組的事前策略，總算能在這次大跌浪中幸免於難。

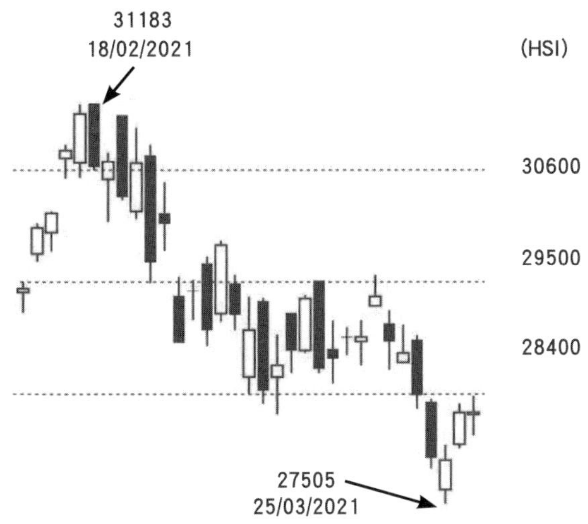

18/02/2021
恒指高位 31183
25/03/2021
恒指低位 27505

新股市場方面，快手(01024)及諾輝健康(06606)綻放璀璨煙花之後，多隻新股皆不盡人意。除了市況欠佳外，質素也是一般，快手與諾輝亦是初哥近期最後推介之兩隻新股。熱門焦點的嗶哩嗶哩(09626)，鑑於招股完成後，其美股價位旋即下滑，納指又大幅回調，初哥深感不妙，所以並無在群內建議認購，避過一劫。

中概股受到美國政府打壓，紛紛選擇回流香江作第二上市。根據過往歷史紀錄，招股前多數已在美國預先炒上，雖然最終定價較美股隔晚收市價有些微折讓，但仍要冒數日內在美國掛牌股票下跌之風險。基於股價已炒上一段時間，上升值博率下降，所以香港正式掛牌時大漲空間頓減，然而股民貪其中概股名牌效應，依然認購者眾。

部分中概股上市後股價表現不如理想，一眾股民虧損而回，證明抽新股遊戲，除了看基本面，如果是第二上市，亦要留意在別處交易所掛牌的走勢是否升了很多，初哥認為寧願抽並無股價比較的概念獨特股勝算較高，以剛截飛的聯易融(09959)就值得看高一線，兑現與否上市掛牌時便可知曉，如果爆升的話，就會再度掀起新股熱潮。

市況跌幅驚人，連帶一眾新股股仔的認購情況都出現冷淡場面，超購100倍以上也甚為罕見。其中一隻股仔，雖然有兩名表面具實力的基石投資者入股，佔去發售量若干百分比股權，但是在國際配售方面，竟然不足額，遂回撥共20%股份至公開發售組別，有異於常規的10%，令乙組抽籤者大失預算。甫上市股價便狂跌，幅度之大令人震驚，所以抽新股定要做足功課研究，不要輕易相信坊間謠言，否則輸得一敗塗地，難以翻身。

股市內有乜長勝方程式？

2021年04月08日

股票市場吸引之處，在於有無限機會，只要有資金，任何時候任何股票都有贏錢的可能。散戶銀両有限，多數炒短線為主，希望搵快錢，又傾向價位較細的二、三線股，甚至股仔，認為可買較多股數，升起上來可以賺得更多。然而，近年來大升的港股，都是內地相關企業，亦並非細眉細眼的股仔，如果投機者仍追逐於落後股份，相信未必在今個年頭的上升浪中賺得可觀利潤。

根據初哥長期觀察所得，喜歡短線炒賣的股民，大部分皆是賺錢時興高采烈地匆匆沽貨離場（俗稱割禾青），輸錢亦即是坐艇時，就會採取鴕鳥政策，癡癡地等待反敗為勝的一刻。如願的話當然可以加添一筆勝「帳」，若然摸頂入貨，愁看股價，不知何時才見家鄉。

春蘭秋菊，各有佳勝。西施蹙眉捧心，更顯美態，東施效顰，卻適得其反。每人的專長不同，看似容易，模仿別人卻未必成功。賭馬也如是，能夠參透別人的成功模式當然是好，但如果自己性格不合此種賭馬方法，「畫虎不成反類犬」，輸至焦頭爛額就不足為奇了。基於「嚴人寬己」的通病，輸錢者往往只會怪責別人不行，不會去檢討自己為何失敗。

初哥曾經精於賭馬，為了避免在小兒面前樹立壞榜樣，打算暫戒了在電視機前臨場賭博的習慣。誰知道一戒足足15年之久，直至他大學畢業後，出來社會工作，才重拾賭馬習慣，可惜已找不回以前經常贏馬的方程式。於是嘗試跟隨成功的馬評家下注，然而成績差勁。近年勤做功課，賽後檢討，漸漸記憶起那些年的贏錢模式，今年開局成績尚算不俗。

炒股何嘗不是，若想要成功，先找出迎合自己性格的炒股模式。捷徑當然是先找尋迎合自己性格炒法的有料之人來作模仿對象，並且勤做盤後分析，看看有何地方加以優化改良，變成長勝將軍指日可待。

長揸短炒各擅勝場，以前初哥已經論及，不再贅述。很多股民認為，經常短炒，成本高昂。不停炒賣，成本當然大增，但短炒並不表示要不停炒賣。現今股票市場，新經濟股是市場焦點，急上驟落成為常態。因為波幅大，短線已有不俗利潤。針無兩頭利，在如此波動市中，拿捏不準，也會分分鐘輸大錢，有工作在身的散戶，不能經常參與其中，惟有揀好股票，候低吸納長揸算了。

也有不少散戶的入市宗旨，是短炒贏錢，獲利離場。一隻股票賺了錢，心情興奮，自信心大增，便會繼續獵食，買另一隻經常留意，還未曾上升或者只升少許的落後股票，希望密食當三番。然而，換了股票，開始難以脫身。原來初期買的都是質素較佳、容易上升的股票，割禾青後換回來的股票，多是質素欠佳，或是紋風不動的長期落後股。典型例子，包括長期受到內地政策壓抑的電訊股，股票市場的「藍燈籠」是也。

短炒致勝之道，是和良好的買賣策略有莫大關係。做最好的準備，作最壞的打算。贏錢獲利，當然高興，輸錢定下止蝕位同樣重要，利用圖表分析來應對，贏多輸少不是難事了。

港股急上驟落成常態 靈活應對是生存之道

2021年04月15日

過往港股緊隨美股之步伐而升跌，投資者每每觀望美期來預測香港股市走勢，現已不合時宜。君不見近期道指、標普500指數屢創新高，納指亦從低位反彈甚多，港股表現卻嚴重脱節，自走自路。專家對此解讀，認為港股已由過往跟隨美股，轉移至緊貼內地A股表現而起舞，由此證明香港股市是外向型，擺脱不了跟隨外圍上落的格局。

香港作為內地及外國資金的橋樑，國際金融中心地位因此而得以維持多年。然而，初哥留意到，自從財爺宣布增加股票印花稅三成後，市場嘩然，莫不視此為港股毒藥。萬種行情歸於市，恒指及港交所均在大成交金額下大幅下挫，之後更持續下滑，間中只有反彈而沒有真正升幅，最重要的是成交額日漸萎縮，就以股王騰訊(00700)上周四配股過機的資金逾1,100億元計算，當日整體市場成交金額仍低過財爺公布狂加印花稅之前的成交量。

從近期港美兩地南轅北轍的股市表現，不排除是有資金從本地流出而調往美股炒作。事實勝於雄辯，觀察公布政策後成交路線圖的變化，印證初哥所言非虛。有關當局宜再三思而後行，作出糾正行動，否則斷送香港現今碩果僅存的金融中心地位優勢。已經受到社會事件與疫情肆虐的雙重打擊，各行各業奄奄一息，現時香港僅靠金融市場吸引外資，強行推出狂加股票印花稅政策，無異於掘地尋天。世界各地正積極吸納資金之際，港府此一動作，可能造成致命一擊，小島前途堪虞。

近期恒指由低位27505點反彈，此段期間竟和外圍市況背道而馳，多個交易日連續出現一日大升一日大跌的異常情況。適應不了此種炒作模式，仍習慣過往追漲殺跌的股民，在被左一巴、右一巴大力掌摑情況下，高追有利潤而不肯食糊，急跌時焦慮再跌，受不了驚嚇忍痛斬倉，正是被「貪婪與恐懼」的情緒所牽引，輸錢之餘更消耗了出入市的信心。

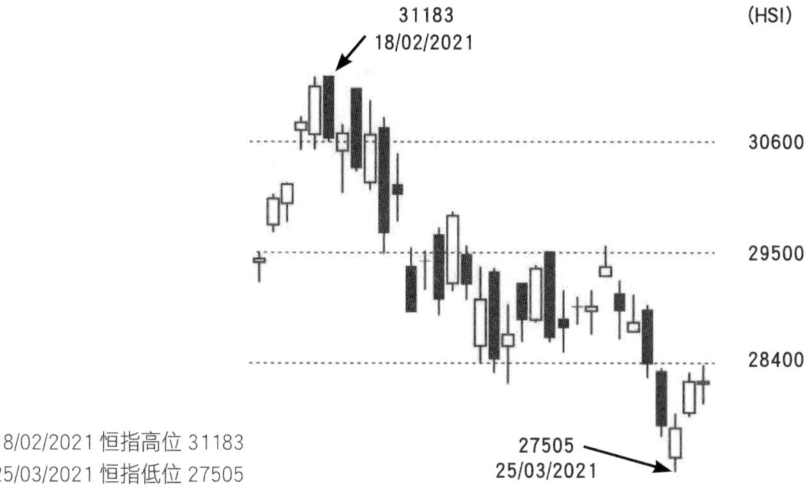

18/02/2021 恒指高位 31183
25/03/2021 恒指低位 27505

一眾股民皆是參看恒生指數寒暑表而作出相應行動，惟大幅度加添了股價極之波動的新經濟股進入恒指成分股行列，加上電腦程式買賣盤之投機性高頻交易，急上驟落已成常態。處於此紛擾的股票市場環境，要改變過往的炒作模式，作出靈活的應對，才能於亂市中生存。

炒股講求值博率 逆向思維不可缺

2021年04月22日

上周六曼城對壘列斯聯，位列英超領頭羊的曼城竟落後一球於中游分子的對手，至82分鐘追平，加上列斯聯有球員被紅牌罰出場，打少一人兼連補時仍有約10分鐘比賽。當時射門次數一面倒27:1，馬會賠率是曼城勝出1.76倍，列斯聯則是40倍。

從以往數據上來看，曼城入球最多及失球最少的數字冠絕英超。眼看一面倒攻勢，初哥於是投注了今季第一次波纜。心想有76%回報也不錯吧？曼城全場狂攻，留了空間讓列斯聯有進攻機會，後者竟在補時1分鐘階段入波奠定勝局。

事後檢討，初哥犯下了兩大毛病。一是臨場執生，事前並沒有做任何功課便草率地靠記憶行事；二是犯了值博率的問題。這次教訓，就當作是上了寶貴的一課，賭博是偏門遊戲，要有逆向思維才能將勝算提高。

後來聽小兒分享在英國留學時的足球博彩經驗，和香港馬會的大相逕庭。球賽尾段，如果是一比一的話，英國可投注入球總數三或四球，但香港馬會只能投注四球，而且英國那邊的賠率，普遍高過香港。小數怕長計，單是計算值博率，香港馬會已輸蝕給英國博彩公司的盤口了。

股票及期指，長揸短炒同樣講求值博率。炒期指，如果命中率高，用一賠一的數學投注法，算是恰可，否則宜採用一博二至三倍才有勝算。精通圖表及市場心理的高手可以用前者，後者是用贏多輸少的手法應對。重要竅門，是定下止蝕盤之餘，如能買中獲利點，從心所欲地上升的話，應馬上將買入盤加若干利潤作止賺盤，即使回調時仍可保住利潤，不致在下跌時觸及止蝕位而輸錢。擅長圖表分析之外，紀律性是成功的不二法則。

期指是有贏家必有輸家的零和遊戲，股票則是在上升過程中，可以買入者個個都是贏家。股票的圖表分析不如期指那麼重要，如果基本因素良好，有前景兼業務盈利持續上升的話，中長線看升是可預期的。然而仍要看其預測市盈率、市盈增長率、市帳率等因素，還有處於圖表的哪個位置，升得太高，則耐心等待回調才吸納，贏面大得多。

普遍股民，在低位吸納優質股票，一開始上升便會目不轉睛地看着，生怕錯過了沽貨的機會。忍受不了「割禾青」的誘惑，沽之而後快。沽了之後又往往發覺如斷線紙鳶，目送飛升。不甘心賺少了，於是立即換入另一隻升得較少質素較次的股票。為免再次走寶，決定抱股不放，此時市況掉頭下挫，惟有採取「鴕鳥政策」。然而，坐了艇而不肯止蝕，又有誰可以告知，能否再返家鄉呢？

高位配股非洪水猛獸

2021年04月29日

股票市場瞬間萬變，驟升劇跌，更能隨時隨地感受到個人力量的渺小，所以贏時休要興奮莫名，千萬別讓勝利沖昏頭腦，輸時切勿垂頭喪氣，須知「留得青山在，哪怕沒柴燒」，冷靜下來，重新振作就可以了。

正如三國演義的大梟雄曹操所言，「勝負乃兵家常事」，明白此中哲理，放下成見，檢討得失，作出改善，才能於股場屹立不倒。

近期香港股票市場出人意表，除了不跟隨美股升跌，亦不緊貼內地A股起落，此種奇怪現象連初哥也摸不着頭腦。唯一可解釋之處，是只在港掛牌的科網股已下跌甚多，於低位吸引博反彈或長線好友捧場。具備膽識在低位入貨者，現已獲得不俗利潤。

世事如棋局局新，過往公司有配股行動，多會跌幅巨大，近期配股之大部分股票，卻只下跌一日後就迅即出現大反彈，而且上限配股勝過下限配股。例子多的是，股王騰訊(00700)大股東南非基金於585元上限價配股，集資逾1,100億元；美團點評(03690)按273.8元上限價配股，連同發可換股債券共籌逾760億元。股民較為陌生之港美兩地上市的中概股再鼎醫療(09688)配股集資，定價約1,164.2港元。

另一藍籌股安踏(02020)控股股東折讓7.5%，以131.48元下限配股套現逾115億元；建滔集團(00148)同樣是以下限42.9元配售3600萬股；中國燃氣(00348)亦是按下限29.75元套現116.62億元。

以上例子不同之處，是騰訊及美團未曾跌破配股價，後三者皆是先跌破配股價後反彈而已，但共通點是下跌一日後就止跌回升。

初哥留意到上限定價，應是認購者願意付出高價接貨，演繹為投下信心一票，所以表現遠勝於後三者。今時不同往日，或與市場資金氾濫有關，接貨者多惜貨如金，所以炒股切忌「一本通書睇到老」，識得分辨趨勢，才能在股壇生存。

炒股黃金定律有路捉 克服心魔去面對

2021年05月06日

上周四美股三大指數均大升，加上港股開市指標之美國港股預托證券於滙豐控股(00005)及友邦保險(01299)領漲帶動，恒指理應高開數十點，殊不知竟裂口低開。於「應升而不升」的短線炒股「黃金定律」情況下，暗藏當日大跌危機。通常這種走勢都伴隨着一些不利消息，果然該日有一則不利科網股的新聞，就是中證監進行整頓及規範該類企業的金融活動及壟斷行為。

萬種行情歸於市，情況不妙，持貨者應趁跌得少的時候即刻輕微止蝕沽出，保本為上算。然而，根據初哥多年觀察，大部分股民遇着此等市況，都不相信眼前景象。持貨者不肯沽出之餘，更有甚者以為抵買，膽粗粗撈貨，結果是當日大跌收場。此種情景，過往經常出現，只是參與者克服不了心魔。

十個牛皮九個淡 為何在五窮月應驗？

2021年05月13日

近期港股表現斯人獨憔悴，跟美股差天共地，相比內地A股走勢亦有不及，真是令大部分股民懊惱不已。由財爺宣布增加股票印花稅三成的那一刻開始，港股持續下挫，節節敗退，只有間中反彈而無升幅。最恐怖的是成交金額同時下滑，市場參與者意興闌珊，被股票套牢者不計其數。

此外，影響恒生指數最大之巨型科網股，股價持續受到內地政府進行反壟斷調查及整頓金融業務之困擾，難有突破。部分資金流出本港，轉往強勢之美國股票市場。在此消彼長情況下，初哥擔心政府仍一意孤行，強加印花稅，本港股票市場成交量難免會進一步減少，那時候，一子錯滿盤皆落索，恨錯難返了。

科網等新經濟股近來股價表現慘不忍睹，高價購入者苦不堪言。初哥今年在訂閱組評論股票走勢，至今只有五次輕微止蝕離場，其餘皆順利成功獲利。原因歸功於每次成功買入推介股票時，先定下止蝕位，當獲利點升上，則將止蝕盤推上加若干利潤變止賺盤。萬一股價掉頭下跌時，觸及止賺盤立即沽出套利離場。此策略保障了即使市況不就，突然回調，仍有利可圖，乃炒股常勝之不二法門。

散戶常犯的錯誤，是上升賺錢肯高位沽出套利，然而下跌時，不忍心輸少少止蝕離場。更遑論買中獲利點，升上後不肯放下止賺盤，猶豫不決地錯過了輕微止賺離場的機會。

普遍股民炒股票，只是牢記着買入價位，初哥則喜歡用當天收市價來替代買入位。以當天收市價來看，此一好處是忘記了買入位，不會因計算成本得失而不捨得止蝕沽出。圖表走勢分析，就是用收市價來釐定的，買入價在圖表上參考性不足，聰明的讀者應會明白此中玄機。

根據過往歷史模式，牛皮市利淡居多。因為市況淡靜，參與者減少，成交量自然大幅縮水。市場名言「十個牛皮九個淡」，就是此道理矣。處於此環境，並不適宜長揸股票，只宜在急跌時，伺機買入博反彈。否則寧作壁上觀，等待大冧市時才入市長揸。

至於「五窮六絕七翻身」，亦有其根據。因全年業績公布期多不在五、六月，市場並無炒作因素。經過兩個月的淡靜期後，七月回復公司業績公布，市場再有炒作材料。此種模式，過往屢試不爽，所以炒股票除了要懂公司基本因素、精通圖表分析外，也要熟悉市場運作模式。

股市禾雀亂飛 上車落車要及時

2021年05月20日

今年春節過後，股王騰訊(00700)勢不可擋，領漲新經濟股，帶動恒指升至高位31183點。其時舊經濟股仍然疲不能興，持貨之擁躉，眼見愛股竟與恒指表現背道而馳，寸步難移，實在頹喪不已。

正當一眾股民翹首以待，以為恒指今年應會衝破歷史高位之際，再度傳來內地進行反壟斷法調查，及整頓巨企科網之金融政策。這猶如一盤冷水照頭淋，新經濟股立時跌個四腳朝天。過往天之驕子，頓時變了地底泥，於高位追貨者莫不叫苦連天。

美國總統拜登推出數萬億美元量寬，及準備大興土木搞基建工程，資源商品類股絕地反彈。加上憧憬注射疫苗後旅遊政策放寬，經濟復甦，航運類股鹹魚翻生。然而，過去幾年科網股獨領風騷之雄姿，已深深印在不少股民的腦海中，儘管一跌再跌，支持者仍對其戀戀不捨，以致錯失兩大板塊之升幅。

現今股票市場複雜多變，與以往炒股模式截然不同。新舊經濟股此起彼落，輪流轉令股民們容易企錯邊。近期新經濟股的股災式下跌，令本來手持該類股票之股民，由贏錢變成輸凸。證明就算買中一隻優質股票，亦要懂得上車落車，才能在波譎雲詭的股票市場長期獲利。如果在極高位吸納一些至今仍沒有盈利的新經濟股，未來能重見家鄉的機會相當渺茫。

初哥較喜歡短炒，在這風高浪急的股票市場，幸運地安然無恙。在訂閱群組中，同一隻股票也可以多次撈底摸頂，成功獲利而回，實在要歸功於圖表分析及炒作模式。先定下輕微止損盤及買中獲利點後，加上若干利潤推上變止賺盤，之後才定下目標位。思路清晰，技巧熟練，股票炒作變得輕鬆自在。間中的止蝕損失，就當作交易成本，心理壓力大減，馳騁股場自然得心應手。

初哥有兩個老友，聽從我的意見，在今次大跌浪中，除了避開股災還能大賺七位及八位數字。前者根據初哥建議抽的新股，九成以上皆獲利而回。後者分別在約190元及500元大手買入兩隻巨型科網股龍頭，在詢問我的意見後，僥倖能夠於歷史高位回調少許時套利離場，大賺一筆。

初哥並非自誇，能夠按股市節奏行事，自當與精通圖表語言及摸熟市場運作模式有一定關係。勤有功、戲無益，以往曾經躲懶多年，擱筆停耕，近年因着老友周顯大師的投資日報，才回復寫稿生涯，觀摩圖表更覺駕輕就熟。寫到這裏，真的要多謝他了。

短炒之王命運各異 更見嚴守紀律的可貴

2021年05月27日

初哥首次踏足股壇，已是35年前的事。多年來喜歡短炒，原因是眼見一位啟蒙叔叔，長揸一隻當時得令的佳寧集團股票，後來該公司陷入財務詐騙危機，更被勒令清盤，叔叔未能抽身而退，以致一鋪清袋。得不到家人的體諒，鬱鬱寡歡之下更患上了認知障礙症。那段悲慘情景歷歷在目，亦令我對長揸股票產生了戒心。

後來當起股票經紀，近水樓台，交易時段目不轉睛盯着報價機，練成了短炒的上乘武功。當然，除了因為職業關係，直接參與操盤外，拜師學藝及鑽研短炒技巧的財經書亦不可少。其中令初哥印象最為深刻的兩位短炒之王，就是投機之王李佛摩爾(Jesse Livermore)及真正的短炒交易殿堂級高手馬丁舒華茲(Martin Schwartz)。

李佛摩爾的投機炒法，相信已深刻烙印於前線經紀的心中。喜歡追突破，正是筆者踏入股壇做股票經紀初期的慣用手法。那些年的港股市場較為簡單，遠不及現時般複雜多變，加上報紙股票專欄數目不算多，對當日出街後的股價表現有一定影響力，只要買入強勢股，博其在翌日有人品題見報。無論贏輸也沽貨計數離場，獲利率也頗為不錯。

現時人人一手機，紙媒影響力大不如前，網上股票貼士推介多如繁星，買強勢股過夜博食糊，已無復當年之勇。一位曾與初哥在股場並肩作戰的老股民，炒股手法與李佛摩爾甚為相似。喜歡追逐強勢股來炒，愈升愈加大注碼，成本價趨向高昂。這種頭重腳輕的倒轉金字塔式炒法，遇着該股大幅回調，頓時輸突。他三上三落的炒股生涯，正如李佛摩爾的翻版，好景時贏取可觀利潤，但高位回調時來不及止賺止蝕，就會輸至體無完膚。後來選擇退出股場，教書畫維生，人也變得隨和得多。

李佛摩爾因盛名所累，心魔難解，未能拋開世俗眼光，竟選擇吞槍自殺收場。初哥看罷其傳奇，遂引以為鑑，加上經過2001至2004年的黑暗歲月，從此戒掉追突破的習慣了。

至於傳奇交易員馬丁舒華茲，是真正的短炒交易高手，曾參加十次全美期貨、股票投資大賽，並獲得九次冠軍，一次以些微差距屈居第二。平均投資回報率高達210%，其中一次更創下781%的佳績。以短線交易為主的操盤，從四萬美元開始，把資本變成了2,000萬美元，難能可貴的是選擇在48歲人生巔峰時急流勇退，享受人生。

馬丁舒華茲成功之處，是對於趨勢的判斷。結合技術分析指標，建立了自己獨有的交易策略。寫到此處，初哥加上一句，就是要懂得上車落車，並嚴守止賺/止蝕的應對方法。

炒股不炒市 慎防短炒變長揸

2021年06月03日

五月份恒生指數雖然上升數百點，但對大部分股民來説，這是個黑暗的五窮月。炒股票及期指都頻頻損手爛腳，玩慣單邊市的本地股民，更被難以捉摸的市況及股票輪動摑至面腫。一眾公仔箱喜用的移動平均線，早已深刻植入散戶腦海中，此時此刻，卻慘變糖衣毒藥。

散戶選定目標後，通常在兩種情況下入市。一是在開始上升時半信半疑，但見愈升愈急，心想此一強股，不可錯過，心雄情況下，按捺不住奮勇撲入。卻原來已是高位接貨，回調時不想虧蝕沽出，惟有暫且不理，採取鴕鳥政策。孰料強股變弱股，愈跌愈後悔，終於有一日大插至極低位，心生恐懼，於是引刀成一快，沽貨了事，確實是「貪婪與恐懼」的經典例子。

另一種情況，則是非常忍手。在股價持續上升時，惟恐有摸頂之嫌，於是一直不敢買入。然而當股價升至極高位，徘徊良久，開始稍為回落時，以為正好是回調吸納良機，思忖此時不買，更待何時？可惜股價已達巔峰，獲利盤湧現，股價大幅下挫，中間縱有反彈，卻無真正升幅，更遑論會返回高位。此種模式入市的蟹貨者多選擇死守，下跌幾多都不會沽出。散戶入市，原本都想短炒，無奈大多變成長揸，能返家鄉已是遙不可及的事。

正如股神巴菲特的名言：「潮退時，看看有幾多人仍穿着泳褲」，同樣道理，當股價大跌時，股票市場仍能贏錢的有幾多人，便可知曉誰是高手。

「贏粒糖、輸間廠」，是普遍股民的寫照。順風順水時頻頻割禾青，密食當三番。然而一次上錯車，又克服不了要止蝕的心理障礙，結果愈輸愈多，除了浪費資金、時間及機會成本外，炒股信心遭受嚴重打擊，才是最大的問題。

友人在去年十月開始的大升市中，看上了幾隻大升股，利用李佛摩爾炒股心法，不斷加大孖展額追價，贏了近七位數字的利潤。可惜新經濟股近期表現不振，追勢炒之多隻股票高位回落甚多，加上他用倒轉金字塔方法入市，變成價格高昂，倉位頓時縮水。孖展追call，惟有斬倉。減持後股價回升，深感不忿之下，又追價買入。如是者多次殺低追高，倉值一路減少，方寸大亂，進退失據。最後竟採用不聞不問策略，贏錢輸突變負數，心中後悔不已。

經過新指數成立、成分股變動、大量中概股回歸、及全球持續政治炒作，現時市況已和以前大相逕庭。所以炒股定要時刻留意市場之變化，炒股模式的規律，適時靈活變通。

令人神往的少年股神故事 可信程度有幾高？

2021年06月10日

上周「初哥知友會」有學生傳來了新聞特稿，內容講及一位年輕人畢業後，從未返過工，全身投入股場。經過數年的全職炒股生涯，賺進了八位數字的身家，即約1,000萬港元，下個目標將會是5,000萬。文章把主角神乎其技的一面呈現在讀者眼前，相信能夠吸引不少想學炒股之人的目光。

初哥不敢妄下斷言，不過從自家的新聞判斷法去看，有幾個疑點可以提出研討。首先想到的是，剛畢業青年，積蓄有限，沒有工作，無穩定收入，炒股的本錢從何而來，文中並沒有提及。或許本人家境富裕，助其一臂之力。寫到這裏，初哥真的非常感謝太太及外父大人。1986年幸得未來外父借二萬元給我，利用模式炒股，87年高峰期倉值升了21倍。可惜股災殺到，一隻正在進行供股的淘大置業(即現在的恒隆地產)未及出籠，數日間升了2倍的淘大，股災後返回起步點，幸而埋單計數，仍贏了10倍利潤，一年後結婚兼買樓。

世事何其巧合，那時初哥的年紀，剛好和該位少年股神相若，所以他若是真的能夠賺取可觀盈利，應是得到家庭的資助，才有本錢化身職業操盤手了。

另一個具有研究趣味的賣點，就是文章中提及動輒賺錢六位數字的那隻股仔，並非新股，如何有暗盤炒賣？除非是場外配售交易。根據過往記錄，散戶能於配售股票行動拿到貨的，都不是會升的股票。即是說會升的股票，都不會輕易配到散戶手上。2001年初哥就曾在某隻股票配售中吃了大虧，從此之後對公司集資行動再不感興趣了。或許手民之誤吧，應該是説競價時段，但競價時段又如何可以買入大量貨源，並能即時在競價時段迅速沽出，令初哥產生懷疑。

虛擬貨幣透明度低，操控性強，暴升暴跌，炒賣此等產品猶如賭博，普通人豈敢把大量金錢投入？於高位出入贏大錢的難度甚高，看近期由高位六萬美元大跌四成便可知曉。

全天候炒港股、美股及廿四小時盯住比特幣走勢，不眠不休地操盤，精神及體力除非是超人才能勝任。最後，看其提及每月直播炒股收費數百元，及昂貴的近萬元教學課程，頓令初哥謎團大解，聰明的讀者應會明白了。

數年前，初哥認識了一位擅搞投資課程的超級高手，告訴我一則少年股神賺大錢的故事。那位少年股神中學畢業後從事裝修工程，感到前途有限，遂參加超級高手的投資課程，吹噓自己的炒股威水史，又自薦可當炒股導師。兩人一拍即合，於是包裝成少年出股神，大力宣傳。合作教班課程賺取了第一桶金，後來卻因為錢銀轇轕，分道揚鑣，自立門戶。超級高手果然是薑愈老愈辣，至今舉辦多場教學仍屹立不倒。反觀那位少年股神本身實力不足，連教學賺來的那桶金，也在股票市場輸掉了，最後還遠走寶島，之後的發展就不得而知了。

在金融市場中炒賣，心態及經驗非常重要。輸錢皆因贏錢起，得來容易的錢，往往在最後關頭功敗垂成。在開始時輸了錢，或者中途虧損嚴重的，如果能夠從失敗中汲取教訓，檢討得失，努力鑽研炒股之術，必可東山再起。初哥認識的一位年輕人，就是這般，後期在股票市場賺了大錢。

風險利潤成正比 一夜致富非易事

2021年06月17日

金融市場內，分分鐘都有賺錢機會，正因如此，吸引不少人全身投入。魚缸眾生相，大多都離不開一個「貪」字。人心不足蛇吞象，渴望一朝發達，最是不切實際。利潤與風險成正比，若想高利潤，便有心理準備要承受同樣程度的虧損。

股神巴菲特最重要的投資金句，成功秘訣有三條：第一，盡量避免風險，保住本金；第二，盡量避免風險，保住本金；第三，堅決牢記第一及第二條，然後才再說收益。現實中的股票市場投資者，多是知易行難。入市前鮮有先定下止蝕逃生盤，而買中獲利者，亦極少嚴守止蝕盤止賺盤。

理論上，識於微時，能於低位買中優質股票，然後長揸，跟它一起成長，當然是穩賺的不二法門。然而，能夠相中一隻大有前景的優質公司，在上升趨勢中，經歷幾番起伏跌宕，無視中途大回吐，處萬變而不驚，這實非一般股民所能承受。萬一癡心錯付，在錯誤的時間，選錯了夕陽企業，又不懂得止蝕，不但浪費了時間金錢，還失卻了信心。看看有朋友長揸思捷環球(00330)、利豐(00494)及近期明星股中石油(00857)，便可見一斑。

現今股票市場不同往日，因炒賣成本大降，短炒已不如以往最低佣金制時代那般難以轉身。當然，短炒技巧需要有精通圖表分析、以及熟讀近期市場模式的能力才可。若無此技，唯一途徑只有跟隨專家們意見行事，並完全相信其策略才可。

兩位老友無暇睇市，又對圖表分析毫無興趣，完全信賴初哥指示，在上衝下洗、飄忽不定的股市中，回報遠勝恒指的表現。初哥明白，各人有自己的想法，並不是人人都可以做到絕對跟從別人的專業意見。他們就是經過時間的考驗，對我信任，近一年來賺取非常可觀的金額。

另有一位朋友則不然，經常問初哥意見，可惜買時肯跟沽不從。上周又犯了同樣錯誤，按初哥建議於當日低位買入兩隻實力股，收市帳面已有微利。翌日我提議掛沽，可惜她毛病再次發作，一隻掛高一格，另一隻則掛高四格，結果是前者順利沽出獲利，後者如跟足初哥策略已可套利，她臨場執生掛高了就沽不出，最後倒跌收場。她說了一句「唉！輸在貪心！」壞習慣改不了，徒呼奈何。

多年前她跟初哥建議，抽中多隻新股。最初部分賺錢沽出，後來見到沽出的仍繼續升，於是不聽勸告，決定全部長揸。結果個別獲利，但整體大跌，當中有些更停牌或除牌。可惜已忘記了自己的錯誤決定，談及此事，她竟還說：「仲好講，你上次叫我沽隻股票，而家升咗好多！」初哥頓時無言以對，只能說，「隨便你啦！」

港股走勢跟外圍 成分股改動影響大

2021年06月24日

近期港股市場吹無定向風，在長方形區域徘徊上落。圖表和市場預測開了個玩笑，繼眾口一詞(連初哥也不例外)，認為今年三月份看到的是頭肩頂形態，最終卻是失敗告終；恒生指數六月初突破阻力區，又重上多條平均線之上。正當大家都以為可以打破五窮六絕的魔咒，上望30000點之際，怎料一盤冷水照頭淋，破阻力點後立時掉頭向下，形成假突破。

港股開市表現跟美股，尤其是納斯達克指數。箇中原因與香港恒生指數，所佔比重側重於新經濟類股如騰訊(00700)、阿里巴巴(09988)、美團點評(03690)等有莫大關係，現時只需看上述股票已可測知恒指的表現。所以真正代表，應是近年才推出之科技股指數。然而，恒生指數已深植股民腦海。坊間報道均以恆指馬首是瞻，習慣性收視固然有其優勢。

現今股票數目多如繁星，恒指已不能完全反映整體市場之表現，此起彼落場面屢見不鮮。看上周五恒生指數雖然上升242點，奇怪的是下跌股票數目竟然多過上升股票數目。雖云炒股不炒市，但股民在此上上落落、飄忽不定的市況中，買中贏錢的難度大增。

港股有一特色，就是除了開市短時間只跟隔晚美股步伐外，中段多隨內地A股表現而起舞。初哥留意到，大部分股民仍擺脱不了以前的舊框框，買貨過市者，仍將隔晚美股視作導航，恐怕再度下跌，而驚惶沽貨離場。一沽之下，那邊廂內地A股卻告反彈，恒指止跌回升，沽出之貨價位跳上，真不知道追回還是作罷好了。

大部份股民炒股心態，有貨在手傾向想沽，無貨在手則傾向想買。初哥身處股場，正是局中人，當然亦會犯以上錯誤，幸好短線炒作技巧熟練，入市時機拿捏準確度高，多能於上升途中脱身而出。

自恒指成份股由過往騰訊及友邦(01299)獨大，變成與阿里巴巴、美團及滙控(00005)平分春色後，現時前兩者股價表現之興衰已未必能完全牽動恆指上落。識時務者為俊傑，時常留意市場之變化，及時作出應變，才能長期戰勝市場。

7月睇好港股 原因係乜？

2021年07月01日

「山窮水盡疑無路，柳暗花明又一村」，正是這兩個月的港股寫照。在一片看淡聲中，反而出現了「五不窮、六不絕」的市況。

今年5、6月，港股出現同一特徵，皆是月中曾急跌，當悲觀情緒籠罩市場之際，之後又再回升至月尾，恒生指數兩個月(2021年5月3日至6月24日止)合計仍上升564點。

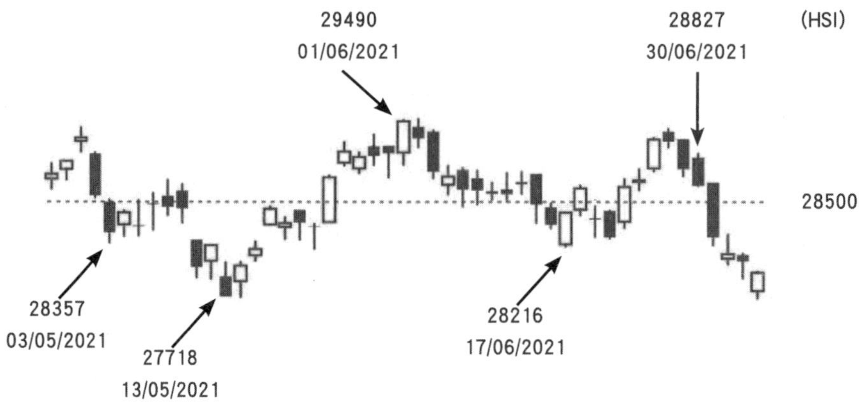

大市在2021年5月至6月，股票板塊輪動

股票板塊輪動，此起彼落，是現今股票市場的模式。箇中原因，是近年股份數目急劇上升，然而市場流動資金並沒有同步增加，惟有在板塊之間輪流炒作。過往只要恒指上升，大部分股票皆上升，此種百花齊放的局面近年難得一見。初哥留意到，大市下跌，跌多過升的股票數字可以理解，然而就算恒指上升，竟同樣是下跌多於上升數量。這解釋了為何市況上揚時，股民仍然贏的少、輸的多。

「有人辭官歸故里，有人漏夜趕科場」。6月是基金半年結，表現跑贏大市的，多傾向沽出獲利深厚的股票套現，以保障表現費。表現欠佳的卻希望追回失地，形成股票大幅波動。

自恒生指數成分股出現結構性轉變，以往股王騰訊(00700)及友邦保險(01299)獨大，其上升下跌，對恒指表現影響最大的時代，已不可再同日而語。由兩隻獨大，變成與其餘龍頭股如阿里巴巴(09988)、美團點評(03690)及獅王滙豐控股(00005)平分秋色。觀察現在的情況，美團因業績仍欠佳，市率率更高達數百倍，散戶多不敢參與炒賣。少了低位買貨動力及高位沽壓，成交量雖仍然龐大，但多是大戶們利用此股來作舞上舞落期指之用，形成波幅遠較騰訊為大。

近期阿里巴巴表現停滯不前，但動作多多，加上積極改善和監管機構部門的溝通，上市臨門撻Q的子公司螞蟻集團作出多方面改進，已達符合上市規則，相信此系股票最壞時期已成過去，未來股價或會追上落後的升幅。

至於股王騰訊，雖然受到不利消息困擾，但股價下跌多時，已消化了利淡因素。騰訊管理層懂得知所進退，相信會有解決方法，加上瓣數多，又入股多間有前景公司，未來釋放變現盈利將會非常可觀，初哥對此股的未來前景甚具信心。基於以上原因，下半年的恒生指數應可看高一線。

上沖下洗翻騰市 衍生工具更易輸

2021年07月08日

踏入2021年，港股除了年頭的急促上升，帶來一陣驚喜之外，接下來的走勢似乎無路可捉。上落多次，每次出現突破，當眾人皆以為會轉勢出現單邊市，孰料順勢而行卻變成輸錢而回。

十指痛歸心，如隨意做效坊間所言，亂定止蝕位的話，經過多次的虧損，足以堪比一次股災的損失程度。聽同行説，近月一眾客戶，輸得頭崩額裂，尤其進行衍生工具如期指、期權、窩輪、及牛熊證等，在這般上衝下洗的市況中，本錢已所剩無幾，除非是高手，知所進退。反而善於捕捉股票走勢的精明股民，及時於高位套現離場，來來回回的贏多輸少，總可跑贏恒生指數甚多。

有學生傳來訊息，嘆息自己心急想搵快錢，近期炒賣牛熊證，輸了10多萬元。他實際操作過程，初哥並不真正了解，然而，經過多年的股票經紀生涯，深明普羅股民的炒股心態。大部分人都需要安全感，喜歡站在安全位置來炒股票，忽略了值博率的問題。加上聽得太多坊間評論，沒有做功課詳錄過往的言論，命中率如何等重要數據。炒股票除了要看懂圖表語言，最重要入市時計算值博率，並用止蝕盤來保障睇錯市時有退路可走。留得青山在，哪怕無柴燒，散戶本錢有限，萬一被套牢了，金錢時間雙重損失，更要命的是信心難復。

窩輪及牛熊證是高風險的衍生產品，N年前初哥曾寫過「當炒輪」專欄，雖然命中率頗高，但眼見眾多小散戶買賣輪證其實是輸多贏少。入市拿捏得不準確，或者只懂上車不懂落車，小散戶買了貨只會傻傻哋等。然而，窩輪是有時間性及溢價的，根本等無可等，等下去只會愈來愈跌。後來股民輸得太多，不喜歡炒窩輪，發行商又推出了只有時間性，但少了溢價的牛熊證。炒輪者轉往炒牛熊證多的是，然而牛熊證有一條款，就是觸及打靶價位立即被殺，縱使後來大市真是上升或下跌也無補於事。

「食得鹹魚抵得渴」，參與者應知其風險之所在，當然，如能捉到時機，股價一如所料大升或大跌，買入窩輪或牛熊證自然獲利不菲。

現時市況詭異多變，看圖表要懂得揀選何種工具，及捉摸到市場群眾心理，才有致勝之機會。簡單如移動平均線，在今年飄上飄落的市況、於長方形區域內行走的大市，應用此線均屢屢出錯，跟其指標入市及止蝕離場，多個回合大戰後，本錢輸剩無幾。奇怪的是，仍有眾多股民迷信於平均線，活脱脱就是「身在局中不知局」的寫照。若應用某工具仍持續輸錢，應暫停炒賣，勤力做功課，檢討得失的原因，然後重新再入市，勝算才能提高。

貪婪恐懼兩交織 情緒牽引失方向

2021年07月15日

金魚缸內，交織著貪婪與恐懼。普羅股民最難駕馭的，就是這兩種情緒。貪婪令人在心雄的狀態下摸頂入市致樂極生悲，恐懼有如緊捏脖子的心魔，使人透不過氣來，最終引刀成一快，盡沽手持下跌甚深的蟹貨。初哥也不例外，即使在股場多年，遇着大升市與大跌市，有時仍會被當時籠罩市場的極度樂觀及悲觀氣氛所影響。

世事如棋局局新，近月香港股票市場和以往的模式截然不同。從前跟隨美股步伐而起落的市況已不復見，近期連A股升跌，也影響不到弱不禁風的港股，初哥猜想可能是港股正處於國際金融戰的風眼。

香港是國際金融中心，資金出入自由，吸引一眾大鱷雲集搵食。處於政治局勢敏感時刻，經過擾攘幾年的中美貿易戰後，國與國之間的矛盾已置於陽光之下，一場驚心動魄的金融經濟戰，正悄悄地在香江拉開序幕，因此港股近期逆外圍及內地股票市場而走，是可以理解的。

美股、歐洲股市持續創新高，內地A股平穩發展，港股一反常態般竟然出現八連陰。多隻股票跌幅駭人，下跌幾成，比比皆是，連初哥睇好之股王騰訊(00700)，亦由今年2月18日高位773.9元下跌至上周五最低位509.5元，跌幅達34%。

「五不窮、六不絕」出現後，正當市場滿懷希望，預期「七翻身」接力，誰不知一盤冷水照頭淋，踏入7月，出現歷史罕見的8日連續急跌。**由今年6月28日高位29394點起計，下挫至上周五26861點，大瀉2533點，中段連250天線也曾兩次跌穿。**此際千鈞一髮之時，兩日收市皆返回其上，總算緩解了繼續下跌的危機。

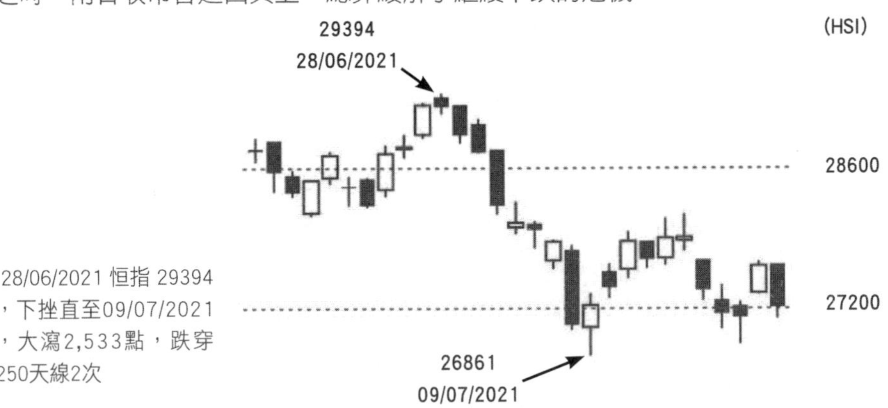

28/06/2021 恒指 29394，下挫直至09/07/2021，大瀉2,533點，跌穿250天線2次

指數狂跌，沽盤步步進逼，猶如千軍萬馬殺到。嚇人的大跌場面屢現，經驗不夠的股民多會驚惶失措，於兵荒馬亂中，把持不定，一走了之。當此恐怖時刻，即使手持股票已下跌甚多，仍深感棄之而後快。一沽之下，心頭大石隨之而去。然而，見底回升亦往往同時於此種場合浮現。

上周五插穿250天線後返回其上，高低波幅589點，由當日中段曾下跌292點，止跌回升至27344點收市，反升191點，成交高達1,867億元，證明好淡雙方於250天線展開攻防戰。幸好已連續兩日由中段跌穿，呈現收市企回其上的良好勢頭，根據反彈黃金比率計，可達27828點。

今次跌市元兇之一，是眾多牛證集結於250天線之上，被「黃雀在後」的大戶有機可乘，殺盡牛證好友才止跌回升。衍生工具充斥市場，炒股難度大增。然而，只要定下模式系統，嚴守止蝕位，買中獲利點後推上止賺盤應對，炒股自必輕鬆得多。避免臨場執生形成的心理壓力，勝算還是高的。

抽新股有咩學問？

2021年07月22日

新股市場和二級市場，是兩個截然不同的投資市場。後者完全受到外圍氣氛影響，大部分股票表現皆與恒生指數上落掛鈎。反觀新股掛牌時，與大市升跌並無直接關係，獨斷獨行，甚至乎背道而馳，也屢見不鮮。

初哥踏足股場不久，就開始玩新股遊戲。那年代新股市場並沒有現時的蓬勃，普遍股民只喜歡玩舊股，所以中籤機會大得多。曾經有兩隻新股，深圳高速公路(00548)及山東國電(01071，現已改名華電國際)，各抽中了百餘萬貨源，並成功賺了合共約40萬元。

膽生毛之下，借孖展落大飛一隻內地資源股兗州煤業(01171)。揭盅日是星期五，中籤結果嚇了一大跳，竟獲派970萬元貨，公司追孖展870萬元。雖然研究過兗州煤是優質股票，但沒有想過會中籤這麼多。手頭並無大量現金，探聽之下，發覺全公司只有我一人落飛，頓時心生恐懼。手持巨額貨源，碰上當晚美股竟然大冧市，心驚膽戰地度過兩日假期。

星期一掛牌當日，恒指承接外圍市況，大瀉近千點。幸好包銷商力托股價於上市價之上，初哥於是分四次80萬股及一次50萬股沽清，僥倖地賺了數萬元利潤。劫後餘生，深受教訓，從此也不敢落大飛。後來新股認購透明度日漸提高，中籤率有數可計，逐漸回復了落大飛的信心。

現時有三間證券行，於新股正式上市前一日收市後，提供非正式暗盤市場。三間報價各有不同，與四會合併前的股價各有各報，情況雷同。由於競爭激烈，當中一間更發展至設立場外預熱場，提早到下午2:00至3:30讓公司客戶進行暗盤交易，外來的證券行不能參與。大部分中籤客不能參與暗盤，只能等待翌日正式掛牌時才進行買賣。故此暗盤時段成交疏落，股價容易大上大落，對翌日正式掛牌只能產生輕微啟示作用。

新股市場發展至今，已漸趨成熟，因個別股票漲幅驚人，吸引了「打新一族」，更多了內地股民來港圖分一杯羹。熱門新股，認購情況動輒非常誇張，早前的時代天使(06699)，要落大飛約2,600萬元才穩中一手。

散戶熱衷參與，可惜近期追捧的難以獲派，中籤了卻是輸得悽慘，反而無人問津的間中大放異彩。六、七月份更出現多隻股票同期招股上市，箇中原因是與半年結算有莫大關係，趕不及日期前上市，公司很多資料要重新做過，費時失事。同一時間研究大量公司資料，非常吃力，不少股民只能跟隨認購風向而揀選目標。優質企業變成滄海遺珠，正式上市便見真章。初哥認為，萬變不離其宗，最重要是看其公司業績及發展，不能單靠市場認購程度而進行跟風，否則賠了價位更蝕大息。

大跌市中如何明哲保身？策略是重要一環

2021年07月29日

港股受到內外不利消息夾攻，近期眾多股票跌個四腳朝天，慘烈情況與發生股災並無分別。內在因素，當與即將推出之股票印花稅增加三成有莫大關係。從近期股市資金不斷流出，市場成交金額明顯低於未公布增加印花稅方案之前，就可略見端倪。其後遺症之影響，歷史自可告知。

螞蟻集團運作模式，對金融系統產生嚴重威脅，內地推出整頓政策，進行改革。影響所及，新經濟股包括ATM組合阿里巴巴(09988)、騰訊(00700)及美團點評(03690)等股價大幅下挫。不知何解，以往股王騰訊在上升趨勢中，散戶不敢沾手，在今次下跌浪潮中卻紛紛撲入，積極進行撈底行動，忘記了「寧買當頭起，莫買當頭跌」的投資智慧，結果被綁。

當然，如果定好策略，撈底動作仍可一試。在低位買到貨，反彈幅度會是非常可觀。然而風險與利潤成正比，撈底利潤高，風險也相對大，嚴守止蝕位，便是風險管理中重要的一環。如果入市位不佳，寧可止蝕後，在再度大插時買回，然後趁大反彈時沽出套利。這種操盤模式，往往可以將之前虧損的贏回來兼有利潤。

如果不能遵守上述模式策略，大跌市時最好還是不要博反彈，靜待有買入信號出現時才入市。高位回落，跌勢既急且快，貿貿然去撈底，相當於伸手去接下跌中的刀子一樣危險。沒有高超技術，只會皮破血流。寧可坐山觀虎鬥，等待信號轉好時才入市，方為良策。

屋漏兼逢連夜雨，除了影響恒指至深的ATM組合連番下挫外，過往曾為市場寵兒之內地教育股，經過長期持續下跌後，上周進一步受創於市場不利消息。股價應聲大瀉，佔據跌幅榜頭數位。其中新東方-S(09901)創出歷史新低點，即日高位51元下挫至最低位25.2元，跌幅逾五成，後反彈至31.4元，反彈幅度最多24.6%，以30.2收市，狂瀉40.6%，跌幅之巨，似有87年股災單日跌幅之影子。

當日有網友於36.05元問初哥意見，初哥查閱股價，10分鐘後進一步跌至32.65元，遂大膽建議此位可小注吸納博反彈，並定下初哥慣用的3%作止蝕。如能跟足指示，損失輕微。如具備膽識，再度大插補回止蝕沽出的貨源，大反彈時套利，已可以追回失地兼大賺了。唯此一技巧，要有多年炒作經驗，熟悉市場心理及精通短線圖表分析才可使用，資歷淺之股民未必能明瞭箇中操作技巧。所以遇着此等市況，還是不宜沾手，耐心等待入市時機算了。正是「留得青山在，哪怕冇柴燒」。

冷靜方可股市贏錢 心態主宰成敗

2021年08月05日

股票市場是需要有勇氣去面對逆境的冷靜思維，加上事前部署的策略，是成就了戰勝市場的因素。筆者於秒投「初哥談股奪金」聊天室，上周大冧市中，憑着冷靜思維，在開市前八點鐘寫下**「一如初哥所料，恒指昨早先到達量度跌幅位25940，繼而下試黃金比率位24975，及上升裂口25093，只欠另一個裂口24486尚未補回。**

昨日恒指收市25086，前兩日跌幅已巨大，恒指或離底不遠，今早會先行高開，待急回可分注吸納個人心水股，如無心水，可留意968、6078、6098、2148、700，定下3%作止蝕，買中獲利點宜加若干利潤推上變止賺位，以保不失。」幸運地再次撈底成功，5隻推介股票隨後皆大升，其中以海吉亞醫療(06078)最為凌厲，高位計大升達36.4%。

能在大跌市成功買入低位，原因是初哥年輕時經歷多次中國象棋比賽，訓練出冷靜面對及評估局勢的應對能力。

加上近年的寫作生涯，紙上談兵，經過深思熟慮，加上圖表路線圖，對大市方向有一定掌握。然而，任何預測都只是預測，並非百分百中，惟有入市前定好策略，買入後隨即放下止蝕位，買中獲利點升上後，馬上加若干利潤推上變止賺盤，以確保掉頭下跌時力保不失。

當然，此一模式要經過實戰經驗才能真正領悟出來，而心理質素非常重要。可惜的是股價下跌觸及止蝕位時，肯馬上沽貨離場的股民只佔少數，而買入後成功上升，回調時肯止賺套利的更是鳳毛麟角。

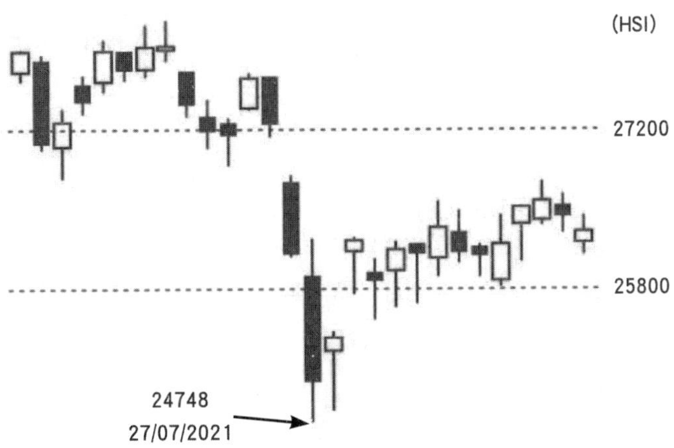

2021年7月尾跌至量度跌幅位25940，再下試黃金比率位24975及上升裂口25053，只欠另一個裂口24486尚未補回

運動員奪佳績需要伯樂 股壇決勝一樣要

2021年08月12日

東京奧運香港的成功運動員，包括劍擊金牌得主張家朗，兩面游泳銀牌的何詩蓓，乒乓球女子團體銅牌之蘇慧音、杜凱琹及李皓晴、空手道選手劉慕嫦，及知名單車選手李慧詩等，同樣遇到伯樂教練全面栽培，運動員自己盡力發揮，才能締造出美滿成績。政府今次積極走前一步，買下奧運轉播權，各電子傳媒可以同步播放，全城興奮投入，過去十幾個月疫症帶來的抑鬱，一掃而空。而運動員奪獎，商界配合發放獎賞鼓勵，可望提高全民運動興趣。

股票市場內，也有同樣故事。要成為大贏家，除了自身的條件外，獲得伯樂青睞，才容易踏上青雲之路。有朋友告訴初哥，1997年一役幾乎沒頂，本錢有限，東山再起談何容易。到今天，他擁有非常可觀的財富，原因是認識了一位城中超級富豪，得到他的提攜，加上心理質素及對市場的判斷力，食正香港的黃金歲月。現在只靠租金及債券利息收入，已可過着無憂無慮的生活。他還玩笑説好在泊着大碼頭，而初哥只是單打獨鬥，所以成就當然不及他。但我明白本身性格較內向，不善交際，所以還是靠自己努力吧！

高追炒法充斥市場 走勢逆轉屍橫遍野

2021年08月19日

初哥在秒投的開通已有一個月，除了每日早上八時提供大市分析，及推介股票外，亦答覆網友們的個別提問。幸運地，預測大市走勢及股票，命中率高達90%以上。另外，答提問準確度亦非常高，其中比較兩至三隻孰優孰劣，更是差不多鋪鋪中。因對公司基本面有一定認識，圖表分析熟練，故此初哥很快便可給予答案，參與之人數與日俱增，勢頭不錯。

數年前，初哥恢復撰寫專欄文章，逼著每天做功課，日子有功，對股市局勢發展有一定掌握。而聊天室的答問環節中，除了幫助網友們排解股票疑難外，更深切明白到普遍股民買賣的心態。初哥炒股功力再度提升，連一向對即市判斷慢熱也改善不少。初哥留意到網友提問的股票，大多是在極高位升破阻力時追入，或是回吐少許時，恐怕繼續上升而貿然買入，回落時不捨得輕微止蝕，大幅下挫時才問初哥。除了提供方向外，亦勸告以後莫再犯高位追突破、或極高位回吐少少就買入的兵家大忌。

股票運行是有一定軌迹。持續攀升一段長時間，經過5浪上漲，加上好消息不斷湧現，愈來愈多股民留意到，爭相入市，終於給醒目大戶大舉出貨的好時機。當然，如果是一隻真正前景好的股票，往往能在低位極速反彈，之後重回上升軌道，甚至升破歷史高位也非難事。還有一現象，大部分股民因有工作在身，騰不出時間研究，所以只能瀏覽傳媒作出的市評及股評。奇怪地，財經節目談論的，多是當時得令的股票，而普遍專家們亦是見好説好，見跌説跌，以報道市況為主。這也難怪，因當局者迷，形成一窩蜂地唱好或唱淡某些股票或板塊。接收的股民深受其言論影響，變成在同一時空，想法一致，共同在某一點入貨，容易繼續推高股價。而後來者眼見，惟恐「執輸行頭，慘過敗家」，蜂擁入市，給予「螳螂在前，黃雀在後」的大戶出貨最佳時機。

接火棒遊戲開始，之前上升浪中，眼見股價高處不勝寒，不敢買入，在高位回吐少許時，反而覺得機不可失，爭相購入。誰不知卻是升浪完畢，下跌幅度之深往往大出股民意料之外。跌得太深了，惟有採取「鴕鳥政策」，祈求股價有朝一日能重回家鄉。

在極高位追突破，是一代傳奇人物李佛摩爾的慣用手法。生平戰績大上大落，可惜最後炒至破產，吞槍自殺收場，證明那套炒股方式並不可行。然而，現時不少股民，尤其前線經紀們，仍喜歡這種炒法。原因不難明白，是建基於以為追突破是安全性炒法而已！

牛熊市炒法有別 切勿一本通書睇到老

2021年08月26日

普羅股民皆以為持續上升就是牛市，不斷下跌應是熊市。初哥則認為，只要能在股票市場賺錢才有意義，如果在牛市也贏不到錢的話，與熊市有何分別？相反能於跌市中仍有進帳，這可算是牛市了。

上周秒投聊天室中，有網友詢問初哥是否專做極短線？初哥回答：「當然不是！如果大市處於上升趨勢，可一路移上止賺盤來配合其持續上升，直至高位有沽出信號或高位遇到阻力才平倉套利。但因為現在是下跌趨勢，所以應該採取速戰速決策略。」下跌趨勢中，時常有小型反彈。技術高超、轉身靈活者，自然不怕低撈偷位。然而情勢危急，一把把鋒利刀子猛力下墜，就算撈中低位，也要睇位食糊。有胡不食，可能大損手，變成罪大惡極。如果堅持要大食，還不如忍手不買貨，直至築底完成，升市來臨才揸好股算了。

初哥炒超短線技巧高，利用止賺以保不失，或輕微止蝕以逃離險境，長期跑贏大市。這套炒股功夫，猶如打游擊戰，採用敵進我退、敵退我進的戰略。當然，要具備精通圖表分析能力，及摸通市場心理配合才可，否則貿然撈底，輸多過贏。過往初哥曾為數個客戶操盤，利用上述方法於牛熊並存的上落市中，賺幅跑贏大市甚多。其中一位年賺幅度更高達約1.3倍，不過她有一個毛病，就是只喜歡集中注意力在個別股票回報率，認為長揸或者可以賺得更多。在初哥換馬之際，她往往糾纏在賺幅不大、及佣金問題之上，變成過分斟酌於別人的賺佣，而非整體戰績。她亦嘗試長揸股票，卻是輸至體無完膚，我幫她賺的，還不夠補回其本身所輸的。後來聽朋友說炒外匯好，於是動用比買股票多十倍的資金投放到外滙市場，結果輸了十倍於股票市場我幫她所賺的錢。

聊天室在今年7月6日開通，當時恒指28143，上周五收市24849，個多月內指數大跌3294點，不少股票從高位下跌四五成。期間初哥多次推介股票，只有四次輕微止蝕，平均每次約3%，命中率高得驚人。

2021年7月6日恒指28143，8月20日收市 24849，個多月內指數大跌3294點，不少股票從高位下跌四五成

低撈股票成功獲利，是初哥一貫的強項，過往屢有佳作。上週五早上貼了兩隻股票信義光能(00968)及海吉亞醫療(06078)，均成功於建議低位買入，升上後鑑於察覺恒指有機會跌穿24748，遂馬上通知有追緊隨初哥意見購入的網友於賺錢位先行沽出，分別獲利3.49%及2.53%。逆市賺錢，算是不俗。

隨後大市果然跌穿24748，進一步下跌至24581，後反彈至24849收市，仍大跌466點。而信義光能及海吉亞反彈完再度下跌，未能重上提議的沽出價位，其中海吉亞更比沽出價位大跌7.58%。證明在大跌市中，利用超短炒的策略，把握機會在急速反彈時套利的重要性。箇中玄機，讀者要深思才能明白箇中奧妙。

炒股必勝法門 首要係謹慎入市？

2021年09月09日

「入市要謹慎，出市隨意些。」這是炒股長期致勝的關鍵元素之一，也是初哥經常提醒學生的一句市場經驗。初哥於秒投聊天室開通近兩個月以來，與網友們互相交流，進一步了解普羅股民炒股心態。大部分見過高位，在回落些少時，擔心再升會走了寶，於是買入。又或下跌一段時間，心儀股票明顯轉弱，卻又牽掛之前見過的凌厲升幅，於是心急之下，貿貿然胡亂作出入市行動。當然，間中偶有佳作，但長期作戰是講求機率，入市位差，輸錢機會大增。

初哥每逢交易日，在開市前約上午8時所提供的恒指上落市範圍及股票推介，準繩度之高有目共睹，更有網友大讚初哥給的恒指範圍非常有用。

預測恒指範圍，是建基於圖表路線圖及市場心理，股票也是雷同。而大部分股票，包括恒指成分股，都是跟隨恒指升跌而上落，只有少數能逆大市下跌而上升。這些滄海遺珠是較難預測，要有多年經驗的精明操盤手才能觀察到。普羅股民，還是跟隨恒指範圍的實力股進行炒賣，才是上策。

初哥提供的恒指範圍再有佳作，根據圖表分析，幸運地多次測中上方阻力點，指數皆在該點附近就掉頭下跌。相距只差數點至十餘點，全部皆中。至8月31日建議於25116點

睇好(實際低見25110點)，最高升至26359 點，升幅1,243點，之後推上止賺位25878點 ，在上周五被觸及，仍進帳762點。

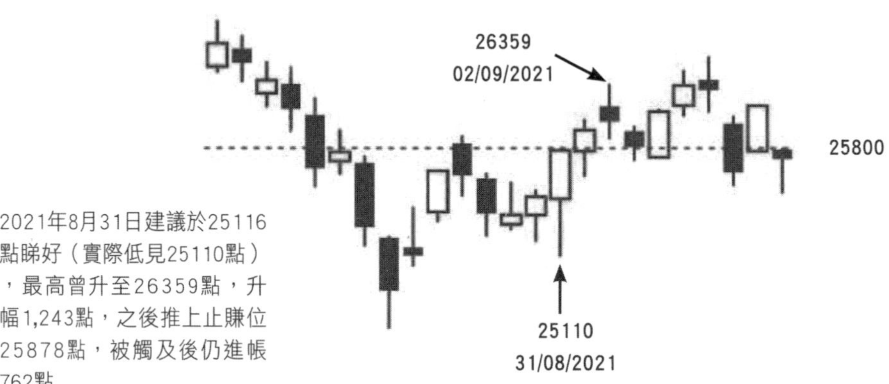

2021年8月31日建議於25116點睇好（實際低見25110點），最高曾升至26359點，升幅1,243點，之後推上止賺位25878點，被觸及後仍進帳762點

股票同樣戰績彪炳，早上8時推介之股票，除非未到建議入市位，成功吸納的全部獲利而回。其中一隻JS環球生活，更帶領網友們炒三轉低揸高沽均順利報捷，回報超過10%以上，跑贏恒指下跌甚多。

然而，網友們除了提問自己心儀股票對象外，亦留意初哥早上的推介，但買入價則自行作主，並無遵從建議買入位。本是無可厚非，但筆者認為這樣賭博成分遠高於按策略行事，因距離原本訂立的買入位太遠，止蝕位亦難以定下。變成差之毫釐、謬以千里的入市價位。

守株待兔未必有利 靈活變通反敗為勝

2021年09月16日

港股今時不同往日，股票數目大增，板塊此起彼落，令人眼花撩亂。初哥開始踏足股壇之時，眾股群起群落，牛熊分界明顯，那些年只要看恒指表現來買賣，贏面甚高。牛市雞犬皆升，獲利機會俯拾即是。由於當時並沒有很多衍生工具，所以遇着熊市，只是採取觀望態度，或買賣認沽輪和沽期指等簡單動作。

時移世易，物換星移，經過多年來不斷有新股上市，尤其內地企業大量湧港掛牌，逐漸取代了港資的龍頭地位，從指數股的成分比重，已可見端倪。衍生工具及結構性產品盛行，影響正股走勢，加上國際政治局勢變幻無常，風譎雲詭，測市已不如以往般容易。初哥認為，港股市場已無牛熊市之分，只是輪流炒板塊的大型上落市而已。處於此種飄忽不定的市況中，以守株待兔式持股候升，已是不合時宜。

秒投聊天室中，初哥遇着最多網友問的，是下跌幾成的蟹貨居多。眼見下跌甚多的股票，初哥惟有好言相勸，耐心等待回升。憑我多年經驗，大幅下跌的實力股，反彈幅度或會非常可觀，然而，要於短時間內彈回上原位談何容易。

股票上升與下跌幅度，其實不是成正比例的，可惜普羅股民不會着意去研究此一機率。下跌20%，反彈25%才打和；下跌50%，上升一倍才能返家鄉。這個簡單數學原理，可以印證愈早止蝕愈理想，否則泥足深陷，後悔已太遲。初哥亦深明股民的想法，如果輕微止蝕後升回買入位，到底意難平。然而，針無兩頭利，止蝕作為風險管理的重要性毋庸置疑。在重要支持位定下輕微止蝕位，便可以解決下跌甚多的虧損風險。那重要支持位，當然是不輕易跌破的，不過任何投資/投機均有風險，關鍵是知所進退。

避免大幅虧損，除了嚴守止蝕位外，也不要貿然在下跌趨勢中入市，否則就如伸手去接急跌中的鋒利刀子一樣，受傷難免。止蝕後，如果對那隻股票極具信心，可在下一級支持位再行部署，根據機率是有機會重返其上，並輕易追回輕微止蝕的損失兼贏突。

秒投聊天室中，初哥推介股票甚少失手，就算輸也輕微止蝕，所以推介的股票，能夠在低位再度入市。上周初哥示範了輕微止蝕後，再次在下一級支持位補回。只要靈活走位，按策略冷靜行事，即使入位不佳，仍是可反敗為勝的。

每次股災演繹方式均不同 有冇路好捉？

2021年09月23日

初哥經歷多次股災，包括今年至今的「金融戰爭」，皆能避過浩劫。只有2001至2003年的黑暗歲月，糊里糊塗輸大錢。歷史總是驚人地相似，股災重臨，股民不易事前察覺，只因每次演繹方式不同。

1987年香港期指開通後不久，美國突然由電腦程式買賣盤被觸發拋售大量股票，引爆環球股災。1997年正值回歸，遇着股壇大鱷精心炮製的亞洲金融風暴。2007年美國雷曼兄弟次按爆煲之金融海嘯， 2018年美國總統特朗普發動中美貿易戰，以至今年初美國開始打壓中概股的金融戰爭，及內地全方位整頓企業文化所引致的中資板塊輪流暴跌，都是股災。

上述歷次股災的成因不同，印證每次股市崩圍皆有不同方式演繹，所以令股民冷不提防。事前並沒有很多人估到的黑天鵝事件，才會造成極大傷害。反觀人人談論的「大件事」，多數不會對股市造成震撼性大瀉，這就是股票的玄妙之處。

去年十一月，阿里巴巴(09988)旗下螞蟻金融集團，因經營方式影響內地金融穩定，上市前被叫停，已是對內地在港上市的中資巨企敲起警鐘。阿里巴巴股價由天堂跌落地獄，之後內地為求糾正不良的補習風氣，對教育行業痛下針砭，相關股份跌到四腳朝天，累跌接近九成。針對網上遊戲對青少年之荼毒，要求有關公司配合政策；另推出共富惠及小型企業措施，引入反壟斷法規。

以上國策出台後，一眾被影響的公司大幅插水，連股王騰訊(00700)也難獨善其身。上周澳門當局就賭牌數量及期限問題進行公眾諮詢，濠賭股紛紛狂瀉，單日跌幅由十餘至逾三十百分點不等。

美國以國家安全為由，制裁中國企業，並禁止美資及美國居民投資中企。中概股紛紛回流香港作第二上市，以防不時之需；受限制令所累，該類股票慘受洗倉，股價跌幅駭人。

「成也蕭何、敗也蕭何」，過往靠大量借貸擴張版圖，乘樓市大牛，話事人更曾進身內地首富。現時樓價下滑，債項無力償還，火燒連環船，股價跌幅慘不忍睹，重蹈九七年來港狂借孖展炒樓人士的宿命。證明處於高峰期仍大量借貸是極為危險，股民應引以為鑑。

剎那光輝不代表永恒 阿里巴巴撈唔過？

2021年09月30日

港股今時不同往日，股票數目大增，板塊此起彼落，令人眼花撩亂。初哥開始踏足股港股近期熊縱處處，除了碳中和相關股份勉強上升外，其餘板塊輪流被洗倉，股價大幅下挫，令持貨之股民叫苦連天。

正當受國策影響的科網股巨企紛紛下瀉之際，連有通關利好消息之濠賭股，也因澳門政府進行公眾咨詢而出現單日恐慌性拋售，其中金沙中國(01928)跌幅更高達百分之三十。繼之而來的，是本港地產股在上周中秋迎月日，亦受傳聞影響，一日跌逾百分之十。即使近期顯得強勢之內地體育用品龍頭李寧(02331)，也逃不過熊爪的施襲。根據浴缸理論，今年藉着「碳中和」概念，在逆市中持續攀升的強勢內地電力類板塊，相信也會難逃大跌之命運。

股市潮起潮落，任何當時得令的明星股，無論何等光輝璀燦，皆有沒落的時候。港英時代叱咤風雲的怡和及置地，在80年代為求保住中區租金一哥之地位，大舉向銀行借貸，用超高價擊敗一眾財團，奪得中環核心地段交易廣場地皮，身負重債，經此一役幾乎沒頂，股價大幅插水。

87年股災前，更遭受崛起的一眾華資財團聯手狙擊。幸得崩潰式大股災來臨，華資財團打退堂鼓。可惜之後錯判政治形勢，毅然遷冊往新加坡，錯過了香港回歸前後的黃金歲月。從此港人再沒有興趣問津此兩間公司的股票。初哥一位舊同事，仍迷戀置地的光輝過往，竟隔山買牛購入股票，揸了多年，白白浪費了在其他股票賺大錢的機會。

歷史巨輪不斷前進， 十年人事幾番新，2000年科網熱潮，得信佳(01186)賣殼予小超人，改名「盈科數碼動力」，四両撥千斤鯨吞公用股之王香港電話，展開了易名為電訊盈科(00008)的神奇之旅。可惜剎那光輝不代表永恒，由高位連番下挫，狂跌超過95%以上，輸盡忠實捧場老股民的血汗錢。其間眾多股民眼見貴為藍籌，股價低殘得可憐，紛紛進行撈底行動，無奈只能換來一殼眼淚。

其後，由閃耀明星股，跌落凡塵變冷飯菜汁股的，還有利豐及現仍掙扎求存的思捷環球(00330)。公司變了質，股民們切勿仍緬懷過去高價時期的燦爛日子。在不斷下跌的劣勢中，螳臂擋車硬接利刀，等如火中取栗一樣危險。

近期的阿里巴巴(09988)，自從旗下螞蟻集團上市失敗後，靈魂人物銷聲匿跡，股價江河日下，疲不能興，跑輸ATM組合的其餘兩隻明星股，完全無反彈之力。然而，仍有很多股民對此股滿懷希望，想趁低撈貨。初哥身邊很多朋友亦有如此想法。我只能強調，此股今時不同往日矣。過往有過一段歷史，也曾上市後不斷下跌，然後低位進行私有化，初哥對此甚有戒心。希望不會重演以前劇本。

人無千日好，花無百日紅。股場正是如此變幻無常之地，所以要知所進退，上車落車及時，才是生存之道。

持倉已輸錢再做對沖 不是智者所為

2021年10月07日

炒股票本是簡單的投資遊戲，以前沒有那麼多衍生產品時，只能買入或者沽出、甚至置之不理，並無任何工具可做對沖。後來多了期指、認購認沽證、牛熊證、及期權等等賭味甚重的另類投機工具，吸引散戶參與。發行商及坊間推介，更強調這些高風險產品是用來對沖風險，能夠減少損失。

初哥認為，如果純粹是看好看淡，而且精通圖表分析及了解市場心理，參與上述產品買賣，應該贏面甚高。但若是輸了錢，不捨得止蝕，想利用衍生產品來做對沖的話，卻是不智的行動。在不適合的時間進行拆倉，極大機會虧損增加。以期指來做對沖虧損的藍籌股票勉強還可以，但認沽證、熊證及買入認沽期權因有時間限制，根本很難發揮對沖的作用。可惜很多股民並不熟悉那些產品的特性，胡亂對沖，最終變成兩者齊輸。

1991年初哥搞快餐店生意失敗，曾在慈善伶王新馬師曾先生開設的外匯公司，當過半年外匯經紀。後來經不起朝八凌晨三、四時的非人職業生活，才返回舊公司重操故業。期間發覺很多經紀喜歡用的一招，就是所謂「Lock倉」。不肯止蝕離場，於是開過一張新單做反方向，表面上來看，是即時對沖了繼續輸錢的局面，然而再開新單，成本便加重了。

有一位靚女經紀，其富貴客戶由最初做10張單開始輸了錢，又不想止蝕，於是在她游説下，不斷進行「Lock倉」行動。剛巧遇着非常反覆的市況，Lock完又Lock，短時間內竟輸了近3,000萬元。初哥頓時感到，外滙經紀非我那杯茶。上述的故事刻骨銘心，令初哥時刻警惕。從此炒股遇着虧損時，一發覺不對路就止蝕離場算了，從不會進行對沖的動作。而且選擇止蝕離場有一好處，讓人冷靜過來，重新再出發。

勝負乃兵家常事，股場中更是至理名言。經常贏錢的精明炒家，也有輸錢的時刻。手風不順時可連輸多個回合也是等閒事，只要保住資本，輕微虧損，往後追回兼贏突的機會率大增。

普羅股民最常犯的錯誤，就是贏少少就走，輸錢時寧願採取「鴕鳥政策」，致泥足深陷，後悔莫及。往往於跌得極多極殘的時候，極度失望，不想再看，恐慌之中痛下殺手，引刀成一快，斬倉了斷。終於逃不過「贏粒糖，輸間廠」的可怕命運。

初哥喜歡用的一招，是只記得當日買入的價位。翌日一覺醒來，只看上日收市價，替代了買入價。這種做法的好處，是忘記了自己究竟是贏還是輸，避免自己有虧損得多而不肯止蝕的心態。而且看見自己沽出價高過昨日收市，心理上即時有贏錢了的感覺，人也變得開心了。一個開心的人，才有力量去面對市場重重的挑戰啊！聰明的讀者，不知能否參透箇中投資哲學？

股票多如繁星 醒目資金輪流炒作

2021年10月15日

市場消息多籮籮，疑幻疑真，令普羅股民無所適從。手持之股票遇着地雷，如不肯及時止蝕，遍體鱗傷自難幸免。

古語有云：「生於憂患，死於安樂」，這實在是股場中的警世之言。在亂世中求生，對前景憂慮，自會心存戒備，小心翼翼行事。處於歌舞昇平、安逸享樂的環境中，自不然會疏於防範，反應遲鈍。所以要時刻提醒自己，保持作戰心態。

貪婪與恐懼，是人性的弱點。對於上升中的股票產生安全感，希望擁有，又害怕太高接貨，猶豫不決。見到再度急升，頓感錯失入市良機，心中懊悔不已。股票於極度高位突破時，有股民終於按捺不住飛身撲入，卻原來是最後升浪。因上升一段時間，足夠讓低位買貨的大戶們慢慢出貨，散水後已沒有托價的理由，大幅下挫是必然發生的事。

一隻股票升浪完結，圖表上已呈現轉弱勢信號，但因仍有大行出報告唱好，不懂圖表分析的股民，迷信大行報告，加上股價已回調一定程度，恐防其再度上升，於是在未有任何值得入市的信號出現時，貿然進場。買入後不對路時，不肯輕微止蝕。或者買中獲利點後，不懂得設定止賺盤的技巧，頓時變成蟹貨。下跌甚多時，惟有採取「鴕鳥政策」，置之不理。幸運的終須有日龍穿鳳，返回買入位，否則不知何年何日才能見家鄉。白白虛耗了時間成本，更要命的嚴重影響作戰心態，往後的炒股歷程自然舉步維艱。

一隻股票升浪完結，圖表上已呈現轉弱勢信號。醒目資金輪流炒作，亦為初哥常提及之「浴缸理論」炒股心法

近期股市在板塊輪流炒動中，部分急升後見頂回落。大市弱勢，獲利甚多的股票紛紛遭受基金們大舉清倉，換至近半年遭受打壓、仍在低位的一眾新經濟股如ATM組合的騰訊(00700)、美團點評(03690)及獲得股神巴菲特拍檔芒格曾在182元附近購入的阿里巴巴(09988)等，加上美國政府在中美貿易戰輕微讓步，受惠之中概股見底回升。

跌市中，一些急升的股票份外璀璨耀目。到大市回升，股民卻仍迷戀於跌市期間屹立不倒，甚至長升長有的避難股票。有周期性味道甚重之航運股龍頭東方海外(00316)及中遠海控(01919），受惠於早前中美貿易戰之體育用品股內地巨企李寧(02331)及安踏體育(02020)亦從高位回調甚多。**另兩類板塊包括內地電力股及資源類股，見頂回落速度甚快。以上情況，是醒目資金輪流炒作，亦為初哥以前常提及之「浴缸理論」炒股心法。**

科網龍頭見底回升 10月唔會出現股災？

2021年10月21日

今年股市異常弔詭，不少經驗豐富的老股民，在飄忽的市況中感到一身技術難以施展，令人懷疑千錘百煉出來的傳統炒股智慧，是否已不合時宜。過往多年來經常出現的「五窮六絕七翻身」，在眾多評論的渲染下，五、六月有如既定劇本般，開局欠佳。當眾人以為歷史再度重演之際，卻改為臨場爆肚式演出，兩個月份臨尾皆神奇地急跌後返回其上，對市場預測開了一個玩笑。終於捱過艱難時期，翻身七月似在望，殊不知迎來了一盤冷水照頭淋，較諸六月尾大跌2,866點告終。變幻原是永恒，股場見證世事無常。

股民常有的一種毛病，就是喜歡用最近的一次經驗，反射式去應對今次的走勢。以這種方式操作，失敗機率甚高，等如一般風派評論，「見好唱好，見跌唱跌」，具異曲同工之弊。賭馬亦如是，通常大熱門多在上賽成績甚好，馬迷驚為天人之下把其英姿烙入腦海中，想深一層，偏門遊戲又怎會這樣容易捉到套路呢？

踏入八月份，股民驚魂甫定，坊間流行之評論，謂十月是傳統股災月，故九月份大市應會先行反彈，以迎接十月大跌市來臨。**九月份結果出爐，卻是出現僅次於七月的跌幅，達1,303點。十月開局脫腳，並下破九月低位23771，做出更低位23681，眼見即將下試23000心理關口位，持貨之股民無不滴汗，大有「吾不欲觀之矣」之勢，恒指竟神奇地違反十月股災的「期望」，見底回升。執筆時恒指在25330，由低位計已大幅反彈1,649**

點，看趨勢料已擺脫近期低迷之困局。

2021年9月份跌1,303點，10月更見低位23681，恒指隨後竟神奇地違反十月股災的「期望」，見底回升大幅反彈1,649點

恒指今年大弱勢，箇中原因是與主宰其升跌的科網股龍頭，包括ATM組合之騰訊(00700)、美團點評(03690)、及阿里巴巴(09988)有莫大關係。大幅滑落原因，是與內地進行整頓政策，及美國政府打壓有關。然而，隨着時間沖淡，股價大幅下挫已反映部分不利消息。

上周美團罰款遠低於阿里巴巴，被罰公司配合國家政策，作出相應行動以求改善，達致當局要求。往後有更明確的路線圖可以跟隨，反而對集團業務有利。市場意識到最壞時期或已成過去，空倉紛紛回補及長線好友入市的情況下，科網龍頭帶領一眾新經濟股見底回升。傳統十月股災，今年應不會在港發生，反覆向上之勢可望展開，惟不會有雞犬皆升之局面。輪流炒板塊仍會持續，股民們宜看清形勢，否則，炒錯板塊仍會輸至焦頭爛額。

散戶常犯貪婪與恐懼 如何戒掉？

2021年10月28日

貪婪與恐懼本是人的天性，然而，在股票市場上若克服不了的話，必是「贏粒糖、輸間廠」的結果。

自今年7月6日開通，當時恒生指數28143，之後曾大插至23681，大瀉4,462點，至上周五收報26126，仍大跌2,017點。雖然低位反彈不少，但股價下跌幾成的股票比比皆是，證明揀錯了股票進行炒賣，輸錢程度是可以很嚴重的。

初哥每日早上八時會寫出恒指及期指支持位和阻力位，另有推介股票之買入價及止蝕位，準繩度高逾九成以上，剛整理完近三個月聊天室戰績表，稍後時間會在Zoom課堂顯示出來。

另一環節是網友們提問個別股票的買入位及支持位，命中率亦非常不俗，只是太多來不及做統計，印象中初哥出錯率甚少。

2021年7月6日恒生指數28143，之後曾大插至23,681大瀉4,462點，至10月22日收報26126，仍大跌2,017點 。

事實上，除了網友們得益外，初哥從中亦獲益匪淺，多謝網友們的提問，初哥有如醫生般診症，練成了快捷給予買入位及目標位，並加深了一般股民炒股的心態。其中「貪婪與恐懼」，更是他們常犯的思維，初哥自問之前寫的建議勝過臨場執生，幸好定下的輕微止蝕位是定海神針，建議的股票買入位夠謹慎，止蝕位甚少被觸碰，然而，間中被掂到虧損也甚輕微。反而臨場執生，不按原先策略行事，後果確是比較嚴重。

股民喜歡買安全性，要待股票處於上升時才買入本是對的，惟在極高位時，手持的股票帳面有盈利，仍冒進於升破阻力點加碼的話，正是犯了「貪婪」的毛病，這種炒法正是一代股神李佛摩爾慣用的，可惜的是，在其三大上三大落的炒股生涯中，不醒覺中習慣了高位追突破，下跌時不肯止蝕，（初哥估計或與他買得太大貨量，大跌時根本不能全身而退有關），終於弄致破產收場，吞槍自殺了結一生。

萬丈高樓從地起，慢慢聚沙成塔才是炒股之道，太急進望一朝發達，會令貪婪之心冒上來，以為高位追突破是安全性的手法，卻中了「糖衣毒藥」而不知。

恐懼之心人皆有之，初哥臨場有時也會被市況所嚇窒，如果冷靜判斷市況，如能捕捉低點入貨，回報率是非常可觀的。當然，怎樣於大插時低撈的技巧，要有多年經驗的成功操盤手才能做到。普通股民還是作壁上觀算了，否則遇着一隻出事的股票，股價翻身便無望了。

炒股既要判斷消息好壞 亦要圖表輔助

2021年11月04日

股票急升或暴跌，除了基本因素影響，譬如盈喜盈警，或者業績表現出人意表之外，具故事性的新聞消息，對即時股價亦有一石激起千重浪的極端效果。

香江水暖鴨先知，萬種行情歸於市，圖表語言透露了醒目資金的流向。精通圖表，判斷路線，能夠趨吉避凶。然而，就算熟悉圖表，經驗老到，在信號顯現時，基於人的本性，滿腹狐疑之下，錯失了沽貨離場或趁低吸納的最佳時機。

天堂地獄兩極端，能夠相中並適時上車的利好消息股，升幅是非常可觀，相反誤踩不利新聞消息的地雷股，狂瀉程度可以很嚇人。

按或然率，出現地雷股數目遠高於新聞利好消息股。由去年尾阿里巴巴(09988)旗下之螞蟻集團揭開序幕，因其業績經營模式，對金融系統構成風險，內地政府終出手進行整頓。

教育、住房及醫療三座大山影響民生問題至鉅，去年有關當局定立三條紅線，進行監管該類行業的發展，避免將來出事時難以控制。消息公布初期，市場反應平靜，下跌不多之後反彈，令股民掉以輕心。對市場反應敏銳之醒目資金，能於高位順利全身而退，避過大崩潰災難式下跌的命運。單日跌幅十餘百分點比比皆是，其中教育明星股，單日跌幅超過五成，其後崩瀉幅度更達七成以上，印象中87年股災才有如此之跌幅。

相反地，有利於國策發展的股票板塊乘時而起。其中碳中和及電動車概念股皆是受惠股，能發掘此類板塊，是與新聞觸覺有着密切關係。憑藉圖表上的異動走勢，找出入市時機，更是致勝關鍵。成功例子有東岳集團(00189)及比亞迪(01211)，前者有國家主席習近平到訪參觀該公司，後者竟成高考試題之一，及時上車，分一杯羹之精明股民獲利匪淺。

上周有一隻過往專注家用電器業務之創維(00751)，公布業績非常理想。最重要的，是光伏新業務表現優秀，令人刮目相看。市場追捧情況下，執筆時三日已大漲8成。淡市之中，一宗利好的新聞消息，立時引來大批狂蜂浪蝶，把股價節節推上。可想而知，判斷新聞及圖表路線之重要性。

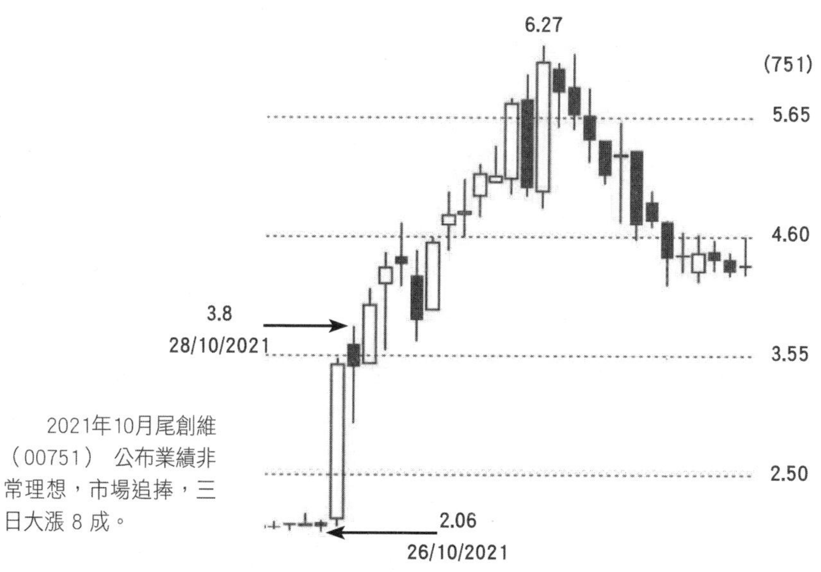

2021年10月尾創維（00751）公布業績非常理想，市場追捧，三日大漲 8 成。

新股熱隨風消逝　等待時機再出擊

2021年11月11日

近期地產市場一手樓盤熱賣，二手市場相對淡靜。新樓盤背後有財雄勢大的發展商傾力宣傳，加上優惠條款吸引，例如只要付5%首期做建築期，年半樓花期後才做按揭，又提供了基本裝修及設備齊全的家用電器，入伙後樓宇一兩年內結構有問題，發展商也會跟進。

反觀二手樓入場條件苛刻得多，除非是首置，否則買家基本上要付幾成首期才可買入心儀的樓盤。另外，要花費龐大裝修費及購買家用電器等支出，對於工作非常忙碌的港人來説，也是一種精神壓力。因此，造成一手樓盤售價及成交量遠高於二手樓盤。

新股市場，亦和一手樓盤有雷同之處。具實力之新股，多有名氣響噹噹的保薦人及包銷商壓陣，標榜強大基石投資者，只要市場受落，具備前景概念或基本因素良好之企業，在鋪天蓋地的宣傳攻勢下，容易獲得超額認購，動輒數百倍，甚至逾千倍也大有股在。僧多粥少，加上有「安全港」護航，於比較少人參與的暗盤市場掃高，翌日會吸引向隅股民爭相入市。

縱使恒生指數當日下跌，亦可逆大市而瘋狂上升，讓中籤之股民及適時上車者獲得可觀利潤。就算業績虧損的B仔股票，因初期定價不太進取，掛牌後仍大升特升，上演了一幕幕「鬥傻理論」的音樂椅遊戲。

由於去年不少新股上市升幅凌厲，甚至以倍數計，吸引大批以往沒有玩新股的散戶入場。包銷商眼見需求強勁，於是將準上市企業加大估值，更定價在上限。股價變得昂貴，上升水位有限，甚至一上市就潛水，中籤者難以套利，大損手者比比皆是。近兩月散戶已對新股興味索然，不屑一顧。

炒新股有一「黃金定律」，就是上市價作為分水嶺。不過上市後一段長時間，此定律成效大打折扣。部分上市公司不想股價太過低殘，故此「安全港」的效應仍然存在，上市後潛水的新股，仍有浮上招股價之上的機會。

尤其正式掛牌當日，低位開出後，通常再殺價一輪，原因是借大孖展之股民要止蝕。急沽後往往見底回升，甚至升破招股價，故如抽中坐艇之股民，可等待重返招股價之上才沽。

當然，如有名牌保薦人坐鎮，加上背後有知名的基石投資者參與才可用上該招。基於抽新股模式已變，還是等待稍後時間，有一隻明星新股上升很多時才再考慮重新參與。

加股票印花稅屬敗筆 香港需保住金融中心地位

2021年11月18日

自政府落實增加股票印花稅30%以來，港股成交日漸減少，以往大升市和大跌市的超旺成交額已不復見。增加印花稅，表面看是庫房多了收益，實際上是趕客走。

一如初哥之前在本欄文章中所預料，高頻交易大戶轉場，活躍散戶也棄港股如敝屣。得不償失之餘，對香港證券業更帶來了沉重打擊。君不見證券行門堪羅雀，一環扣一環連鎖效應影響下，股民之消費意欲必然大減，其他行業也難以獨善其身。象牙塔內埋首研究印花稅的官員們，應實地考察才知現況如何慘淡。現時的部分成交額，根本是塘水滾塘魚。經紀生意淡薄，惟有用真金白銀落場下注，希望能幫補生計，可惜事與願違居多，真是賠了夫人又折兵。面對如此境況，初哥深感不安，恐怕長此下去，港股走向陰乾之路。如果財金官員還不撥亂反正，想出良策挽救港股市場，繼續置之不理，束之高閣的保飯碗心態的話，連碩果僅存之國際金融中心地位也不能保住，則香港前景堪虞。

在通過增加印花稅議案之前，初哥曾拜訪議員，竭力勸諫，力陳利弊，奈何最後仍以大比數通過。據聞有財金官員以「紅隧西隧論」來形容香港股市，認為「有麝自然香」，即使走了也會回來。初哥認為這種思維非常危險，國際競爭激烈，香港要雙手奉上國際金融中心地位，誰還會和你客氣？幾代辛苦經營得來舉世矚目的成果，眼看就要敗在一個「殺雞取卵」的政策上，實在感到悲哀。

寫到這裏，真要佩服香港賽馬會管理層的精明決策。當年曾經大力阻止可疑客戶投注，卻連大戶也趕走。經過幾年之後，才發覺投注額走下坡，終於醒悟過來，清楚本業的吸引力何在，於是撥亂反正，並邀請正常途徑合法投注之龐大賭馬集團重開投注戶口。用心做好宣傳工作，增加投注博彩種類，不會在博彩客下注金額上動分毫，近年總投注額屢創新高。還望財金官員們認真的思考加印花稅的深遠影響，造福股民為良策。

港股疲不能興，除了因為徵費高昂，令人止步之外，更有甚多無厘頭的「地雷股」爆破，不幸誤踩地雷，箇中苦況不足為外人道。

港人出名醒目世界仔，眼見港股弱勢、美股持續攀升，於是更多資金不斷流出轉移往炒美股，連前線的經紀也不例外。然而，日間既睇港股，夜間還兼顧美股至半夜三更，精神及健康問題存疑。

港股近年走勢漸與道指脱鈎，改為開市跟隨納指升跌而起舞。箇中原因不難理解，因恒指成分股中，佔比重成分最重者，友邦(01299)及其餘ATM組合之騰訊(00700)、阿里巴巴(09988)及美團點評(03690)皆各佔8%，四者已佔去32%比重之多，香港掛牌之科技股升跌緊接隔晚納指之表現。近期此一慣常現象似開始有不完全跟隨之態，幸而開市後緊貼A股上落的模式仍未變。

有一現象相當奇怪，近來騰訊與友邦於即市竟多次背道而馳，前者升就後者跌，相反亦然。初哥聯想到，兩者為期指好淡大戶角力之工具，造成畸形之此起彼落局面。精明股民，可在此一形態中找出應對之法，不要給即市之迷幻景象影響了判斷力。

股票市場並沒有長升不跌之神話，而且熱錢資金輪動，初哥認為美股上升對港股不利，反之美股大跌，港股有利。最多是開市時跟隨下跌，之後回升甚至V型反彈是常見之象。心水清之股民自當領會此中玄妙之處。

適時止蝕雖重要 經常濫用贏變輸

2021年11月25日

上周六初哥應邀教授圖表，言談間知悉該新生近期喜用8至10%做止蝕，我即時指出，用3%已足夠。初哥對自己訂下的輕微止蝕位極具信心，出錯率偏低，如果觸及，多會再往下跌，可在另一更低位補回沽出之貨。若然一如預期般見底回升，則可追回損失有餘。

定下3%、抑或8至10%止蝕，要看股民的持貨能力，初哥很久以前也喜歡用8%作止蝕。然而，近年市況十分波動，輕微止蝕是應市的良好策略。這是一條數學課題，輸3%只要回升3.092%已打和，相反負8%至10%，則要勝8.7%至11.11%才可收回失地。按機率計算，後者難度大得多。

「差之毫釐，謬之千里」，數學計算值博率已是炒股智慧之一種。

當然，如何定下3%止蝕位，要對圖表上出現的路線圖十分精通了解才能用，否則經常止蝕，如果股票剛好在底部或者跌過籠，止蝕後出現了強力反彈，得不償失之餘，往後應市信心必然大打折扣。現時坊間流行的10%作止蝕，因為太多人講，已經深入民心，被誤以為是金科玉律。

盡信書不如無書，即使是至理名言，炒股也不能照單全收，一見3%便一股腦兒的止蝕，要看看何種股票、或處於甚麼時間才可用。正如學武功招式，亦要記着其心法，但一本通書睇到老是不行的，這就要靠市場經驗來作出輕度調整策略。

新股、大瀉股是不能用3%止蝕，甚至8到10%止蝕也不適宜。新股暗盤和掛牌首天，因無過往圖表歷史參考，大上大落是常見現象。(例子)近期最經典例子有微創機械人(02252)，和之前一隻創勝集團(06628)，掛牌初期都有雷同之處，同樣是有名牌包銷商坐鎮，暗盤跌破招股價，翌日正式上市，先行跟隨暗盤而大幅低開，更甚是較暗盤收市價更低。很多中了籤的股民必然嚇破膽，多是吼反彈時止蝕沽出。反而手中無貨之股民，或會趁大幅跌破招股價入市博大反彈。此乃「有貨在手驚跌，無貨在手驚升」的炒股心理玄幻之處，要具備多年經驗之成功操盤手才能深諳箇中奧妙。

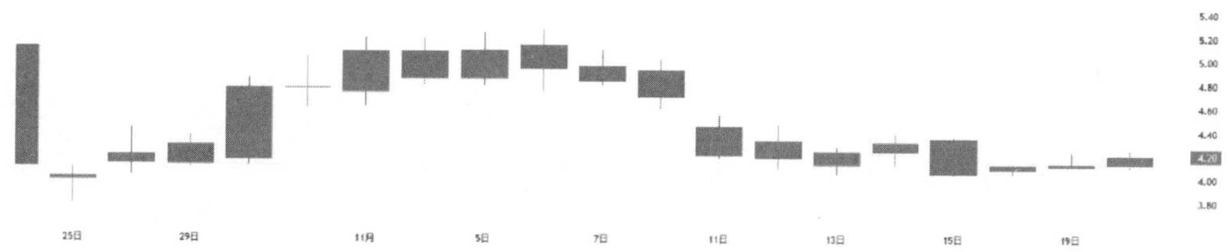

新股因無過往圖表歷史參考，大上大落是常見現象。地平線機器人(9660) 就是一個例子。

另有一種不能作出止蝕的股票，是不利消息公布時已大幅下挫，翌日不能採用3%作止蝕。原因很簡單，因有部分股民忙於工作，未能監視全日股市之走勢，一見傳媒報道，心生恐懼，於是吩咐經紀用市價沽了，所以再度下跌是時有發生的。熟悉運行模式才可在股票市場馳騁，不致在急上大瀉的洪流中被淹沒。

當機立斷莫猶疑 難捨難離受苦深

2021年12月02日

圖表路線雖然非常有用，但也有失準的時候，尤其一些技術指標位，在市場上忽然眾口一詞的情況下，往往埋下了糖衣毒藥的陷阱。其中連散戶也琅琅上口的簡單移動平均線，就是屢屢出錯的例子。

近期最多人談論的頭肩底形態，似有成立之勢(連初哥也以為是)，竟陰溝裏翻船，上周五突然因「南非變種新病毒」的出現，香港、日本股市率先大插，火燒連環船，一發不可收拾，歐洲龍頭德國股市大插5%，美國即晚曾狂瀉逾1,000點後回順至跌906點收市。

初哥經常提醒自己「世事難料」，在股票市場中，更加深切體會到變幻無常。若事情不如預期的劇本般演繹時，應當機立斷，趁股價下跌不多，馬上進行止蝕，避開其後可能大跌之厄運。正所謂「留得青山在，哪怕冇柴燒」，此乃先保住本錢的明哲保身之術。至於傳媒近期經常講及之頭肩底形態，以失敗告終，印證了「眾地莫企」的炒股智慧，相反理論及逆向思維正好大派用場。

初哥於聊天室中曾經指出，如果估計當晚美股納指上升，可買港股過夜，博翌日高開，屢建奇功。上周四美股當晚休市，美期又上升，於是如常貼了騰訊(00700)及港交所(00388)。誰料上周五美股在新加坡期貨掉頭下跌約200點，當時初哥也不知突然轉跌的原因何在，只憑着多年炒股經驗，知道「應升而不升，多數下跌」的黃金定律，開市前馬上叫一眾網友們開市時立即沽出。港交所可以原價沽出，騰訊低約1%輕微止蝕沽出，避過了其後冧市嚴重損手之局面。

然而，十隻手指有長短，並不是全部網友肯捨得平手或止蝕沽貨，可能將初哥隔日講的美股假期休市，翌日多高開的言論記在心中，一時未能調整心態，只期望下午能反彈。其中更甚者，買了對散戶不公平的恒指牛證(熊證亦如是)，開市沒有先行止蝕，原因可能是前一日買入即賺，翌日見到倒輸難以接受，不懂得如何反應。

網友買的恒指牛證，收回價23508，正好落在最多街貨集結的位置，迎合了打靶的條件。事實上，初哥多年前已戒買對散戶並不公平的認購/認沽證。演變出來的另類產品牛熊證，看似公平得多，但實際上亦有陷阱，一打靶就血本無歸。故寧願加大孖展炒正股，也不炒牛熊證，長遠來説，還是較為有利的。

金融戰爭犧牲品 血流成河中概股

2021年12月09日

在中美貿易戰開展之時，美方早有預謀，來勢洶洶，推動同盟國制裁中國，更進而打壓一眾中概股，初哥已經意識到，作為亞洲金融中心之香港股票市場，難以獨善其身，一定會被捲入中美角力的漩渦之中。

一場金融戰爭悄然誕生，可惜本港的財金官員並未察覺，沒有做好把關工作來抵禦港股被外來侵襲之餘，還以為股票從業員日進斗金，一意孤行實施趕客走之狂加股票印花稅30%。竭澤而漁，目光短淺，結果只會因小失大，禍害香港股票市場。大戶早已聞風遠遁，只留下不懂及時逃生之小散戶哀鴻遍野。醒目跟風之年輕股民，早已放棄港股，寧願捱更抵夜短炒處於極高位之美股。初哥生於斯，長於斯，對港股有情意結，亦不想影響身體健康，所以不願轉炒美股。幸好憑藉30多年來的炒股經驗，加上圖表路線圖的指引，採取低揸高沽的短炒策略，避免被套牢，今年的投資成績尚算不俗。

美國要求在當地上市的中概股，需要披露是否由政府實體擁有或控制，並提供審計檢查數據。外貿企業亦要連續3年接受美國會計審查，否則或會面臨除牌厄運。這種「順我者昌、逆我者亡」趕盡殺絕的政策，違背了資本市場的自由原則，對中概股打擊至深，往後對美股市場亦會產生不良影響。該批200多家中資企業唯有選擇來港或回流A股重新上市。損人不利己之保護政策正是走向清朝「乾隆皇帝閉關自守」之路，日後如何演變，歷史必會告知。

上週五晚於美國掛牌的一眾中概股遭逢劫難，跌個四個朝天，插水式下瀉令人慘不忍睹。火燒連環船，波及無辜，沒有在美國上市的ADR股份慘受牽連，股王騰訊(00700)及近年當旺之比亞迪股份(01211)同樣不能倖免於難。

時光倒流N年前，美國巨企來港作ADR二手市場，可惜港人不習慣其炒作模式，缺乏興趣以致成交淡薄，美資公司遂紛紛打退堂鼓，相信這段歷史故事可用作參考之用。初哥愚見，此處不留人，自有留人處，可仿效當年美國巨企取消香港ADR股，取消港股在美國ADR形式掛牌，不致被其牽着鼻子走任意蹂躪，影響公司之發展及聲譽。

而本港之財金官員們，亦應動動腦筋，用優惠政策達致雙贏，讓在美國已上市之中概股順利撤銷在美掛牌，變成在香港第一上市，則是中港之福。初哥誠心忠告財金官員們，重新考慮撤銷不利港股發展之印花稅政策（可參考當年馬會之成功手法），相信撤銷後香港之國際金融中心地位得以鞏固，亦可再度吸引四方八面的外來資金雲集香港。

港股IPO跌出三甲令人神傷

2021年12月16日

20餘年前，初哥已參與新股大抽獎遊戲，屢有斬獲。當時比較少人玩新股，就算

100%全數分配，也能獲利而回。

新股中籤者多有獲利，於是吸引不少股民參與，又有證券商推出暗盤買賣，雖然推出初期曾經引起爭議，由於當局並無表示，久而久之就變成了好像是理所當然。不過城中只有三間券商提供此種服務，其他不夠實力或循規蹈矩者，大量新股生意被搶去。暗盤市場透明度不高，缺乏監管，其實是不公平的競爭。近年內地股民也來分一杯羹，熱門、概念獨特之新股往往千百倍超額認購，感覺甚為瘋狂。由於孖展利息遠低於從前，只要抽中，上市後沽出，利潤可觀。

「人無千日好、花無百日紅」，太多人熱捧新股，企業及包銷商不停提高估值，大幅偏離本身合理價格，造成上市後潛水居多。股民蝕了利息又輸了股價，資金更被套牢，紛紛打退堂鼓。冷鋒襲新股，遇上港股成交縮水，券商和經紀們只感到歲暮天寒，朔風凜冽。

過往香港新股IPO集資多次位列冠亞，今年竟跌出全球三甲，排在納斯達克、紐交所、上交所之後。上半年新股雖然多了內地資金參與，抽中難度大增，但倘若抽中，尚算有利可圖。可惜下半年起，新股質素較次，估值之高實在是堅離地。最初仍有大量認購，直至掛牌時十有九跌，股民醒覺。十月至今上市的新股更出現滿江紅，竟無一隻股票在掛牌首日上升。

其中初哥認為優質之微創機械人(02252)及今周一上市的內地植髮龍頭雍禾醫療(02279)已是近期超購王，亦只得163及159倍的認購，相對上半年熱門股的普遍超過千倍的情況，可謂天淵之別。其中雍禾更是有盈利的生物科技股，去年盈利同比增幅3.5倍，市盈增長率(PEG)低至0.35，算是非常偏低。奇怪的是，招股翌日，一眾證券行錄得約90倍認購，根據過往的數據，應起碼有300倍以上超額認購，唯公布出來卻只有159倍，應驗了初哥常掛嘴邊的「世事難料」。所以現時抽新股最重要量力而為，避免心理壓力太大。初哥對雍禾前景仍看好，未來應可跟隨騰盛博藥(02137)及微創機械人，先讓中簽多的股民離場後，展開一段不俗的升幅期。

新的一年快將來臨，但願港股一洗頹風。眾多在美國掛牌、跌至體無完膚的中概股計劃來港上市，冀望新股市場能再創輝煌。

高峰期入恒指成分股 港股地雷處處

2021年12月23日

初哥炒股逾30年，　盡多次金融股災，除了2001至2004年的黑暗歲月外，皆能全身而退。今年股市情況惡劣，嚴重打擊股民信心，我靜觀異動，早已深知不妙，採取打游擊之且戰且退策略，僥倖能逃過股災劫難。

股災歷史不斷重演，惟每次演繹方式不盡相同。今次的劇本，是由美國前總統特朗普撰寫，自編自導自演掀開序幕。及後有本港的政治事件、以至疫情的打擊，到美國新任總統拜登上台，市場以為中美關係會有轉機。可惜事與願違，竟變本加厲地打壓與中國有關的一切，拉攏盟友圍堵中國，迹近霸凌。對比特朗普的明刀明槍，現任笑裏藏刀，更難猜測，金融戰爭其實早在本港上演，只是小股民並未察覺。

香港面對內憂外患，似乎無力招架，更有甚者作法自斃，推出為害極深的狂加三成印花稅政策，一眾資金轉往位高勢危的美國股票市場，港股只剩下「塘水滾塘魚」。以往大跌市有超大成交金額已不復見，加上蟹貨重重，縱使長線好友大力買上也難以扭轉乾坤。初哥估計，當手持重貨的散戶們盡沽手頭蟹貨，才是港股正式見底之時。

恒生指數升跌，反映整體股市的表現。佔成分比重甚大的科網股ATMX組合，包括阿里巴巴(09988)、騰訊(00700)、美團點評(03690)及小米(01810)，以往備受股民追捧，今年則跌個四腳朝天，嚴重拖累恒指致大跌。然而，諷刺的是，被恒指服務公司捨棄的內地電力股及污染環境的煤炭股竟獨領風騷，大升特升。

在股市中追求安全，正是人性弱點。尤其股價處於高位突破時，信心大增，感覺安全，於是隨意追市入。那時候，正好是低位儲貨的大戶們出貨最佳時機。當然，在高位股價上升速度往往較快，如果是轉身靈活的醒目仔，只要嚴守止蝕，短線炒賣獲利未嘗不可。然而在上升趨勢中不敢入市的散戶，一路忍手直至股價在極高位回頭時，以為機不可失，於是飛身撲入。可惜事與願違，原來已是浪頂，被套牢後不知如何是好，惟有任由股價江河直下，束之高閣，置之不理。從掉以輕心到後悔莫及，繼而痴痴地等，這種炒股思維若不戒掉，注定與贏錢無緣。

嚴格遵守買賣策略 立於不敗之地

2021年12月30日

一樣米養百樣人，性格不同，炒股票方式也各異。有急先鋒，亦有慢郎中，前者多喜歡追市炒，愈高愈追，屬於風派炒法。後者則是候低買入，愈低愈想撈。事實上，兩者孰優孰劣，是很難界定的。最重要是選擇適合自己的炒法，長期能保持贏多輸少就可以了。

有股民尚未找到自己的心水路向，於是左顧右盼，聽消息或者跟坊間貼士來炒。跟人炒股票，如果不是同時買在起步點，知道時已經升上，就算只買貴了幾個價位，長期炒賣是非常吃虧。有朋友同初哥講，某某貼短線好準，幾乎一貼即升，然而他跟買就是輸錢居多。初哥當然明白箇中原因，那位仁兄自己買入後才放出消息，卻沒有提議買入價，一眾網友如獲至寶，齊齊搶入，變相替他推上股價，他立刻已可以沽出獲利。可憐那班追隨者，贏不到錢之餘，還以為貼士很神準，只是自己運氣欠佳。

初哥聊天室開通數月，每天答網友們的提問，自覺得益匪淺。初期只提供大市方向及股票推介，命中率不俗。有一網友對初哥讚賞有加，希望能提供每日恒指及期指支持位及阻力點。一言驚醒，每日給予買入及沽出位，日子有功，測大市方向功力更進一步。而且初哥説的是確實的點數位，不是行貨式的大位。九月至今，每月的期指戰績非常理想，分別進帳3267、3286及4868點，上周六執筆時12月暫仍有1723點升幅。下半年能在大跌5000點的市況中，獲此佳績，算是有所交代。一位好朋友知悉後，月中加入戰團，亦獲數百點賺幅，還請初哥吃午飯，在此非常多謝那位網友建議初哥每日提供指數買賣位。

聊天室中貼股票，贏多輸少，網友們也不是全部跟隨，每人皆有自己選擇。初哥所定下的止蝕位僅為3%，肯沽出應只是輕微損失。可惜因間中止蝕後返回其上，所以有網友之後不肯輕微止蝕而導致虧損甚大。炒股要計或然率，切勿一兩次不如意，就放棄遵守既定策略。

現時股票數目多如繁星，市場資金有限，成交低迷，連北水也只集中買入少部分股票，輪流炒作。股價此起彼落，並不容易出現全股皆升局面，所以初哥勸喻網友們不要太多心，要找出能夠長期贏多輸少的「利是股」來進行炒賣，連續輸多次的以後最好避之則吉。

「工欲善其事，必先利其器」，炒賣成本是會影響投資成績的，所以宜揀選佣低收費較廉的平台來操作。不論大股細股，每日價位波幅甚大，和往日之細水長流不盡相同。以今年三月至現時計，不少股票價格下跌極多，若不及時作出相應行動進行短線炒賣，便被套牢而招致損失，就算看到其他機會也可能因為無法套現而錯過。所以輕微止蝕及止賺是炒賣股票的重要法則之一，要嚴格遵守，才能立於不敗之地。

2022

港股走勢何其弱 地雷處處易中招

2022年01月06日

香港是外向型經濟，受外圍市場影響，並沒有自主能力令股市上升或下跌。以前開市多跟美股，即市隨着日股而舞上舞落。自內地眾多企業來港上市後，持續有中資公司加入恒生指數成份股行列，港股因而起了翻天覆地的變化。由港英時期之英資主導、回歸前後的港資領軍，演變成今日內地巨企揸莊影響恒指之上落，話語權的轉移，標誌著香港歷史巨輪的前進。此時此刻，仍緬懷過去曾經光輝過的傳統藍籌股，已是不合時宜。

回想2020年螞蟻集團上市擱置事件，其實已敲響警鐘，初哥當時已感覺形勢不妙，似是一場風暴來臨。去年一、二月期間，港股氣勢如虹，破3年恒指高位到達31183點，新經濟股獨領風騷。農曆年過後，正當一眾股民以為控制恒指上落之新經濟股，會繼續衝上雲霄之際，科技股卻突然來個急轉彎。

隨着美國新任總統拜登上台，繼續實施打壓中概股的措施，期望中美關係緩和之希望落空，加上內地推行整頓歪風政策，自此在本港及美國ADR上市之中概股江河直下，跌幅慘重。其殺傷力儼然大股災，普遍跌幅數成，其中風眼之阿里巴巴(09988)由高位309.4元計，狂瀉至上周五收市價118.9元。此股是普羅股民之至愛，然而既有上市後輾轉下跌最後私有化的欠佳往績，初哥甚少參與阿里巴巴買賣。一位老友在去年尾，聽從初哥建議，於297元全數沽出其在190元買入的貨源，獲利近兩千萬元。他另一隻股王騰訊(00700)同樣按提議於700元套取逾四成利潤。最近告訴初哥，説身邊很多朋友皆並無止賺而輸得悽慘，證明炒股上車落車之重要性。

地雷股遍布香港股壇，亦是去年特色之一，單日大跌近兩成者比比皆是。近日內地疫苗股開拓藥業(09939)因其普克魯胺治療新冠非住院患者臨床試驗，未達到統計學顯著性，一開市曾插水式狂跌近85%，這種市況近月屢屢出現，應驗了初哥數月前提及的小心「地雷股」預言。

大市表現極差，是會影響新股的認購情況，不過亦因市況欠佳，一些優質新股只能用估值較低的招股價上市。上周兩隻新股表現標青，其中本地人創辦之商湯(00020)受到美國政府打壓，幾經波折才能上市。因公開發售只得數倍超額認購，乙組中簽者超出其本金非常多，不想補孖展額便需要在暗盤市場沽售。聽聞有股民本金150萬元，竟抽中逾千萬元貨源，在暗盤市場悉數沽出而輸了近20萬元，享受不到其後超過1,800萬元（以最高價9.7元計算）的龐大利潤。這說明了抽新股要量力而為，否則寧願等掛牌後候低買入較為理想。

資金有限板塊輪動 炒股不炒市

2022年01月13日

港股不振，成交持續低迷，醒目資金轉往美國炒作。然而，捱更抵夜，睡眠不足，會嚴重影響健康。為免得不償失，初哥選擇留港進行短炒。**去年恒指由年初高位31183插至年尾的22665，下跌27.3%**，部分股票跌幅巨大。初哥每日開市前分析市況，以圖表做主軸，揣摩市場心理為副，加上自創之「初哥炒股心法八式」來應市，回報超過七成，跑贏指數甚多。

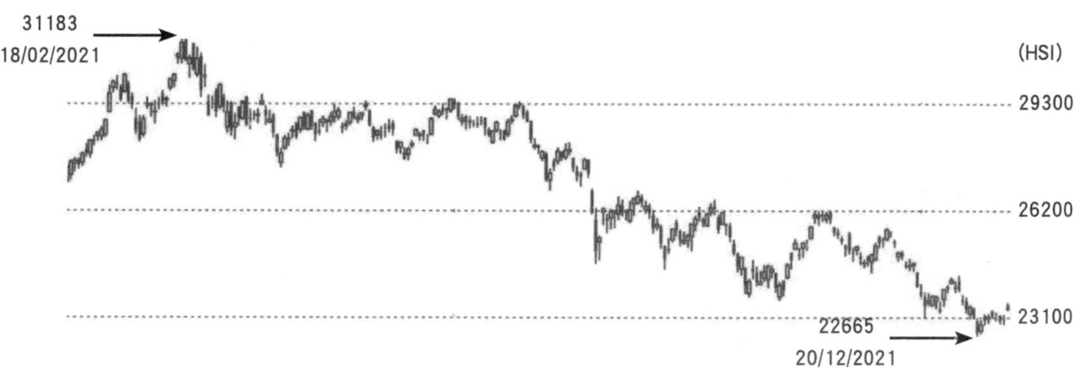

2021年恒指由年初高位33183插至年尾的22665，下跌27.3%

北水特色是短時間一齊買入或沽出同一類板塊，根據「浴缸理論」，輪流轉炒過往曾受股民熱捧之新經濟股，除了股王騰訊(00700)跌幅逾18%較為輕微之外，另一巨無霸阿里巴巴(09988)則大瀉近五成；無盈利之生物科技股及視頻類股票，狂插至令人慘不忍睹程度；獲得逾千倍超額認購之明星股，大跌八成者比比皆是。

那批狂冧之新股，其實多屬並無盈利的公司，只是經過包裝、宣傳及輿論攻勢，鋪天蓋地推崇其業務獨特、前景如何秀麗，燒錢是擴大市場份額或研發新藥的前期投資，假以時日必定本利歸還之餘，還可大賺特賺，務求令市場受落，充滿幻想，一窩蜂去認購。僧多粥少之下，獲配股份少得可憐，加上新股有「安全港」保護，包銷商或有協議，要做好穩定股價的角色，形成上市初期易升難跌的局面。

隨後上市的公司，眼見市場受落，見獵心喜，紛紛將估值提高，變成上市價超貴。縱使大幅超額認購，亦逃不過掛牌潛水之命運，即使可以「安全港」護航，包銷商也不敢力托。近期有些新股能夠鯉魚翻身，箇中原因或與其降低公司本身估值上市有莫大關係。

而本地人創辦之商湯(00020)受到美國政府之無理打壓，幾經波折終能成功上市，並獲得無形之手護駕，逆市大升，可謂物極必反。

市場多風派言論，眾多粉絲隨波逐流，造就了「螳螂捕蟬、黃雀在後」的大戶們可乘之機。

上下其手，興風作浪，將大市舞上舞落，散戶看得暈頭轉向，思緒迷失。

經過多年新股上市數目繁衍，港股總市值大增，但參與買賣的資金卻減少。與港人單打獨鬥不同，**北水特色是短時間一齊買入或沽出同一類板塊，利用「浴缸理論」炒法輪流轉**，一眾股民被牽着鼻子走，不知風向，糊里糊塗地輸了多注本錢。

備受股民熱捧之新經濟股近一年來跌幅巨大，帶動恒指輾轉下跌。反觀以往無人問津的舊經濟股如電力股、過氣股王滙豐控股(00005)及中國移動(00941)等逆恒指而上升，引證現今恒生指數傾斜新經濟股之弊處。

市場常説炒股不炒市是有道理的，可惜的是，恒指大跌是會影響股民投資/投機意欲，但願此一局面能夠改變過來，則是股民之福。

提防美國加息幅度過大影響市場信心

2022年01月20日

變幻原是永恒，股票市場更為明顯。板塊輪動、此起彼落，是現今投資市場特色。

N年前初哥剛踏足股壇時，恒生指數上升，大部份股票均同步而上，炒股容易搵食得多。那時候買賣盤掛牌密集，每格價位較闊。如果是成份股，股價上落幅度不大。因佣金標準最低是0.25%，出入貨成本起碼0.8%，所以多會持有一段時間才沽出。很多證券公司為求增加收入，亦參與炒賣幫補生意。

時移世易、物換星移，隨着上市股票數目大幅增加，港股總市值膨脹至超過40萬億港元，惟參與炒作資金並未同步增長。基於交易佣金大減(個別券商更低至零佣金)，買賣價位大幅拆細，掛盤較前疏落，連掃或插低數格已令股民產生貪婪或恐懼感，事實上相對於從前，只等如一格而已。如此這般，造成股價大上大落格局，短炒能獲利的誘因提高不少。

手機盛行，資訊唾手可得，與以往只靠前線經紀來獲取第一手消息有天淵之別。股民可以經手機落盤，不少應用程式更提供免費股票分析資金流向等等功能，股票經紀角色變得模糊，生意漸趨萎縮。技術高超的還可一息尚存，不學無術或找不到大客的處於淘汰邊緣，肯入行之新人已是鳳毛麟角。

股民受惠，其實是表面風光。互聯網盛行，同一時間大量股民接收相同信息，弄致現時市場上沖下洗誇張局面的原因。仍一如既往，依樣葫蘆般沿用舊方式炒法，恐怕會輸得淒慘。

一般股民以為高位買入的蟹貨，繼續坐一段時間，終須有日龍穿鳳，重返家鄉。現實是市場充斥並無盈利的公司，只求燒銀紙擴大市場份額，或是前期研發階段的B仔類生物科技或視頻類股票等。汰弱留強之後，有個別公司突圍而出，一躍而成為該行業的龍頭大哥。一將功成萬骨枯，往後亦有很多公司逃不過被歷史淹沒的厄運。

近年被股民棄之如敝屣的傳統舊經濟股，靜靜地起革命，尤其「百業之母」的銀行類表現標青。美國為求壓制已降臨之通脹，今年預期加息3次或以上，利息差擴闊有利銀行邊際利潤大幅增加。量化寬鬆印鈔行動經已告一段落，縮表只是時間問題。

根據過往歷史數據，市場已預期加息，初期股市表現不會有太大影響。不過加息幅度如果超出市場預料之外，股市大瀉或會發生。所以仍宜摸着石頭過河，長揸股票不適合現時境況。基於陰陽格局，初哥忽有一奇想，或會出現美股跌港股升的場面，是否如此，拭目以待！

貼士氾濫消息多 真假難分勿衝動

2022年01月27日

炒股票，在某程度上其實與賭馬、賭波或過大海賭錢並無分別，沒有一個好方法，總是會輸多贏少的。當然，炒股票入場門檻較高，所以計算成本，即是佣金加印花稅等支出，便是短炒致勝關鍵。

現時炒賣股票，成本較以前便宜得多，贏錢難度卻愈來愈高，箇中原因應與資訊氾濫有莫大關係。消息一出，人人唾手可得，市場上極短時間一窩蜂地掃貨或沽貨，經常有令人興奮若狂或膽顫心驚之場面出現。上沖下洗，時有發生，但不知何解，總是驚嚇畫面居多。初哥在聊天室常說的所謂「地雷股」，就是轟炸得屍橫遍野的狂冧股票。該類狂瀉股有可能與近年興起，四處散播之微信女貼士有關。

初哥有一位做生意的朋友，某日在WhatsApp收到陌生人的訊息，無聊之下攀談起來，素未謀面，竟糊里糊塗地相信了其提供的股票貼士。每次只敢買數萬元實力大價股，這次竟然膽粗粗動用近百萬元買了一隻創業版股仔。收市前大升，帳面賺了10多萬元，心想今次發達了。翌日早上，微信女一早通知她公司有不利消息，叫她馬上沽出。搭正九點，此股竟只有大量沽盤掛出而並無買入盤。欲沽無從，眼光光望着它一路愈掛愈低，無人承接，結果大瀉接近九成。此段真人真事，背後元兇，正是人人以為執到寶之第一手絕密消息。有心人善於捕捉小散戶急於求財的心理，散播虛假訊息，製造騙局，請君入甕。

還有更高明的招數，朋友也曾經歷過。先通知他某股票會停牌，有好消息公布。收到通知時股票卻已大升，朋友當然不敢追入。孰料真的停牌，復牌後仍有不錯升幅。過了幾個星期，又來了一個通知，也是一隻大升的股票。見到已升幾成，朋友仍然不敢追入。如是者又停牌復牌再升少許。朋友見識過兩次，深信不疑，同我講下次不可錯過。初哥心中一沉，盤算這應是讓他先嘗甜頭，繼續上升就會問他為何不敢入，令他有走寶的感覺。奇怪的是，為何兩次通知他時都不是未開步或只升少少？升了幾成，才通知他追貨，如此價位，有貨都想走了。但朋友已極之信任報料人，初哥不想阻人發達，只能勸他小心行事。

要在股票市場做長勝將軍，花時間研究公司基本因素及精通圖表分析是不可或缺的。靠聽消息如此簡單動作就可以贏錢，相信是鳳毛麟角。問世間，哪有如此容易賺錢之路。

天下文章一大抄 舊酒新瓶須受用

2022年02月03日

筆者初哥上周無意中看到一篇網上文章，嚇了一跳，作者講及的多個炒股方法，竟和我以前曾發表過的大有雷同。

1997年中，正是初哥踏進股壇當起股票經紀的第二年，有幸接受傳媒訪問，講及炒股的三種幾何方式。大戶用的是金字塔式逢低溝貨手法，當中以股神巴菲特為此中表表者。選擇股票方面，奉行價值投資法，至於入市時間，就等待大冧市才大手買入。愈跌愈入得多，貨價頭輕腳重，入貨成本於是大幅降低。只要反彈幅度大，就可以輕易獲得理想回報。然而，此種入貨方式，小散戶本錢有限，想要學也是學不來的。因為股神有一保險公司作後盾，資金源源不絕，所以才可盡情發揮其名句「人人恐懼時我貪婪」。當然，這套價值投資法，首要揀中基本因素良好的公司。去年美國前列富豪中，只有股神身家沒有大幅縮水，更有進帳，可見其眼光獨到。

散戶喜歡聽消息炒股，不過乍聽多半信半疑，不敢大注。雞仔注試水溫，急升後嫌買得少，回吐再升時膽粗粗加大注碼追入。若消息真確，則可獲利不菲，可惜事與願違者居多。倒轉金字塔式炒法，腳輕頭重，如果高位大幅回吐，本來贏的也可變成輸突。此類失敗例子，初哥過往見識甚多。

本錢不多的股民，初哥認為用方形投資法較可取。贏輸程度在預期之內，壓力不會驟增，上車落車時機恰可的話，聚沙成塔，亦可慢慢累積財富。

回歸年7月1日，初哥開始在報章寫投資專欄。那時經常採用甚少人提及的「裂口理論」及「三峰背馳」等技術指標測市，加上形態等分析工具，在股災前標題寫下「熊市來臨」，成功預測了97股災。20餘年後的今日，上述兩項技術指標雖已被坊間廣泛採用，準繩度仍算是可以，但威力和那些年已是不可同日而語。

至於移動平均線，初哥已不採用多時，箇中原因是近年市況劇烈波動。上沖下洗，經常有假升穿與假跌破情況，屢見不鮮。根據升穿數據統計，250天線（約一年交易日）仍非常有效，可惜該線要運行很久才出現，靈活性不高。而60天線（約三個月交易日）略勝過50天線，原因是出錯頻率較少。

現時股市複雜多變，經濟又一環扣一環，技術指標實用程度已不及從前，故此善於揣測市場心理，已是輔助分析工具所不可或缺的。

時光倒流廿二年 股市重演爆煲潮

2022年02月10日

以「剎那光輝不代表永恒」來形容去年上半年的新股熱潮甚為貼切。多隻科技生物股及當時得令之視訊類新股，招股上市時熱鬧盛況，掛牌後蜜月期燦爛股價表現，令中籤及上市初期追入者獲利不菲。勝利沖昏了頭腦，股民當局者迷，對其並無盈利、仍在燒錢階段、嚴重虧蝕之業績拋諸腦後。食髓知味，樂此不疲地繼續追逐高估值新股，此種「音樂椅遊戲」炒法，初哥將之比喻為「鬥傻理論」。

「橋唔怕舊，最緊要受」，上述劇本橋段似曾相識。時光倒流22年，二千年科網股熱潮歷歷在目，那些年的場景和去年如有雷同，實非巧合。

二千年嚇人的電腦千年蟲問題並沒有發生，反而科網股熱潮席捲香江。隨着殼股德信佳鯨吞香港電訊，揭開了科網神話之序幕。那年份亦是初哥進身股票經紀行列之後最為光輝的日子。受到才子的賞識，兼職當起網上財經節目主持。每周一集，為時一個鐘，和才子一齊講大市分析及答網友提問。回想那時的角色，其實和現時坊間流行的網上KOL並無分別，如此看來，初哥可算是第一代KOL了，現時加入聊天室只不過是重操故業。然而，今時不同往日，以前KOL人數稀少，瀏覽人數過千已算是收視不俗了，現今市場多人參與，競爭激烈，能夠突圍而出談何容易。

初哥有一段時間曾經喜歡追市炒，德信佳七仙時，有一日見到有異動，略一猶豫，竟然快速停牌，遺憾地錯失了用七萬元賺取其後復牌時變300萬元的龐大利潤。雖然如此，但當年科網熱潮澎湃，整年抽新股及低揸高沽當時得令股，總算賺得可觀利潤。

直至創業板科網股陸續上市，連沒有任何業務經營、只靠一個平面設計劃面放上網站的公司，竟可順利上市集資數千萬元。初哥深知該公司底蘊，憑藉87年及97年股災的經驗，意識到科網股爆煲潮快將來臨，並在報章專欄中寫了一篇關於網上收益的文章，認為互聯網只是用燒錢方式來谷高眼球量，並無實際收入的業務，不及買入磚頭物業收租般穩陣。

結果一如所料，明星科網股狂冧，其中由德信佳收購並改名盈科數碼動力之香港電訊更跌至體無完膚，狂瀉逾95%，輸盡了無數捧場老股民的血汗錢。煙火璀璨，便是落幕散場之時。其後該篇文章竟成為教育局納入經濟科之範文，令初哥喜出望外。

去年科技生物股及視訊股票重演2000年科網熱潮的戲碼，由名牌基石投資者入股的生物科技股揭開序幕，頭炮打得響，抽中者利潤豐厚，至視訊股快手(01024)更推上瘋狂認購潮，乙組頭(金額500萬元以上)認購，也要抽籤才能有一手，僧多粥少情況下大幅推高股價。升得愈多，跌得愈慘。正是「前事不忘、後事之師」，兩次爆煲皆是當炒股並無盈利，只炒概念。

細心檢視，高峰期上市的新股，當安全港穩定期過後，總是跌破招股價居多。箇中原因，應是趁市場情緒高漲時，公司見獵心喜，紛紛提高估值上市有關。超高估值，離地萬丈，種落其後大跌的收場。

洗腦式操作 眼見未為真

2022年02月17日

初哥去年七月開設聊天室，認識了一班志同道合的網友。他們想學習初哥的投資股票技巧及炒法心得，初哥亦不吝指導。當然，能否開竅要靠時間累積，並要改變自己的壞習慣，持之以恒，才能夠學有所成，從而進身長期贏錢一族。

當中有數位網友要求幫忙執倉，初哥非常樂意，不厭其煩地認真檢視他們的股票組合。組合中股票之數量，在初哥看來算是非常多，而且普遍跌幅太大，慘不忍睹。我勸喻只保留騰訊(00700)等數隻優質股票，其餘立即沽出。其中散戶至愛的阿里巴巴(9988)及一眾生物科技股，更力主先行沽售，留下資金跟隨初哥每日早上推介之股票進行短炒，或依循恒指及期指買入和沽出位，買入相關產品或炒賣期指，成績應較長揸那批蝕本股票理想得多。現在回顧當時建議，如能遵從，起碼不致輸得一敗塗地。

幫網友執倉，初哥得益匪淺。從散戶們的買股偏好與習慣，發現輸得最慘烈的，同是當時得令之生物科技、視訊及中概科網股。反而近期回升甚多之傳統股票如銀行、電力、能源及航運等板塊，竟無一參與，證明炒股票真是一個洗腦遊戲，熱潮氣氛帶動之下被引誘入局，可惜高興了一陣子後，便由天堂跌落地獄。

初哥曾與他們詳談，原來是信任一些KOL推介。該批股票在當時來説都算是優質，不過只講公司基本業績及前景，並無提供買入位及止蝕位。散戶們有一通病，就是要買得安心。升了一段頗長時間，周圍都有人開始講這隻股票，就會覺得夠安全，見到回吐少少再度上升，馬上撲入。如果真的是優質兼有盈利，還有望翻身之日，但純粹炒概念、仍處於嚴重虧損階段的熱潮股，不知何時何日才見家鄉了。

追市炒是一般散戶喜歡的指定動作，亦有網友跟貼當紅KOL買賣牛熊證或認購認沽證，不知該等衍生產品的特色。身在局中不知局，高買低沽是常態，糊里糊塗之下輸掉七位數字的金錢。可惜仍執迷不悟，以為只是自己眼高手低，於是允許其代為操盤炒作。近乎風派的炒法，竟輸剩所餘無幾。

初哥以前有一習慣，覺得評論員似是有料之人，也會花時間記錄其推介，觀察一段時間，最好是經歷過上升下跌期的才見真章。此方法，讀者們也可使用，看看結果如何。惟初哥現時工作繁忙，自己盤後功課也少做了很多。

地雷股處處 如何避開需良好策略

2022年02月24日

初哥在聊天室中多次提及地雷股，除了因為突發性壞消息如盈警或停產外，政治不穩、政策影響，也會令有關板塊急升暴跌。經濟轉差，企業資金周轉不靈，有可能倒閉，債務違約，停牌清盤，令市場提心吊膽。

市況過於波動，孕育出地雷處處，被炸的股票，多跌至體無完膚，所以要計劃一套良好應變策略，才可逃出生天。劫後餘生，亦要具備膽識，方能在適當時機執平貨。

處於此種混亂動盪的市況，執迷不悟仍採取風派炒法，已是不合時宜，代之而起的應是採取「敵進我退、敵退我進」的應對策略方為上算。

潮流不斷轉變，連股災式大瀉也是每次不盡相同。回顧87年電腦程式災難、97年亞洲金融風暴，及2007年雷曼爆煲引發的金融海嘯，港股因是外向型經濟，外圍崩潰，自然不能幸免，只是當時香港政治環境尚算平穩，外資在港興風作浪，目的簡單得多，想在提款機予取予攜而已。現時國與國之間大打金融戰爭，夾在中間的香港，可謂首當其衝。

自美國揭開貿易戰幔後，港股只有反彈而沒有真正升幅。去年美國拜登政府上台後，港股更是疲不能興。期間多隻實力大價股，受到不利消息，單日出現暴跌情景。上周五又有一隻基金至愛的美團點評(03690)，突然有消息要求降低送餐外賣收費，半日竟可大插逾15%。上周三，去年當旺的華潤電力(00836)單日跌幅10%以上。大價股輪流洗倉，散戶心慌慌，有的甚至離場不看算了。

初哥早前在聊天室中，已多次提示網友們，小心「地雷股」，並嚴格定下輕微止蝕位以防閃失。止蝕之損失，惟有當作交易成本。間中止蝕後回升，不必心痛惋惜，反而要檢討自己是否入市位拿捏不準。如果止蝕後的股票仍然持續攀升，代表這股票值得留意，就等待回吐時補回，或是急插時，在另一重要支持位買回。這一招初哥最喜用，可將之前虧本的賺回來兼有額外進帳。可惜人有弱點，很多時會被眼前景象嚇至不敢入市，錯過了反敗為勝時機。

事實上，身在局中必會迷惘，初哥間中亦會被恐懼籠罩，錯失了低吸機會，或在低殘時買入的股票，經不起上下震盪而輕微止蝕沽出。惟有寫在盤後分析紙上，以作警惕之用，將贏面勝出率進一步提高。

微軟創辦人蓋茨曾經講過，「科技發達，資訊無遠弗屆」。

正因如此，追不上潮流或走錯方向的公司，可以在短時間內，面臨淘汰或股價大幅插水。以前的手機王Nokia及互聯網巨企雅虎已是前車可鑑，上周Facebook的母公司Meta，自宣布進軍元宇宙後，股價竟可在一日內大挫逾20%，連日來也不斷下跌。今年初至今，股價已大跌逾40%。

初哥早前多次論及，美股上升有嚴重水分存在，已處位高勢危地步。往後會否股災來臨，到時或對港股有利。是否如此，拭目以待。

散布假新聞興風作浪 逆向思維避損失

2022年03月03日

海內存知己，天涯若比鄰。互聯網的發明，解決了書信往來的不便，加快了音信的傳遞，縱然相隔千里，猶似近在咫尺。海量資訊，唾手可得。然而，正因為如此便利，往往被別有用心的不法分子刻意散播假新聞、假消息，在金融市場興風作浪，訛騙股民作出錯誤投資行動。

近期傳出消息，內地為免年輕人沉迷惘上遊戲，今年不會發出新遊戲審批權。此一消息出街後，相關公司包括騰訊(00700)、網易(09999)及心動(02400)等均跌過四腳朝天。翌日證實是之前的舊新聞，並不是新一輪的打擊政策，股價隨即反彈，而近日再度大跌，只是由於俄烏戰爭及外圍股市大挫所拖累而已。

分辨新聞真偽、消息真確性，是有迹可尋的，初哥喜歡以股價處於高低位及陰謀論來推敲其真實可信程度。以往特朗普競選連任期間，其死對頭經營之網站，煞有介事、繪形繪聲地報道特朗普的不利消息，股市應聲下跌，散戶雞飛狗走。初哥根據邏輯思維，推斷是假消息居多，果然當晚美股開市前，特朗普發出否認聲明，美股隨即大幅反彈。可憐風派股民眼見手持的股票不斷下跌，難敵心頭之恐懼，引刀成一快低價沽出。此種現象，屢試不爽。

入市於謠言，出市於事實，是傳統炒股智慧。新聞公布的一刻，股價已即時作出反應。再經報道出街，因有輕微時差，股民看到報道以為獲得第一手消息，股價其實已反映了部分市場情緒。如果是不利消息，心慌意亂情況下，短線炒友多選擇沽貨離場。諷刺的是，股價如在極低位的話，多有見底大幅反彈的場面出現，低位沽貨變成欲哭無淚。

上周四俄烏戰事開火一剎那，外圍期貨市場迅即大瀉，**其中美股期貨同樣跌幅驚人，但奇迹的是，當晚道瓊斯指數開市後竟可由大跌800點，V型反彈92點收市，上周五更進一步狂升834點。納指更神奇，由上周四晚，本來大跌3%竟可倒大升3%達438點，翌晚**

更進一步上升221點，擺明是狂挾有心人的沽空盤。另有人買入期油，由大賺變大輸離場。足以引證炮聲一響，正是入市或離場的最佳時機。惟人有弱點，大部分股民只會被當時恐懼情緒籠罩，以致未能冷靜分析，錯過了低撈的良好時機。

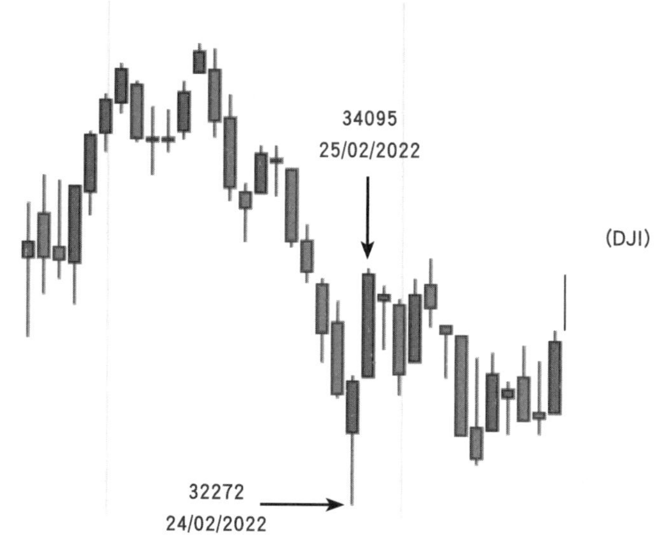

24/02/2022俄烏戰事開火時，美股期貨跌幅驚人，但道瓊斯指數竟可由大跌800點，V型反彈92點收市，25/02/2022進一步狂升834點。納指更由24/02/2024大跌3%倒大升3%達438點，25/02/2024更進一步上升221點

行到水窮處 坐看雲起時

2022年03月10日

俄烏戰爭震散了全球股市，除了石油、航運及個別資源股受惠狂升之外，其餘股份跌幅巨大，小股民損失慘重。屋漏兼逢連夜雨，香港第五波疫情超級大爆發，單日確診人數飆升至逾5萬宗，政府觀望蹉跎，乃至陣腳大亂，無計可施；市民倉惶自救，搶糧搶藥，猶如另一個戰場。非常時期，不能拯救黎民於水深火熱之中，凸顯人事及制度上的缺陷。

中央眼見如此亂象，出手相助，派遣人員幫忙速建方艙醫院及物資源源不絕送到，穩定民心。證明任何異狀，若不撲滅於萌芽階段，星星之火，足以燎原。

股市是反映經濟的寒暑表，香港疫情嚴重，拖累港股連續多日不能止瀉。高峰期快將來臨，正是「行到水窮處，坐看雲起時」，估計是未來股市發展模式。

回想18年前的沙士襲港，恐怖情況較今時有過之而無不及。有位客戶想一走了之，取消戶口往澳洲長居，約見初哥時竟不敢開車門，戴住口罩及手套，離遠遞給初哥，更馬上離開，話也不肯說多一句。當時大部分香港人未曾經歷過如此嚴重疫情，有人在網上散布謠言，指香港成為疫埠，市民衝入超市搶米搶廁紙，適逢四月一日愚人節當日，傳出紅星張國榮自殺，混亂情況，令人有末日感覺。

沙士橫行期間，尚未有手機上網買賣股票，各人只好日日戴口罩返工。港股不斷下跌，投資者無心戀戰，經紀行門堪羅雀，連電話聲都沒響一下。生意淡靜，亦是初哥入行以來收入最少的一年。因為仍有最低佣金制保障，經紀靜待疫情退卻，生意大有起色。現時市況雖然同樣差勁，成交額也勝過那時，可惜有行家長期推行零佣金政策，自相殘殺之下，傳統股票經紀已難有生存空間。

沙士爆發後，股市當然不斷下跌，但奇怪的是，疫情踏入高峰期的時候，大市已不肯再大幅下跌，並在底部營造背馳現象，而指數亦在那時候見底回升。沙士危機正式宣告結束時，恒指已上升了很多，從此展開了其後的大牛市。

沙士疫情半年內結束，新冠之災在我們戴了口罩逾兩年，卻仍步向高峰。加上外圍戰爭烏雲密布，強國之間劍拔弩張，確實教人悒悒不樂。然而，疫情始終會有完結的一日，戰爭亦會有結束之時，到時股市自會否極泰來，見底回升。

可惜的是，自從大幅增加印花稅，港股成交額已無復當年勇。但願有關當局能汲取前車之鑑的教訓，效法當年馬會精明抉擇，撥亂反正。將股票印花稅減回至原有水平或與國際接軌，才能吸引外資重回香港市場，協助成交額重上高位，保持國際金融中心之地位。

港股跌唔停何時了？ 等呢個信號出現才見分曉

2022年03月17日

港股近期跌幅非常恐怖，一個月內下挫約五千點，接近兩成，悽慘程度相信是僅次於俄羅斯股市。過往備受股民鍾愛的科技股更慘不忍睹，股神巴菲特拍檔芒格睇好的阿里巴巴(0 9988)，短短一個月跌近三成，跑輸恒指的同期表現甚多。

芒格第一注吸納阿里巴巴，平均價182.3美元，後來在較低位再溝貨，此股變成其管理期間第三大持倉。不經不覺，跌幅已逾5成，因名牌效應，很多股民跟隨入市，損失慘重。

2007年阿里巴巴在港第一次上市，股價幾日內較招股價13.5元飆升三倍，不少股民追入。隨後迅速下滑，跌破上市價，更曾低見4元。低位徘徊良久，雖然後來曾回升上20元，不過再度下跌，最終在2012年宣布以13.5元私有化。由於眼見多位小股民中伏，初哥對此股頓起戒心，亦多次在聊天室提及不要觸碰此股。部分網友們在加入聊天室之前已高價買入，聽從意見在140元附近止蝕沽出。有老友在120元詢問初哥意見，我將當年私有化故事如實告之，於是他打消了購入念頭，避過大跌逾三成的浩劫。

港股嚴重跑輸外圍股市，反彈乏力，在北水持續流入情況下，新經濟股份仍然跌跌不休。初哥深感憂慮，即使疫情嚴重，亦不至於如此跌法，感覺是有一股大力量不斷減持港股，似有政治因素在內。正如初哥去年已指出，金融戰爭正展開，香港處於風眼之中，但願財金官員們正視問題之所在，定好策略，否則可生金蛋之國際金融中心，地位岌岌可危矣。

去年初哥已察覺股票市場被嚴重扭曲，暴跌急彈的場面時刻上演，所以只採取打游擊戰策略，以「敵進我退、敵退我進」的買賣方法，利用圖表分析加上市場心理戰，**買入後有一定利潤後馬上平倉套利，並定下3%作止蝕來控制風險**(當然，如何能定下3%作出止蝕是有一定技巧的)，採取密食當三番戰略，成績總算過得去，勝過不少基金表現。

去年九月份，在聊天室開通時，有網友懇請初哥幫忙執倉，當時建議只保留極少數優質股份或部分進行換馬，甚至大膽提議將手上全部股票沽出，跟隨初哥每日早上推介的股票及利用恒指、期指買入及沽出位來進行短炒。如能跟足指示執行，在這幾個月連綿不斷的跌市中，明顯已跑贏大市。

港股跌至如斯地步，連初哥也大感意外，然而，事先定好策略，亦可避免滅頂之災。炒股多年，見盡多次江湖浩劫，一見異狀，總會提高警覺。

下跌期漫長，造成上方蟹貨重重。外圍政治環境複雜多變，局勢難以控制，加上港股成交量出奇地偏低，縱有反彈亦難有大升幅。現階段不宜大舉出擊，等待超大成交消耗性下跌的局面出現，才能定出後市去向。

四望皆蒼茫 人人恐懼我貪婪

2022年03月24日

人有生老病死，朝代盛衰更替，此乃恒古不變的常理。股票市場亦然，久升必跌，久跌必升，只是身處此中過程，大部分人都難以控制情緒，只能隨波逐流。

黑天鵝與白天鵝充斥，上衝下洗屢見不鮮。大冧市出現，人嚇人、嚇死人，於是出現人踩人現象。舉目四望皆蒼茫，此時此刻，即使是高手，亦會有片刻猶豫，自己是否螳臂當車。如能事前做足準備工夫，草擬好投注策略，藉此兵荒馬亂的時刻，自可排除眾議，冷靜分析，作出英明抉擇。現實中，贏家一般都是孤身炒股走我路，情況等如眾人皆醉我獨醒一樣，最是寂寞。人性弱點，懼怕獨自行動，得到多人的附和贊同，才能產生安全感。

在極高位追買，只要不是最後接火棒的一個，看來似乎比較容易贏錢。早前俄烏爆發戰爭時，即時追入油股及金股，是贏面高的。市場風派馬上亦步亦趨，對油價金價傾向極度樂觀。根據過往經驗，這多是見頂之時。在眾口一辭的情況下，應該要得些好意須回手了，這正好符合「窮寇莫追」的道理。可惜很多股民貪勝不知輸，結果由贏變輸。

港股由去年2月開始，已不斷向下尋底，今年甫過農曆年，跌勢更加明顯，反彈乏力。至3月10日晚，美國重施故技，打壓五隻在美上市的中概股，包括超人旗下的和黃醫藥(00013)、百濟神州(06160)、再鼎醫藥(09688)、百勝中國(09987)及內地上市的盛美半導體。港股翌日(3月11日)開市急跌至20000心理關口位，低見20079強力反彈至20583收市，普羅股民皆以為恒指在大位前應可守穩。朋友圈中，入市揸期指好倉及買入牛證者大有人在，市場評論是一窩蜂睇好後市展望見底回升，冷不防當晚美國上市的中概股再度遭受外資大舉拋售，跌得悽慘，港股夜期下挫438點。

上周一(3月14日)開市前，初哥在聊天室已指出，恒指跌破20000點後，收市如未能重上該位之上，則會考驗「大牛熊」分水嶺位18278。初哥當日將手持兩隻股票止蝕數個百分點先行沽出，寧願等待更低位再行補回。果然於上周二(3月15日)最低大瀉至18235後，以18415收市，牛證持貨者全部被打靶，期指好倉者則因要大補孖展，迫於無奈平倉離場。當時整個投資市場籠罩着極度恐懼情緒，不少股民引刀成一快，斬纜離場。

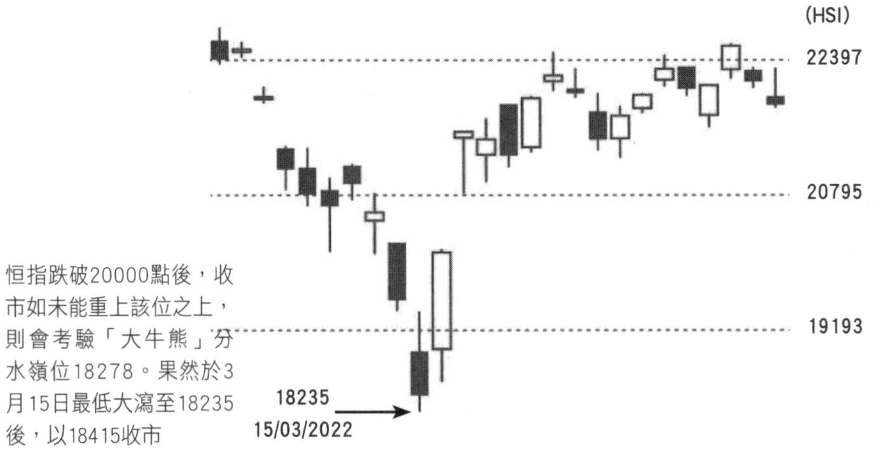

恒指跌破20000點後，收市如未能重上該位之上，則會考驗「大牛熊」分水嶺位18278。果然於3月15日最低大瀉至18235後，以18415收市

正當「山窮水盡疑無路」之際，竟再出現「柳暗花明又一村」。上周三(3月16日)中午時段，突傳出中央救市的消息，恒指由低位18584噴井式反彈至20087收市，大升1,503點；至今周一(3月21日)短短六個交易日，暴升約四千點，遠遠補回了那兩日共2,138點的

跌幅有餘，再次引證「人人恐懼我貪婪」的炒股智慧。初哥雖然未能於最低位入貨，但經過冷靜分析後，終在3月16日尾市U盤階段分別入了四隻股票，總算有斬獲。

港股散戶任人宰割 應採措施禁沽空？

2022年03月31日

股票市場，升升跌跌本是平常事，但觀乎近一年來，港股狂插式大挫被追殺之市況，卻是非比尋常。港股市值近月蒸發以十萬億計，小股民一頸血。財金官員似乎除了懂得加股票印花稅之外，沒有其他可做。袖手旁觀，令人感覺是隔岸觀火的心態。

當股民輸入肉，信心盡失時，恐怕從此遠離此任人魚肉的殺戮戰場，絕迹於金融大賭場，而曾經會生金蛋的國際金融中心地位遲早不保。上市公司眼見股價江河直下，心灰意冷，不想牽連公司名譽及顧客信心，紛紛打退堂鼓，班師回朝返回內地A股上市，則香江僅餘之巨大支柱倒塌，前景堪虞。

香港素以自由經濟自居，但保障香港市民財產同樣重要。利用制度上的缺口來掠奪香港財富，與盜賊無異。任由其予取予攜，等如縱容。值此生死存亡之秋，影響香港經濟命脈的股票市場，實應採取措施禁止過分沽空，如果以為堅持不做任何防範就是自由經濟，只會是一廂情願的想法。

前事不忘，後事之師。回顧歷史，初哥踏進股壇第二年，就出現87年股災。當年大冧市元兇是美國電腦程式買賣盤，引致全球股市大股災，港交所主席更宣布停市四日。復牌當日，初哥陪伴一位老朋友上證券行睇股價，出現前所未見的恐怖場面，清一色全是沽家，不見買家蹤影。心知不妙，至收市只有獅王滙豐(00005)下跌三成外，其餘皆大瀉五至七成不等。初哥只剩下一隻供股還未出籠的淘大股票，股價跟隨大市大跌七成，幸股災前已沽清其餘股票，盈利仍可大賺約10倍。老朋友愁眉深鎖，雖然借孖展額已由股災前的200%減至100%，但仍過大，終逃不過沒頂的命運，並欠下證券行債項。後來他的兒子向政府申請大學學費貸款，亦是由我做擔保人。那段悽慘的情景，初哥歷歷在目。

當年美國時任總統列根，為求救市，推翻自由政策，強制暫停電腦程式買賣盤及取消主動沽空盤，同時成立救市部門進行托市行動，終令股票市場起死回生。及後除了恢復電腦程式盤及沽空盤外，救市部門仍沿用至今，這亦是美股即使急跌可快速回升的原因。美國號稱自由經濟，領導全球，當自覺危急之時，還不是以行政手段去干預？

97亞洲金融風暴，美國金融大鱷大規模沽空港股，幸好中央背後發功，特區政府大力買入港股，並成立盈富基金(02800)。

風平浪靜時，當然可以徹底奉行不干預政策，但港股面對如此不公平對待，與其任人屠宰，何不採取針對性措施？否則股民的血汗錢、及小市民用作退休之用的強積金大幅縮水，實非香港之福。至於有人提出破壞自由經濟的説法，則要想想自由經濟帶來的利弊，任何制度不會十全十美，如有弱點便要想辦法改善，而不是等待傷亡慘重後自我修復。香港興亡，匹夫有責，有關當局宜三思，否則百年基業落得頹垣敗瓦，後悔莫及。

揀股取易不取難 迎合性格利是股

2022年04月07日

炒股是一門博大精深的投資藝術，雖然上升與下跌的機率參半，但普羅股民卻是輸多贏少，令人氣結。要達致得心應手，能夠長期輕鬆賺錢，除了跟隨名師實習，主要還是累積多年經驗、勤加鑽研及克服本身的性格弱點。十隻手指有長短，各人的領悟力不盡相同，跟隨名師也未必能經常在股場凱旋而歸。

初哥自去年中聊天室開通以來，認識了一班志同道合，想跟隨我學習炒股之道的網友。**每天開市前，初哥設定恒指及期指買入和沽出位，同時推介值得留意的股份。**提供的資料並不如坊間一般的大約位，而是實在的點數如21937、及股票價位如4.19元等，以作參考。因防有閃失，會定下期指收市時輸30點以外選擇不過市，股票價格設定約3%作止蝕考慮。根據數個月以來的歷史數據，貼市水準非常不俗，如果能夠跟足指示，不作臨場執生的話，應可戰勝市場而獲得不俗利潤。與大市同期至今以來大瀉逾6,000點的跌幅作比較，跑贏甚多。

有人歡喜有人愁，網友們不是人人皆有得著，原因是不能每次都跟足預測的來做，臨場多會產生恐懼而不敢入市，或者未到預設範圍以下(未到止蝕位)，擔心買不到而提早入市，這便犯上了不夠謹慎的重要規條。買中獲利點後，很多時升上受不住誘惑提早割禾青，只能賺取蠅頭小利。更要命的是，下跌時觸碰到輕微止蝕位，猶豫不決，錯過了逃生的機會，正是「贏粒糖、輸間廠」的最佳寫照。雖然初哥定下的止蝕位很少被觸碰，然而，一旦觸及，差不多全是再往下尋底，只要按策略行事，在下一級更大支持位再度入市，反敗為勝機率高唱入雲。

炒股過程中，人性弱點被無限放大，過分自信造成輕率，過度恐懼變成畏縮，容易令人漸漸迷失了方向。果斷行事，更要有捨得放棄的精神，實在是對自己抉擇一次又一次的考驗。遇着多次炒同一隻股票都不能獲利，就要另找適合自己性格的來炒，這就是初哥常掛口邊的「利是股」。可惜人總是喜歡包拗頸，對那屢次失利的股票念念不忘，愈是困難愈想挑戰。至於如何找出自己的利是股，可寫下過往戰績表，能長期贏多輸少的便是了。

內房復甦有希望 有咩股可博？

2022年04月14日

今年三月中旬，初哥曾應邀講解市場焦點新聞。當時揀選了普羅股民過往喜歡炒的內房股，錄影完畢，以為可播出街，卻被發覺有懶音而擱置，實在非常失望。為免白費心機，初哥將當日自己預備的講稿作出修改，在此撰寫。

有土斯有財，是中國人從古到今的投資哲理。內地經濟起飛，財富增加，帶來的是樓價暴漲。工資追不上樓價，年輕一代難以上車，貧富懸殊加劇，競爭激烈，導致有年輕人「躺平」之說。雖然這是全球性現象，不過中央早已密切留意。

房企在過去幾年擴張過速，債台高築，冷不防內地收緊樓市政策，限購限價令一出，樓價隨之下跌，銷售量大幅下降，資金周轉不靈，導致債務違約。內房股爆煲，股價狂瀉，暴跌幾成甚至九成亦大有公司在。

很多股民關心會否有內房公司倒閉，初哥認為，基於房屋居住對整個社會非常重要，政府是不會任由其暴跌或變成大量負資產，到某一階段，應會積極推行相關政策進行挽救。

1997年香港樓市的經驗，可茲參考。那些年香港樓市同樣炒風熾熱，樓價飆升，為免泡沫爆破影響社會穩定，時任特首董建華推出八萬五建屋計劃，仍未開始實施，亞洲金融風暴已捲至，股樓齊跌，樓價更大瀉七成，出現了大批史無前例的「負資產」。不少負資產斷供，甚至破產收場。然而，在樓市崩圍的過程中，並無任何一間地產公司倒閉。後來特區政府嚴控供應量及推出勾地措施，樓市終於重現曙光，見底回升，地產公司更因樓市恢復好景而年年賺大錢。現時內房似有當年香港樓市的影子，可作借鏡。

個人認為內房股已到達最黑暗時期，根據過往經驗，未來會有起死回生之一日。國企或央企內房股夠穩陣，而且有吞併其餘民企內房的可能，從而擴大市場佔有率的優勢，但股價現水平持續企在高位，值博率已低。民企內房風險雖然較高，但過往之一線龍頭，應不至於走上清盤之路。可小注等候機會急插時買入，不宜高追，長遠應有不俗回報。

民企一線龍頭中國恒大(03333)是第一隻出事公司，風險度最高，不值得考慮。融創中國(01918)、碧桂園(02007)、世茂集團(0813)及雅居樂(03383)，現價市盈率低至一至三倍，因短期業績欠佳，市盈率是會回升的，過去式業績只能參考，不能作準。展望債務問題如獲得解決，股價可望重演那些年香港地產股的表現。

投資前景良好公司未來回報應可觀

2022年04月21日

本周專欄文章曾提及初哥早前錄影，講題為焦點股內房企的前景，另外推介了兩隻長線值得睇好的股份，包括海吉亞醫療(06078)及創維集團(00751)。推介的日子在今年3月18日收市後，恒生指數收報21412，上周四假期前4月14日收報21518。海吉亞推介當日收31.7元，假期前收市做35.6元；創維當日4.04元收市，假期前收市價3.73元，一升一跌埋單計數，總算跑贏同期恒指表現。

海吉亞在內地從事腫瘤醫療業務、放射中心、銷售和租貸放射治療設備、以及提供相關維護和技術支援服務，亦向其他醫院提供管理服務。集團擁有及經營7家營利性民營醫院，管理3家民營非營利性醫院及向15間醫院合作夥伴就其放射性治療中心提供服務，國內人口老化，腫瘤科業務需求甚大，未來前景仍然看好。

中期業績方面，收入9.32億元人民幣(下同)，按年增加47.4%，純利1.98億元，增長82倍，每股盈利32分，現時市盈率約60倍，市盈增長率大幅低於一，顯示估值偏低。

值得注意的風險，是此股波動很大，過往曾有大幅急插的時候，而且國家政策有否對其不利，是不可預測的，但受影響程度應較其餘行業低。建議可分兩注，第一注買入範圍25至26元，目標40元，止蝕位為買入價10%。如果有朝一日大插幾成時買入第二注，此注不需定止蝕位。

創維集團(751)是一間成立於1988年的老牌公司，總部設於中國深圳市高新科技園區，業務跨越粵港兩地，生產消費類電子、網絡及通訊產品，為內地三大彩色電視生產商龍頭之一。近年更進軍國策大力扶持的光伏業務，變成雙線發展，未來會分拆旗下公司上市，對於增強公司資金有極大幫助。

去年九個月業績，營業額358.9億元人民幣(下同)，按年增加33.2%，毛利58.38億元，上升20.8%，錄得盈利7.63億元，增長40%，每股盈利29.01分，表現亮麗。現價市盈率約

6倍，市盈增長率低於一，股價低於估值。

風險方面，由於家電產品轉型較快，行業競爭頗大，要時刻留意消費品市場變化。新加入的光伏業務，亦要注意國家之未來政策變化。同樣地，基於此股波動很大，亦可分兩注買入。第一注買入範圍3.5至3.7元，目標5元，止蝕為買入價之10%。如果有朝一日大插數成時買入第二注，此注不需定下止蝕位。

發表至今一個月，海吉亞推介後只回調至28.4元，未能於26至27元之間買入，升至上周四35.6元，惟有耐心等候回至30元以下才吸納。至於創維集團，最低曾跌至3.53元(在3.5-3.7元範圍內)，應已順利吸入，上周四升上3.73元，暫有升幅，中線目標5元，定下10%止蝕便可。如跌穿，可在下一級重要支持位補回。

控制情緒保持鬥志 重整思緒伺機再戰

2022年04月28日

人心不同，各如其面。芸芸眾生，性格迥異，經歷不一，所以凡事不能一竹篙打一船人。炒股同樣道理，有人喜歡高追，亦有人趁低吸納，孰優孰劣，難以定論。最重要的，是找到一套適合自己個性的方法。得道之後，更重要的，就是情緒控制。

股票大部分時間都不在「合理價格」，除了是受消息或者外圍影響之外，同時也是一種情緒的反映。股民情緒失控，一見升就想追，高位摸頂掃貨；大跌市就以為世界末日來臨，不想看不想要，有貨也要棄之而後快。

在低位仍能保持鬥志的股民，冷靜地選擇在轉角市時大舉出擊，往往能夠反敗為勝。可惜的是，遇到挫折，並非人人都可以重整思緒，伺機再戰。眼見沽盤瘋狂湧至，價位每況愈下，無力反彈，而自己倉位慘蝕，深悔沒有嚴守紀律，早早止蝕。更甚者有戰友在旁哭股喪，於是人嚇人，嚇死人，終於在悲觀情緒籠罩之下，衝動地於低位沽貨離場。沽貨後舒一口氣，感覺壓力大減，奈何價位就在一沽之下，再跌多少許便強力反彈。

說到這裏，初哥想起今季英超曼聯，表現令人大失所望，傷透了無數曼聯迷的心。去季僥倖從後趕上，進身至第二名，今屆大展拳腳，簽下多名貴價球星。其中葡萄牙球王C朗拿度吃回頭草，重返球隊，年事已高是其弱點，不適合在前場進行逼搶的英超戰術，更不妙的是予後輩球員一種錯覺，以為單憑C朗一己之力，屢次入球已可確保勝利。雖然有球王坐鎮，球隊的實力有增無減，但足球運動講求團隊合作精神及策略調動，德國是其中表表者，看其多次勇奪世界盃及歐洲國家盃，可茲證明。

今季曼聯戰績慘不忍睹，遇着曼城及利物浦等強旅，更如喪家之犬。失了第一球後，以為必輸無疑，鬥志盡失，潰不成軍，大敗收場。正是「人無千日好，花無百日紅」，由費格遜帶領七小福的黃金時代開始，人人奮勇向前，極其光輝燦爛，到現在的下場，也許這就是命運的安排。唯望下任領隊，針對球隊的弊端去制定戰略，只要願意改進，總會有重振雄風的一天。

炒股同樣是講求鬥志精神，任何人皆不可能百戰百勝，遇到挫折時，除了進行保本行動，更重要的是，常存樂觀之心及旺盛鬥志。初哥明白，人在極端不快時需要發洩一下，不過發洩過後，仍然需要檢討自己的炒法，避免下次再犯錯。遷怒於人或者諉過於市，同樣只能令自己暫時好過一點。「行到水窮處，坐看雲起時」，願與股民共勉之。

眾人皆醉我獨醒 逆向思維觀市況

2022年05月05日

2000年的復活節，初哥往美國旅行，臨出發前眼見市況不俗，於是繼續持倉。落機後，從導遊口中得知港股跌1,000點，不禁心中一沉，盤算帳面已虧損20萬餘元，變相去了一次非常昂貴的旅遊。

那些年，手機仍是2G時代，海外落盤買賣要用長途電話聯絡，為免影響心情，不聞不問算了。回港後的股市是上升或下跌，事隔多年，初哥也忘記了，只知道上了寶貴的一課，後期去旅行也不敢再持貨。直至智能手機普及，這已經不是問題了。

今年復活節假期，因疫情關係，不能外遊。歷史再度重演，假期後復市，港股連跌五日合共大瀉1,647點，顯示復活節持倉的風險。

長假期股市難測兼下行居多，造成心理陰影，所以假期前多數窄幅波動，成交淡薄。正因同一時空皆有不敢買貨、甚至傾向沽貨離場的群體思維，當上周五中午前，恒生指數突然拗腰彈升200餘點時，普遍股民懵然不知，又或猶豫不決，甚至呆立當場，以致錯失了其後下午升逾800點的短線賺錢良機。

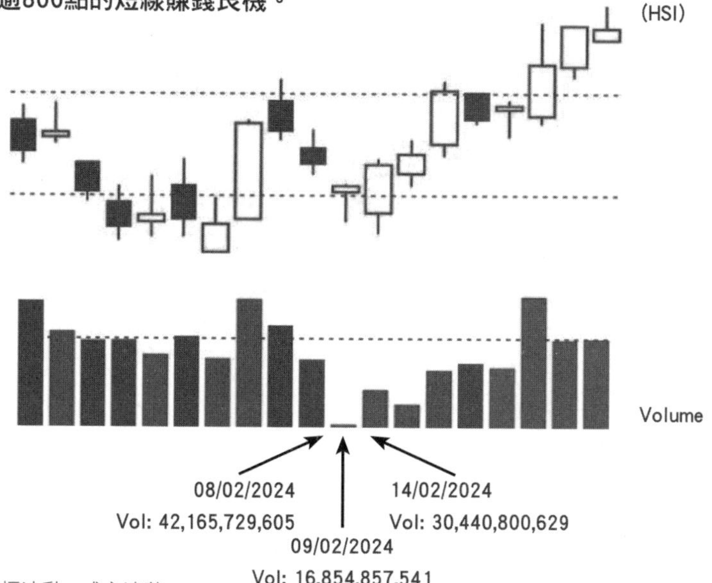

長假期前股市多數窄幅波動，成交淡薄

港股忽然一洗頹風，領軍噴升的科技股，升幅逾10%以上者比比皆是。諷刺的是，股神巴菲特拍檔芒格，在低位大幅減持的阿里巴巴(09988)，表現出眾，漲幅逾15%，應驗了「世事難料」的哲理。

以上情節，引證了炒股需要逆向思維的重要性。當人人想去接近時，市場就像是捉迷藏般反道而行。

在賭馬的世界同樣如是，大熱門也有分公眾大熱門、或是大戶大熱門飛。前者是大部分馬迷都以為贏得出的2倍以上的大熱門，遺憾的是，大熱倒灶例子屢見不鮮。反而熱至不足2倍的熱門，尤其初出的新馬，散戶馬迷通常不敢沾手，那些落大注飛，應是有識見的大戶飛，勝出率出奇地高，箇中原因，只有多年賭馬資歷、經驗豐富的馬迷才能領悟。而賠率奇冷，但具直搏率的實力馬，普遍馬迷眼見越買越冷，只敢旁觀，原因是上賽表現甚差，卻往往潛藏爆冷的契機。

股票市場何其相似，股民多用上次最近期的表現來套用於今次大市的表現，但初哥留意到，如果能用相反理論，有機會捕捉到賺錢的良機。正是「人人皆醉我獨醒」，實行「孤身走我路」逆向思維的投資哲學。

美股大跌 利好資金流入港股

2022年05月12日

承蒙老友周顯大師厚愛，獲邀錄影YouTube頻道節目，講及早前初哥曾神準點評美股「危在旦夕」，及預期港股大跌，見18278的大分水嶺位。美股果然一如劇本般上演日瀉千點的驚嚇場面，港股亦不例外。

大師提及初哥過往曾在1997年亞洲金融風暴來臨之前，準確預測股市大跌的往事。回想2000年，好友蕭定一介紹初哥給大師認識，雖然並非經常見面，卻是惺惺相惜。歲月如梭，轉眼間已成為20餘年的老朋友了。

97年8月，初哥在專欄文章標題「熊市來臨」，有同行翌日於其專欄中唱反調「熊市來臨，言之尚早」，結果初哥一矢中的，恒指由1997年8月16820點下跌至1998年8月最低位6544點才逐漸回升。1997年寫稿至今的文章，存放在迷你倉多年，近年因感覺倉租太貴，而物件封塵，已陸續棄掉很多剪報，只保留值得紀念的部分。

另一主持Chevin問美股及港股走勢如何，初哥告之美股弱勢已成，後市只有反彈，然後再往下尋底。港股開市會先跟隨美股走，之後改為緊貼內地A股而上落。美股大跌，反而有利資金回流炒港股。另介紹兩隻股票，一隻逆市而升，另一隻還未到建議買入位，算是跑贏大市表現。

大師談到初哥爛賭及喜歡學習研究，緣自聽覺障礙。初哥出生時身體健康，其時家境清貧，七人之家只能租住連劏房也不如的公用客廳中的一張特大碌架床。一層千呎舊樓，住了五戶人家，以木板相隔，人來人往，環境擠迫。初仔幾個月大就不幸感染了白喉及麻疹，病菌兇猛，同時攻入肺部，經常高燒不退，送入醫院，醫生説無藥可救，不予收留。為救小生命，父母連蟑螂黲蛇及符水都拿來一試，給初仔照食照吞。不得其法當然醫不好，已然命懸一線。

無計可施之下，好鄰居往黃大仙求簽。籤文解説，要上契及找雙木的醫生。皇天不負有心人，終於找到契媽及契上觀音大士。幸運地，教曉初哥捉棋的包租公梁本叔叔，尋得一位剛從法國回流開診的林鐵梅醫生。醫生發現已有輕度腦膜炎，如果遲兩星期才來，醫好也殘廢。用新藥打了半年針，終於治愈過來。不知是否藥力過猛，抑或病情過於嚴重，竟連耳內的神經線也受影響。父母為口奔馳，對此渾然不覺，直至小五入讀精英班，因成績一落千丈，班主任察覺聽覺有問題，介紹了第一代耳鼻喉名醫梁德基醫生，可惜只能醫好左耳八成聽力，右耳已完全失聰。

因為聽覺障礙關係，自幼在學校遭受欺凌，養成怕羞、內向的性格。一班人聊天時，也常因為聽不到而搭不上腔。不明白我的人，誤以為我不識抬舉，也曾施以白眼，那種感覺，真是百般滋味在心頭，有苦自己知。

救命恩人梁本叔叔，和初仔經常對弈中國象棋。日子有功，開拓了初仔的思考領域。中三那年，曾進身全港十六強及青少年組八強，並於同年中秋節維園綵燈會擂台賽挑戰當屆冠軍——蒙眼棋王蘇福蔭大師。他見初仔年紀尚小，輕敵情況下，幾乎被剃了光豬，眼見形勢不妙，中途棄權投降算了。

真正棋王級的棋手，思考棋路是行20步以上，而初哥最高峰時期只能達10餘步，自覺再無進步空間，出來社會做事後，放棄了比賽的念頭，改而研究賽馬及股票投資。

初哥自問估市有一定水準，亦不會簡單地預測升或跌。記者來電時，會不厭其煩地講解大市的先升後跌再升的套路，受歡迎與否，則見仁見智。

創業容易守業難 需珍惜香港金融地位

2022年05月19日

內地疫情再度爆發，政府除了維持動態清零政策外，為挽救疲弱的經濟，推出多項應對措施，近期A股走勢略為好轉。香港亦不遑多讓，派送消費券、失業援助金及保就業計劃等民生迫切救急方案。各界引頸以待，盼望能夠在水深火熱之中一沾甘露。根據報道，今年截至5月8日為止，香港已有至少十三間證券行結業，身為金融業界一分子，當然也希望當局推出惠及行業的措施，可惜結果仍是失望。

港股市場，猶如一潭死水。成交額持續低迷，估值極度便宜也引不起炒風，大批實力股價格不斷往下尋底，只聞哀鴻遍野，嚎哭股喪。歸根究柢，與去年推出之加大股票印花稅三成有莫大關係。這項因加得減的愚蠢政策，令往日於大跌市時應有二、三千億元的成交，驟跌五成。

以往0.1%印花稅，每日2,000億元成交可進貢庫房收入二億元。反觀加了30%印花稅後，現時每日1,000億元成交量，也只有一億三千萬元「進貢」，大幅減少。短炒成本增加，贏錢難度提高，高頻大額交易之電腦程式盤日趨式微，股民屢炒屢輸，意興闌珊，惟有採取不聞不問態度。

股市疲不能興，環環相扣，連帶不少行業也大受影響。經常輸錢，只好節衣縮食，消費意欲低迷，加上疫情影響，市面經濟近乎蕭條，各行各業皆食老本。強積金成績慘不忍睹，表現差強人意，輸掉兩成的資金組合比比皆是。

港交所(00388)是獨市生意，有極寬之護城河保障其收入，然而，早前公布業績差勁已是意料中事。首季股票日均成交額1,260億元，按年下跌36%，次季應進一步下滑。證券行門堪羅雀，經紀生意慘淡，整個行業似是奄奄一息，苟延殘喘，不知還有多少行家支撐不住，無奈結業。

初哥百思不得其解，處於如此困難的時期，政府應該讓社會休養生息，固本培元，企業能夠在穩定的環境中繼續經營，以免結業潮帶來大量失業。如今為了填補這兩三年來社會事件及疫情處理不當帶來的經濟損失，竟向得來不易的香港重要支柱開刀，狂加股票印花稅三成，造成歷史罕見的股市慘淡場面。

羅馬非一日建成，滅亡卻是朝夕之間。國際金融競爭激烈，不少正覬覦替代香港之地位。創業容易守業難，此際各地積極減印花稅以吸引投資者，香港卻反道而行，等如捨棄自身優勢。惟望有關當局痛定思痛，撥亂反正，將股票印花稅還原。股市回升，成交增加，印花稅收入因減得加，股民有錢賺，消費意欲提高，外流資金或會重回香江，國際金融中心地位才能穩固。如果繼續採取鴕鳥政策，不聞不問不聽不理，則恨錯難返矣！

新股淡靜何時了 等待龍頭起飛時

2022年05月26日

1997年樓市爆煲前，一個新樓盤荃灣愉景新城開賣，備受熱捧，萬人空巷。大抽獎公布，出乎意料之外，初哥竟然中了一號籌。當時樓股皆創歷史新高，鑑於恐懼樓市大跌，揀樓前曾經想過放棄。然而，知道尾隨之價單比第一批揀樓的貴了約20%，心想樓價就算跌30%，也可負擔，於是決定買入。

不久政府推出臨時政策，限制樓花期不得轉讓，樓價開始下跌，加上股市狂瀉，市面出現大幅減價二手樓。有媒體報道，該樓盤是市場罕有的鐵盤，沒有蝕讓成交，實則是與不能轉讓有關。初哥等到98年次季入伙時馬上沽出，損失15%，算是不幸中之大幸了。

以上歷史與去年新股熱潮何其相似。恒生指數當時位處高位，新股市場熱火朝天，縱使大市開始下跌，新股認購及熱炒情況仍然持續。動輒數百倍甚至逾千倍超額認購者附拾皆是，包銷商鋪天蓋地洗腦式宣傳，群體思想同一時空做同一動作，憧憬新股企業前景如何秀麗。尚未產生盈利、處於燒錢階段的生物科技及視頻股，熱捧程度較已產生盈利的優質股有過之而無不及。因中籤率奇低，分不到一杯羹的普羅股民，往往想在市場伺機買入。

包銷商利用「安全港」護盤措施，頂住掃上股價，散戶推波助瀾紛紛搶進，「鬥傻理論」發揮威力，將股價炒高逾倍，其後新股迅即跌破招股價，市場如夢初醒。認購熱烈程度退減，隨後的新股仍有幻想第二春的股民認購，但不少一掛牌便跌破上市價，逐漸乏人問津。更要命的是，在上市初期曾熱炒至天比高之新股，未有貨的股民，見急速回吐以為執到寶，立即撲入吸納，殊不知原來是崩圍式大瀉。

新股上市後，佔相當大部分都跌破招股價，原因是這些股票沒有標青業績做支持，甚至乎沒有盈利，而招股時往往估值偏高，定價昂貴，下跌後難以回升上招股價。

因為新股輸錢刻骨銘心，近期IPO熱潮已冷卻。上市公司降低估值，加上包銷佣金提高不少，做「綠鞋護盤」也值得，所以有些新股竟逆市而升，心水清之讀者可以心領神會。至於新股IPO熱潮何時才能重臨，初哥估計要等到大型龍頭新股上市時候，若然飛升，市況暢旺才可以了。

綠色債券有息收 何解破發惹疑團

2022年06月02日

近年世界局勢動盪不安，疫情困擾不散，經濟疲弱，及投資市場異常變化等，均令人感覺無所適從，憂慮加深。股市還是日復一日地上衝下洗，機會不能說沒有，然而就在果斷或猶豫之間，散戶的荷包已損失不少。

政府推出三年期綠色零售債券(04252)，保證每年起碼有2.5厘的回報率，吸引近50萬人認購，人均獲四至五手。正當眾人近期已輸得不想入市，以為藉此保證息率的政府債券可在掛牌當日賺錢獲利之際，竟出現跌破上市價100元的奇怪現象，不禁譁然。經紀行內，有人大叫「世界變」，有人呆若木雞，有人低頭不語，同樣都是心有戚戚焉。

綠債最低曾造99.5元，執筆時重上100元招股價，可惜部分對其特色認識不深的股民，見到破發更擔心被追孖展，已於首兩日輕微蝕錢沽出。

有一位經紀朋友同初哥訴苦，因為公司做推廣，綠債免佣免息，做了義工之餘，部分客戶甚至抱怨，其中一位更說「輸錢梗係唔開心」。實際只輸了一頓飯錢而已，卻忘記了過往數次抽中iBond的贏錢經歷。

綠色零售債券其實是過往iBond債券的延續版，最低息率更上調至2.5厘，較iBond的2厘為高。其名稱可能令部分股民有誤解，不認識其產品特性，而且市場有一錯覺，看見掛牌多時的iBond跌破上市價，加上近年很多香港股票都不斷尋底，聯想到香港股市不行了，心生恐懼，立即沽出。其實快將到期的iBond已收了幾次息，而且到期日政府原價收回，是穩賺不賠的穩定收息投資工具。

回憶第一次政府推出iBond，有言論謂低息不值得認購，寧買股票好過。市場上反應冷淡，初哥心想可能會分得多，於是認購近50萬元金額，竟獲全數分配，上市當日於105至106元沽清，賺取5至6%回報。經此一役，股民如夢初醒，往後一有iBond推出，踴躍認購，於是只能獲派3至4手，而掛牌後升幅一次比一次少。今次更在首日跌破招股價，連跌三日才企穩，應驗了第一次天才、第二次庸才、第三次蠢材的投資哲理。至於跌破招股價，有人認為或與其息口2.5厘，不如美債近3厘般吸引。初哥認為兩者之間性質相同，美債以美元結算，除非手持美元，否則以港元匯率兌換後買美債會增加成本，而香港人始終對香港市場較為熟悉，究竟孰優孰劣，難以判斷。

通脹趨勢已形成 銀行翻生靠加息

2022年06月09日

初哥踏入股壇時，正值獅王匯豐(00005)的黃金年代。那些年的「聖誕鐘炒匯豐」，股民們琅琅上口。年尾是打工仔出雙糧或花紅的蜜月期，有閒資當然會追捧當時得令的股王滙豐，基金為省靚盤數，也力推股價，故此12月份多數是獅王發威的時候。

英治時期，銀行受惠於利率協議的護城河政策，根本不費吹灰之力，已經可以年年大賺特賺，盤滿缽滿。香港回歸後，樓市狂升卻遇上金融風暴，樓價暴瀉七成，滿街盡是負資產。特區政府為求挽救香港樓市，無所不用其極，除了剎停八萬五計劃外，更打破銀行利率協議機制。

自此供樓利率大幅下降，由當年的7至8厘一路調整至現今的P-2.5厘，甚至hibor的約1.5厘，樓價得以起死回生，重踏升浪，持續上漲多年。銀行業進入競爭激烈局面，樓按利息收入鋭減，遂向衍生產品等高風險投資商品埋手，以彌補樓市利率收窄的損失。初期客戶賺錢，銀行賺取豐厚認購費，更將迷你債券推廣至小散戶。

直至2008年美國次按爆煲出事，雷曼事件引發全球金融海嘯，股票狂瀉，觸發衍生產品大冧，銀行靠槓杆商品賺取可觀利潤時代結束。聯儲局為救股市及經濟市場，推出量化寬鬆政策，連續多年大印銀紙，利率更低至歷史罕見水平。銀行因息差再次收窄而盈利劇減。加上美國加緊抽查税收及洗黑錢情況，動輒懲罰銀行數以十億美元計，增加人手抽查戶口、實施監察制度、限制商戶開戶等等，均令銀行成本增加，經營困難，連身為行業龍頭的滙豐也出現盈利持續倒退情況，去年更一改年派四次息的習慣，股價從此一蹶不振。

俄烏開戰前後，美國分別制裁中國及俄羅斯，令通脹加速來臨，物價飛升。美國5月份通脹率創40年高位，聯儲局力求解決，4月首次大幅加息半厘，並預告未來仍會加息多次，直至通脹回落為止。加息初期，股市多數能夠在大跌後回升，惟利息升至不可高攀的地步，經濟被拖垮，股市就會步入熊市。

銀行股方面，則獲益於持續加息，息差擴闊而盈利遞增。已晉身國際銀行之滙豐更是最大得益者，加上傳聞可能會分拆印尼業務獨立於當地上市，對其股價產生利好作用。現時市盈率只得11倍，低於同行渣打(02888)及中銀香港(02388)13倍，旗下子公司恒生(00011)更高達20倍，估值較便宜，未來前景值得看高一線，應是傳統銀行業之首選對象。

風水輪流轉 港美股市兩極化

2022年06月16日

現今股票市場複雜多變，熱錢周圍轉，與N年前單純靠基本因素來炒作，眾股經常齊上齊落的場面相去甚遠。上市公司數目多如繁星，股市市值膨脹甚速，衍生出大量高槓桿投資產品，如期指、期權、牛熊證、認購認沽證、債券、ELN、Accumulator 及進階至FCN等，力吸投資者資金。

品種繁多，眼花撩亂，然而市場資金池卻未能同步增長，在分薄資源效應之下，形成此起彼落的情況出現，輪流炒充斥市場。奇怪的是，除非出現大升市況，否則總是下跌股票數目多於上升股票。贏錢難度與日俱增，哭完股喪股照跌，難怪相當一部分散戶連看也不想看了。學海無涯，唯勤是岸，跟隨名師，努力學習投資策略之道，細心鑽研，經常檢討，才能有望成為贏錢一族。否則與其常被鱷魚潭吞噬，不如選擇退隱江湖算了。

香港股市屬於開放型，資金進出入自由，回歸前後的炒作模式，是開市先反映前一晚美股升跌，日間緊跟日本股市而上落。當時中國股票市場剛起步不久，對港股無甚影響。到內地逐漸局部開放，讓外資參與，日益壯大。優質巨企紛紛來港上市，繼而大量加入恒指成分股行列，造成翻天覆地變化。港股開市仍跟前一晚美股尤其納指，即市則緊隨內地A股而起舞，至於日股對港已全無啟示作用。因為港股開早過內地A股市場，造成開市時段異常混亂。

俄烏開戰，美國率先制裁俄羅斯，並脅迫西方盟友同步進行抵制。石油價格飆升，消費產品成本迅速上漲，戰爭令物流運輸受阻，全球小麥最大供應國俄烏兩地出口減少，商品期貨倍升，加速推高通脹勢頭，上週五美國公布通脹數字創40年新高，升勢未止，美股大插880點收市，香港表現相對穩定。中美貿易戰與俄烏戰爭制裁行動同時推高通脹，兩者取其輕，美國或會考慮將中國入口關税降低。

前任聯儲局主席伯南克早前慨嘆美國加息行動太遲，顯示出通脹猛於虎的年代已經來臨。聯儲局終在早前開始大幅加息半厘，預先放出風聲未來每次議息都有持續加半厘的可能性，直至通脹受控。可惜的是，根據「鐘擺理論」，趨勢形成，易放難收。加息行動要結束，不可能是今年內見到的事情。實情是，伯南克當年的超級大量寬鬆政策，造成現今美國負債纍纍。左手要還債，右手卻要收拾過度通脹，還要頂住快要墜崖的指數，難怪拜登政府口出怨言，歸罪於伯南克。

早前4月30日，初哥和周顯大師及美股專家Chevin 做節目時曾提及，美股仍處位高勢危，大冧或會對港股產生利好作用。箇中原因，是港股應會受惠於美國減少入口關税，而中國對科網股嚴謹政策轉趨寬鬆，在此消彼長情況下，部分炒美股資金或會回流香江，故此期望後市應會跑贏美股之表現。是否如此，拭目以待。

發揮香港獨特優勢 確保國金中心地位

2022年06月23日

上周五港股承接隔晚美股大跌741點而低開百餘點，卻似有跌不下去的感覺，在「應跌而不跌」的黃金定律下，加上前一日港股已偷步大跌462點，預先反映當晚美股跌幅，初哥估算應可先跌後回升，在聊天室亦建議急跌可入市博反彈，能跟隨者料可獲取利潤。

中段更傳出俄羅斯聖彼得堡證券交易所公布，快將容許當地經紀投資港股，先頭部隊是12隻股票，包括騰訊(00700)、阿里巴巴(09988)、美團(03690)、京東(09618)、小米(01810)、舜宇光學(02382)、碧桂園(02007)、金沙中國(01928)、長和(00001)、長實集團(01113)、中國生物製藥(01177)及萬州國際(00288)，今年底增至200隻，2023年將買賣1000隻。港股由跌轉升，縱使港交所澄清，並未與俄羅斯方面洽談，亦無礙港股上升229點收市。

雖然難以判斷該宗消息是否屬實，但是已證明港股吸引之處。本地為開放型經濟，資金出入自由，而且法律制度完善，能夠保障投資者利潤。從以往一眾國際外資大行紛紛進駐香港，甚至在此設立亞洲地區總部，對港股市場之信心可見一斑。而具備實力之中資新股，皆見外資投行參與包銷的蹤影，可惜近年受到國際政治因素影響，加上趕客之股票印花稅暴升30%令投機性高頻交易大減，交易量才有下降趨勢。

撇開交易量不計，現水平之港股已極具吸引力，平均市盈率不足10倍，實力股低至3倍者比比皆是。當然，低市盈的股票並不代表會馬上回升，然而，從估值角度來看，已算便宜，形成港股近期能跑贏美股的主因。

現今股票市場複雜紛亂，股票板塊此起彼落，上周五恒指雖然上升229點，但上升及下跌股票各佔一半，以前追市炒成功方程式，現已不合時宜。

國際金融中心地位得來不易，但願財金官員努力向外推廣香港之獨特優勢，吸引全球資金留港，並將窒礙市場的不利政策撥亂反正，令過去一年半生不死的港股市場，得以復甦。

加息周期 不利公用股

2022年06月30日

近日港股有逐步回穩的勢頭，在國務院推出一籃子穩住經濟及安全發展的政策措施以來，眾多板塊的股票從谷底回升，慢慢走出陰霾。港股氣氛轉好，然而深受資深股民喜愛的傳統公用股，卻是斯人獨憔悴。有獨市優勢、收益穩定的兩隻公用股王，中電(00002)及中華煤氣(00003)，變成難兄難弟，同是天涯淪落股。昔日的愛情長跑，如今花殘月缺。近期由高位回落甚多，長期捧場客進退維谷，不知如何是好。

資訊氾濫無處不在，真假新聞充斥市場，形成一股即食文化的風氣，普遍股票難以長升長有。長揸之年代已成過去，未能順應潮流炒法，定必被急上急落的市況，愚弄至迷失方向，信心大失。當然，如果能夠在大冧市，識於微時揸入優質股票，或具備基本因素極低殘的股仔，其大跌風險下降，長揸一段時間仍有可為。可惜很多股民常犯的錯誤，是越跌越心驚，越升越心雄，往往在大插市時不敢撈貨，反而突破高位時，以為安全度高而奮身撲入。

在一隻股票獲利甚深之情況下，部份大戶或基金們進行換畫行動，已足以令股價大冧。近期例子，有坊間早前經常談及之航運股王東方海外(00316)、及受惠國策之風電股王龍源電力(00916)逆市大跌，可見現時炒作模式的變化。然而，以上兩者仍是優質股票，當跌至吸引水平，自必引起其餘未曾持貨之基金們的興趣。

言歸正傳，兩隻公用股王，中華煤氣近年業績停滯不前，似有內地燃氣股的影子。香港這個近乎飽和的成熟市場，利潤受到限制，而且加價屢遇阻力，業績缺乏大幅增長空間，收購的內地燃氣股港華燃氣(01083)暫時貢獻不大，所以早前公布停派紅股是可以理解。習慣享受過往派送紅股模式，長期持有之擁躉不禁黯然神傷。股價由三年前高位約15.32元下跌至上周五8.37元，跌幅逾45%，跑輸同期恒生指數24%的跌幅。

中電6月20日（周日）發出盈利警告，翌日股價逆市大跌，RSI更跌至罕見的超賣水平，證明利用RSI超賣作出入市指標是極度危險。當然，錄得綜合虧損，是因澳洲能源遠期合約公平值出現不利變動引致，撇開該短暫影響的非經常性虧損外，其他業務的盈利，與去年同期的表現大致相若。

回顧2000年科網股熱潮，當時的公用股王香港電話變身至現今的電訊盈科(00008)，從高位暴瀉逾95%的歷史教訓，應引以為鑑。任何股票皆有大冧的可能性，所以初哥常以

「世事難料」作為炒股之座右銘。中華煤氣和中電應不會重蹈香港電話的覆轍，不過如果業務無大突破，盈利難以大幅增長，打算長期持有者值得三思。

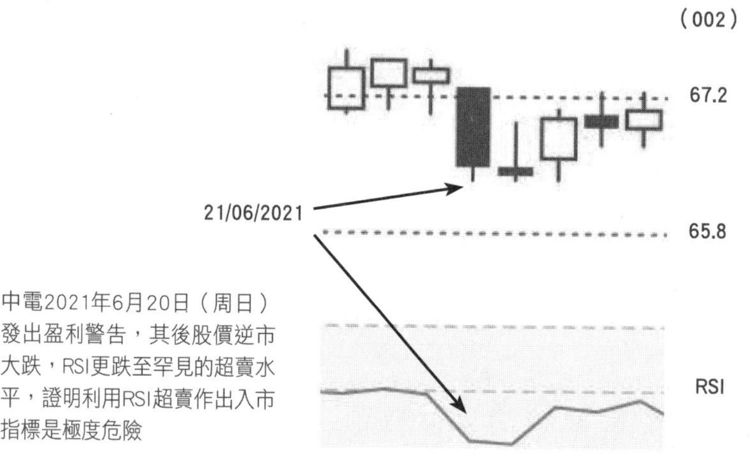

中電2021年6月20日（周日）發出盈利警告，其後股價逆市大跌，RSI更跌至罕見的超賣水平，證明利用RSI超賣作出入市指標是極度危險

股市波動大 如何制定策略應對？

2022年07月07日

世界局勢變幻莫測，金融市場起落無常，與過往牛熊市的明顯區分大相逕庭。市場混亂，資訊氾濫，大升市也有大瀉的股票，大跌市也有逆市奇葩，「難為牛熊定分界」正是近期市況的寫照。鮮明對比的上升及下跌股票，幾乎每日各佔一半。贏錢難度大增，要定好策略應對，才可戰勝這波詭雲譎的股票市場。

受到美國政府打壓的科技股商湯-W，上市時盡碎一眾股民的眼鏡，在強勁資金力托下，四日內竟由最低位3.9元衝上雲霄，直奔最高位9.7元，較招股價3.85元狂升逾1.51倍。然而，剎那光輝並不代表永恒，仍是在燒錢階段的公司，股價終敵不過地心吸力，輾轉回落。

半年禁售期臨近，上周五管理層承諾今個年尾前不會出售手持股份，卻無阻大量湧至的沽盤，到收市仍大跌46.7%。箇中原因，應與上市前的A輪至C輪投資者成本低至0.02至

0.3150美元，禁售期約滿大舉出貨有莫大關係。此類並無盈利的科技或生物科技公司，屈指一算，已有多間，包括快手(01024)、嗶哩嗶哩(09626)、開拓藥業(09939)、及再鼎醫藥(09688)等等，紛紛在上市之初大炒一輪，展開「鬥傻理論」式音樂椅遊戲，在極高價見頂後，江河直下，崩塌式大瀉逾八成。

直至近日，初哥在聊天室建議20.2元吸納再鼎醫藥，成功撈底，數日內最高升至27.9元，升幅達38%，大幅跑贏大市升幅5.9%甚多。引證於大跌市中，憑熟悉的圖表路線分析，能夠在極低位捕捉入市良機。勝算雖高，不過任何分析工具皆有出錯的可能，所以要定下保本止賺位及止蝕位以保不失。

賺錢可以繼續持貨，然而，股民所犯的錯誤，是買入後輸錢，看到股票已轉弱勢，卻不肯進行止蝕。主觀願望，認為蝕本貨終須有日龍穿鳳，於是短炒變長揸。奇怪的是，不肯輕微止蝕的後果，是下跌幅度更為巨大。如果公司出了問題，就可能返魂乏術，看看內地民企內房股內管股便可明白，所以揀合適股票出擊之餘，定下輕微止蝕是萬全之策。寧願輕微止蝕後，於下一級支持位再補回也大有着數。至於長揸，應在大冧市，股價跌幅巨大，人人聞股色變，棄之而後快，此時買貨長揸才是適當時機。初哥熟悉市場運作及賭錢心理，上周三(6月29日)在聊天室開市前推介中海物業(02669)買入位8.18元，剛好觸及此位便回升，周四港股大跌422點，中海物業卻逆市大漲。

炒股模式起變化 觀察市況定策略

2022年07月14日

道氏理論有牛熊市之分，惟經歷了N年的金融動盪，市場已起變化，而上市公司如雨後春筍，市值膨脹甚速，可惜參與炒作之資金不能與時並進。在資金短缺的情況下，股票市場齊上齊落的年代已成過去，代之而起的是此起彼落的輪流炒局面。

初哥近年常掛口邊的「難為牛熊定分界」，正是現今市場的寫照。奇怪的是，除非大升市，否則每日下跌的股票數目，總多於上升股票，所以揀取有上升潛力的才能長期跑贏大市表現。同時定下保本止賺位、目標位及止蝕位，穩中求勝。

初哥馳騁金魚缸逾30年，眼見散戶們常犯的錯誤，就是肯止賺而不肯止蝕。此外，普遍入市很隨意，出市就非常謹慎，如未能戒掉以上壞習慣，輸多贏少是必然的。

多年前初哥和一位客戶同時買入一隻鋼材股，他不按初哥建議的價位等候，隨意買高了幾格。翌日一如所料升上，回調時初哥立即止賺離場，他就掛在當日的最高位沽，股價到收市卻未能再上該位。隨後竟連番大幅下挫，損失逾半。後來終於捱不住痛苦煎熬，在股災來臨時低價劈貨。在股場多年，此等情況屢見不鮮，令我意識到入市隨意，出市謹慎的弊處，並引以為鑑。

事前部署，以及謹記成功模式非常重要。臨場執生，多會被市場盤路所帶動，衝動地追入追沽股票。三國演義的馬謖，忘卻了諸葛亮的事前部署，臨場執生，弄致街亭失守，蜀國痛失軍事重要據點。

初哥縱使經驗豐富，間中亦會被市場氣氛及盤路所影響，偏離原定策略。每次失敗後，會寫下教訓記錄以作警惕，久而久之，大有改善。然而，不同時段會產生新鮮事件，總有出錯的時候。勝負乃兵家常事，長期作戰，贏得多、輸得少便可以，切勿太過介懷得失。間中蝕錢，可當作是交易成本。經一事，長一智，鋪鋪中的神話故事，世上並不可能發生。

反覆上落下跌居多 有糊唔食罪大惡極

2022年07月28日

美國加息趨勢雖已形成，但暫時對美股影響不大，道指30000點似是美國政府想力托的目標。根據過往歷史數據，加息初期股市每多跌後回升，除非一路加至市場頂不住的時候，股市才會出現崩塌式大瀉，形成股災。

現今加息主導權在聯儲局手上，近幾屆以來都善於採用軟着陸策略，事先放風以降低市場恐懼，再配合一眾大行的支持評論，加上開會後的言語藝術，在市場受落情況下，通常股市上升機率還是多於跌市的。

美國力頂股市以避免狂跌，自有其原因。美國國際聲譽日漸下降，惟金融市場仍獨步於世界，如果金融不穩造成的後果，必然是經濟蕭條，一哥地位難保。所以列根總統年代(1981-1989)，已制定401(K)退休金帳戶計劃，模式類似香港的強積金，僱主及僱員每月撥出部分薪資繳入退休帳戶，投資於股票基金，繳費和投資收益免稅。大量股票基金定時於市場買入相關股票組合，這就解釋了，美股大跌後多能谷底大反彈的原因。散戶們眼見龐大買盤掃入，跟風買貨推波助瀾，令指數短暫上升。此情形屢見不鮮，不過加息周期壓力未減，故大升空間有限。

港股開市早過內地A股，所以多會跟隨隔晚美股升跌而作出相應行動。只要準確推測當晚美股高收，買貨過夜，獲利機會高唱入雲。初哥對美股升跌的預估能力頗高，於TG群組買貨過夜的建議，成功率高過失敗率甚多。近期推介過夜，升幅最大的三隻股票，包括再鼎醫藥-B(09688)、騰盛博藥-B(02137)及創維(00751)，最高分別升77%、55%及22%。上周曾建議買入時代天使(06699)，最高價曾升11%。今周二推介騰盛博藥(02137)及海吉亞(06078)，最高價曾逆市大升逾8%及上升逾2.5%。

處於如此上落無常而又是下跌居多的市況，能跟進的網友們獲利不菲，然而，能於高位沽出，有時是講求運氣的成分。如果未能把握在急升時沽出，則偷雞不成蝕渣米，變成倒輸也不出奇。所以定下目標位之餘，買中獲利點，升上宜推上止賺位，以求保障利潤，這是令自己立於不敗之地。現時股票市場，連大戶也容易損手，惟有短線圖利，有糊不食，自然是罪大惡極了。

前車可鑑看歷史 趨吉避凶需判斷

2022年08月04日

港股近期表現異常弱勢，連過往開市跟隨美股上升的模式亦起變化，歸根究柢，應與美國連續多次加息，但香港並未作出相應行動有關。上周三美國加息0.75厘，香港金管局終於跟隨加息，然而銀行界依然如故，引致資金外流，港滙下跌。金管局不斷大手買入港元，沽出美金，以求穩定港元體系，如此一來，影響港股下跌，表現與美股南轅北轍。

當今兩大股王騰訊(00700)與阿里巴巴(09988)股價弱不禁風，近期只有輕微反彈而沒有真正升幅。自從騰訊大股東南非基金公布沽售行動開始，股價持續下跌。相關訊息令投資者對股王避之則吉，心理影響巨大，縱使公司有回購行動，亦屬杯水車薪。

南非基金違反承諾，未夠三年再度減持，並謂會全數沽出手持之28%股權。近一萬億元市值之股票在市場沽出，以其所言，每日沽出約佔成交量3%至5%計算，即是要用約10年時間才能沽清，如此做法的動機，只有當事人才能知曉。如果短期急需資金周轉，沽售1,000至2,000億元，折讓價夠大，應會有長線睇好騰訊的基金們捧場，不致於要在市場有序出售。不過南非基金不肯再承諾一段時間內不再拋售，而其誠信破產，就算承諾也沒有人會再相信。泰山壓頂，造成騰訊只能向下尋底，間中只有輕微反彈。

阿里巴巴不遑多讓，自旗下公司螞蟻集團上市計劃觸礁後，股價一沉不起，表現比騰訊更差。阿里巴巴歷史故事欠佳，多年前曾在港上市(編號：01688)，股價同樣是短時間創出新高後，輾轉下跌，更在極低位進行私有化，令不少散戶輸錢。正因如此，初哥對此股甚有戒心，高位見頂回落後，極少推介此股。所謂江山易改，品性難移，熟悉歷史故事，對於馳騁股場，絕對是利多於弊。至於經常貼之騰訊，由南非基金高調宣布在市場沽清行動開始，初哥已不敢再推介該股了。反而因憧憬中概股未來會陸續回流香江作第一上市，已推介獨市生意之港交所(00388)多次，皆凱旋而回，獲利算是不俗。

識時務者為俊傑，炒股要知所進退，適時轉變才有致勝之機。當然，除了圖表分析可作依據，豐富的炒股經驗，仍是非常重要的。

炒股模式起變化 恒指受壓難大升

2022年08月18日

美股走勢與香港股市呈現兩極化，前者一如初哥於五月初和周顯大師做節目時曾經指出，根據以往模式，加息初期，股市通常急跌後回升，一路加至金融市場受不了的時候才出現股災，果然一矢中的。

美股近期跌穿30000心理關口位後，掉頭大反彈至上周五的33761，幅度近4,000點，相距歷史高位僅3000點，證明初哥所言非虛。不過反彈之速，令初哥亦大惑不解。萬種行情歸於市，只能相信市場走勢，切勿包拗頸，和市場作對，否則沽空美股而不肯輕微止蝕，往往最終捱不住煎熬，而在高位平掉淡倉。輕則金錢損失不菲，重則輸掉信心，往後要捲土重來，必然事倍功半。

自耶倫年代開始，美國聯儲局已非常着重公關技巧。每逢議息前，配合大行預測之有利條件，降低市場期望，於是公布後市場受落，股市多數上升。近期就算連續兩次大幅加息0.75厘，也阻礙不了美股持續反彈。現任聯儲局局長鮑威爾明言，會加息直至通脹受到控制為止，又放風明年或會掉頭減息。炒股票，是炒概念和展望將來，不是炒人所共知的過去消息。所以股價在高位，當公布利好業績時，多是「見光死」，反常地下跌居多，箇中原因當與「春江鴨」有關。手持重貨的大戶，往往會在股民搶入時大舉出貨，這便是炒股智慧術。

美股跌穿30000心理關口位後，掉頭大反彈至上周五的33761，幅度近4,000點，相距歷史高位僅3,000點

港股斯人獨憔悴，表現與美股南轅北轍，最多只能跟隨美股隔晚急升而略為高開，往後就會跟隨內地A股而起跌。近期異常弱勢，皆因科技股兩大龍頭騰訊(00700)及阿里巴巴(09988)持續下挫，前者之大股東南非大基金曾公布會長期沽售，後者最大股東，日本軟庫集團利用期權衍生工具，減持其手上阿里巴巴股份。兩者已佔恒指成分股16%比重之

多，所以恒指在受壓情況下，不容易大升。只要避開該兩股，轉向其餘股票，擇肥而噬仍是可行的。

初哥憑圖表路線圖，市場心理及逆向思維，7月份於TG群組揀中上升股票之命中率高達87.5%。而8月至上周五，成績暫高於7月份命中率。根據浴缸理論，在圖表中未呈現轉弱時，於低位支持區入貨，贏面還是頗高的。

季檢結果撥亂反正 平衡恒指有利大市

2022年08月25日

上周五收市後公布恒指及國指成份股季檢變動結果，幸有網友在下午提點，初哥才記起。時間倉促，臨急抱佛腳情況下，從百度、翰森、海爾智家及京東健康等等幾間中選擇，最終揀錯了後兩者。

經過之前的失敗經驗，恒生指數有限公司加入了熱門的百度(09888)、翰森製藥(03962)、以及較為冷門的周大福(01929)、和過往曾被剔除之中國神華(01088)。總數由原來的69隻增加至73隻，未來仍向目標80隻進發，讓不同行業之精英分布在恒指成份股之中。國指則加入了主打人面識別的商湯(00020)，剔除內地保險股中國太保(02601)，成份股生效日期9月5日，即是9月2日收市U盤競價時段，成交量會大幅增加。

恒指四隻新貴，百度是互聯網搜尋器、翰森是中成藥業、中國神華為煤炭股、及周大福珠寶皆是市值龐大之行業龍頭，國指新貴商湯亦執其行業之牛耳。這些成員分布於不同板塊領域，有望穩定恒指，糾正之前由於傾斜於不利加息周期之新經濟股，以致嚴重扭曲恒指之整體表現。

恒指個別成份股之所佔比重亦作微調，其中可圈可點的，是將仍在燒錢階段、且有主要股東不斷減持之美團點評(03690)，由原本與騰訊(00700)、阿里巴巴(09988)看齊的權重下調至6.56%，減少恒指劇烈波動，料可對大市往後發展增添有利元素。

至於新貴可會逃不出「染藍魔咒」，初哥並無水晶球，然而，與過往季檢一樣，雀屏中選者都處於高位，是為美中不足之處，且看今次歷史會否重演，拭目以待！

股市混亂陷阱多 量力而為要小心

2022年09月01日

早前初哥已指出，根據過往歷史經驗，美國在加息周期開始，股市通常會跌後回升，一路加到市場頂不住時才出現股災。

上周三、四晚，美股連續上升兩日，惟成交未能同步配合增加。當反彈接近上方阻力區附近，仍有一下跌裂口正待完全填補之際，上周五晚因中概股利好消息帶動，道指早段開市曾上升數十點，冷不防聯邦儲備局長鮑威爾突然放出嚇人的鷹派言論，謂9月「不尋常地大幅加息是合理做法」，又認為需要維持緊縮政策一段時間，以求壓通脹至2%以下方才罷休。

此等言論暴露出通脹短期內難以控制，而在聯儲局內擁有投票權的堪　斯聯儲銀行行長喬治亦指出利息會加至4厘以上。加息陰霾之下，新經濟股首當其衝，帶領道指及納指掉頭大跌，道指大瀉1008點，納指更大插497點，跌幅分別達3.03%及3.94%。**港股夜期由大升546點，急回至起步點附近。ADR更倒跌收場，企在19999點收市，令一眾手持中概股的股民，深刻體會到何謂天堂跌落地獄。**

同晚美股亦上演了一幕驚心動魄的天堂地獄式炒法。一隻新上市股票見知教育(JZ.US)，早段井噴式狂升後，隨之跳崖式崩跌。上市價5美元，竟可短時間內一飛沖天，狂飆至186美元，一小時內升幅超逾37倍，再狂插至14.8元，反彈上18.75元收市，較上市價仍大升2.75倍。然而，高位搶入者已大輸近90%，匪夷所思。該股曾數次在港申請上市，皆鎩羽而歸，怎料竟可在美國納斯達克成功掛牌，並震撼性上衝下洗，如入無人之境。與之前已在美上市的尚城數科一樣，上演的劇本實有雷同，並非巧合。

美股能夠吸引香港股民，捱更抵夜進行炒賣，正是貪其升幅巨大，而且可以進行小額交易，但跌幅亦同樣巨大。這種近乎賭博式的股票市場，迎合了賭性甚重之港人及內地人的口味，形成美國股市成交額之大，獨步於世界股壇。股民亦醉生夢死般炒過不亦樂乎。美國的IPO與香港不同，上市前一日才截飛，狂升的股票散戶往往都是抽不中，惟有在市場買入。而且上市當日開盤時間並無規定，何時掛牌買賣任由當局界定，透明度極低。這方面香港就有規矩得多了，只可惜監管過嚴，變成水清無魚。

看官切勿以為在美國的新股易賺，去年一隻中資股每日優鮮(MF.US)在美上市，散戶們中簽率竟達百分百，誰知掛牌當日一開已大跌數成，至今更跌至體無完膚。市場混亂，充滿陷阱，散戶多企在不利位置，所以股民切記炒股要量力而為，否則後患無窮。

巴菲特沽比亞迪 寧可信其有

2022年09月08日

美國聯邦儲備局官員近期不斷放鷹，強調通脹率未回至2%以下，會不惜代價持續加息，利率加至4厘以上也有可能，並暗示即使股市出現調整也是值得的。

美股連日來持續下挫，上周五晚公布最重要的失業率及非農業就業數據，失業率上升，市場立時反應是大幅加息機會降低，美股開市先行作出反映而急升逾300點。然而，冷靜過後，股民意識到通脹率高企問題仍揮之不去，聯儲局大幅加息的陰霾並未消除，三大指數包括道指、標普及納指由升1%掉頭下跌1%，道指下跌337點收市，港股ADR亦跟隨下跌178點，頓時產生了天堂跌落地獄之感。

「春江水暖鴨先知」，事實上，美股早段上升時，港股ADR已不肯跟隨，醒目資金似乎洞悉美股不久會有轉勢下跌之可能性。果然不出所料，應驗了「應升而不升，隨之下跌」的炒股黃金定律。不過一般散戶在現場，感覺美股大升，認定港股ADR不可能不跟隨，立即買入，怎料事與願違，大跌收場。

情況一如AH股炒作，經驗不夠的股民，眼見A股　升，而H股仍相距甚遠，以為自己比別人早發現了新大陸，一時衝動之下，飛身撲入搶H股。通常只開心了片刻，眼見股價反彈乏力，即時中伏的感受並不好過。如果A股持續攀升，H股有可能被推上；但A股掉頭下跌時，　H股往往跌得更深。初哥在前線工作時，多年前也曾以為執到寶，屢次犯錯才如夢初醒，世間上哪有如此明顯益散戶買便宜貨的機會？而且AH差價存在已有相當長時間，除非人民幣能直接在國際市場流通，否則此問題仍會存在一段長時間，直至人民幣完全流通為止。

歷史不斷重演，N年前股神大賺中石油(008570後進行清貨，今次故技重施。上周公布巴菲特連續兩日大手減持比亞迪(01211)，再度證明其早前存入中央結算系統的一批股票，原來真是為求沽貨行動而來。只是迷戀高位強勢的股民，眼見急跌後反彈，以為又見底回升，為免再走寶，急急撈「底」。誰不知巴菲特就在此段時間大幅減持，實在是「趁好消息出貨」的炒股智慧術。如能吸取歷史教訓，當知悉巴菲特將手持股票存入中央結算系統時，「寧可信其有，不可信其無」，不沾手比亞迪，是可以逃過一劫的。

長揸股票不合時宜 策略部署成致勝關鍵

2022年09月15日

現今股票市場已起翻天覆地的變化，長揸股票非適當時候，代之而起的是良好的短炒策略才能戰勝市場。箇中原因，是資金池不足，難以追趕龐大的市值，形成此起彼落的局面出現。除了恒指大升外，其餘時間，下跌股票數目都是大過上升股票的總和。

初哥以聊天室會友剛逾一年，分析大市形勢及股票推介，皆跑贏指數甚多。近三個月推介之股票成功買入後，上升命中率分別達75%、87.5%、及91.1%。心水清之網友，應知道初哥一向信奉或然率。根據以往歷史數據，跟隨初哥建議之買入位及止蝕位(自己揀入市位另計)，如觸及止蝕， 十居其八九會見更低位，馬上回升機率甚少。

很多人對於止蝕有一種錯覺，認為行動後不能再買回。如果止蝕後，不久見過更低位，然而不敢補回，繼而急速反彈，並升穿早已沽出位置，還升至更高位，就懷疑止蝕是否可靠。初哥要強調的是，入市位宜謹慎，出市位應隨意，這是非常重要，否則買入後很難定下較理想之止蝕位，最後會變成輸入肉才止損。

任何優質股票皆有大跌之時，如港交所(00388)、騰訊(00700)、及阿里巴巴(09988)等也不例外，甚至過往予股民印象很安全的內管股，這年多以來竟可跌至體無完膚，證明初哥所言非虛，如不定下輕微止蝕，終有一日大禍臨頭，恨錯難返。輕則輸掉金錢，重則輸掉信心。到時拿着輸很多的股票來問初哥怎辦，相信不只是初哥，就是神仙也難打救。

炒股要養成良好習慣，事實上，股票可升可跌，經常輸錢，只因控制不了心魔。勤做盤後功課，是致勝的不二法門。要全盤檢討，不能以偏概全只看部分，寫下成功模式和失敗原因，警惕自己，才能長期戰勝市場。初哥間中也會犯下錯誤，在盤後做檢討工作，希望下次不會重蹈覆轍。炒股要信勝算高的或然率，不要只相信間中一兩次的大升。

雀屏中選入指數股份 竟然下跌居多

2022年09月22日

不少股民和馬迷，總喜歡用上次的股價走勢和跑馬名次作為今次參考之用，原因是記憶猶新，加強信心。不過上一次經驗帶來的反射動作，很多時都未能有成功的結果。

上周五港股淡靜，收市前成交不夠800億。到U盤競價時段，富時羅素指數換馬導致有關股份波動，多隻股票買賣兩邊掛盤量劇增，只計U盤成交量已大幅增加逾400億元，全日成交量激增50%至超過1,239億元。U盤階段能有如此龐大成交金額，可算是歷史之舉，亦印證了眾多基金仍留戀港股市場，只是平日成交淡薄，股價江河直下，散戶相繼被綁，令人無心觀戰。

股市興旺，對香港經濟起一定的振興作用，各行各業皆有裨益。近期有一日是打風的半日市，成交幾乎等同平時全日成交，當日指數更 升幾百點，多隻股票掃上，有一種久違了的牛市感覺。自2011年3月7日交易時段延長以來，成交並沒有同步增長，整日成交更只集中在開市及收市時間。

初哥記得尚未縮短午飯時間之前，股票經紀有足夠時間與客戶飯聚聯絡，同時可使食肆獲益，一環扣一環的互惠關係，亦可帶旺其餘行業。

近期香港股市一潭死水，高頻及短炒交易芳蹤杳然，皆因狂加30%股票印花稅，令轉身機會難上加難。全球趨勢是減股票印花稅以求增加競爭力，有些甚至只收單邊或者完全不收，奈何香港要背道而馳，可說是自從取消最低佣金制之後的另一個沉重打擊。業界面對困境，只能自求多福。

證券市場需要減少交易成本，一方面撤銷經紀最低佣金，令中介角色式微，另一方面卻增加稅收，變相增加交易成本，可說是自相矛盾。大幅增加股票印花稅的後遺症已經顯現，刻下應該撥亂反正，還原印花稅原本幅度，極力吸引高頻大額資金回港，令奄奄一息的港股市場起死回生。情況有如當年馬會恢復被制裁之眾多大戶投注戶口，令香港賽馬事業發展從此興旺，投注額屢創新高，獨步於全球馬壇。眾多股民唯成交量馬首是瞻，成交量大會增加入市意欲，成交量低迷，陰乾港股市場，長此下去，對香港經濟產生不利影響。

以前遇着成分股正式變更日，有幸雀屏中選的新貴，當日U盤時段都會上升。時移世易，這條成功方程式變成魔咒，上周五富時羅素換馬，U盤時間，無論新知舊雨，紛紛下跌。前者如百勝中國(09987)、中國能源建設(03996)、小鵬汽車(09868)、微創醫療(00853)及康師傅(00322)等，百勝中國竟是成交第二高的股份，然而股價反而急跌5.8%。舊雨如近期當旺之煤炭、石油及鋰電池類股均掉頭下跌。炒股程式已變，股民宜勤做盤後功課，才能捉摸市場脈搏，提高勝算。

嚴守止蝕可幸免於難

2022年09月29日

美股一如初哥早前在聊天室所料，下試30000點市場心理關口位。上周五更曾大瀉逾800點，反彈至下跌486點，收29590，正式跌穿30000點。

根據過往歷史，加息周期趨勢形成，通常會維持一段時間，一路加至市場支持不住的時候，就會出現股災。回顧歷史，上世紀80年代美國聯儲局主席沃爾克狂加息至逾20厘，引致美國經歷自1929年大蕭條之後的最大經濟衰退，相信新一輩的股民並不知情，只有老江湖、受過洗禮的股民才知悉那些年的故事。

初哥喜歡讀歷史，以古鑑今，判斷加息初期，股市多會跌後回升。此段時間，大戶們會不斷在反彈時候，持續加淡倉，等待市場捱不住狂加息壓力大冧。只是普羅股民習慣了「見升追入」的應市模式，又不肯作出輕微止蝕行動，看着手上高位追入的股票，損失慘重，難捨難離，惟有採取鴕鳥政策，不聞不問算了。

受困於內外相煎，港股早於美股下跌之前，已經先行下滑，弱不禁風，上周更跌穿18000心理關口位，創出11年來新低點，重回2011年的水平。印證下跌周期開展，未有任何強烈轉勢信號，就想長線揸股票，是非常危險。長揸未是時機，代之而起的是利用圖表語言路線圖，進行短炒，有糊即食，並定下買中獲利點推上保本止賺位，嚴格執行止蝕策略，在今次狂跌市中自可幸免於難。**技高者除能保本外，利用「浴缸理論」炒作原理，多個回合已可賺取不俗回報，起碼跑贏大市甚多。最重要一點是，如能於大冧市中仍可獲利，往後牛市重臨時，因本錢增多，加強了入市信心。**

聊天室有人歡喜有人愁，其中一部分學生多月來學懂了進退有度之應市方法。有學員更是得心應手，賺錢股票多的是。屈指一算，有新東方在綫(01797)、舜宇光學(02382)、兗州煤(01171)、新特能源(01799)、中國能源(03996)、東方電氣(01072)等。當然，亦有股票損失，不過難得的是，皆肯在約3%進行止蝕，就算在2元及1.39元買入旭輝(00884)，因為守紀律，能夠全身而退，該股上周五只收1.29元。可知跟隨初哥學習操盤技巧，能貫徹執行才有望踏上成功之路。

港股慘淡受折磨 轉投期指續生機

2022年10月06日

港股連月來飽受蹂躪，早已滿目瘡痍，哀鴻遍野。大部份股民皆有不同程度的損傷，只有技術高超的短炒能手可以幸免於難，在大跌市中仍有斬獲。然而港股成交萎縮，反彈乏力，短炒客亦感到興致索然。

除了低撈高沽股票外，買賣期指、期權、ETF、牛熊證及窩輪等，如能睇得準及部署策略得宜，應可跑贏大市。其中又以期指買賣較為公平，因每日成交龐大，進出容易，不會如某類股票般，名為實力股，卻突然大幅暴瀉，幾日之間可以跌超過五成。股票雖可沽空，但手續繁複，並非小股民的那杯茶，變相只可單邊睇好股票，於大跌市中處於極為不利位置。期指可買升或跌，成敗取決於參與者的預測能力及操盤技巧。

坊間有言，炒期指是極度危險的賭博遊戲，這只是誤解。事實上，期指可揸可沽，任君選擇，而且較其餘衍生工具公平得多。不如窩輪般受溢價及時間所限制，亦不似牛熊證一到打靶價即被沒收所有資金。後兩者交易時段和股票相若，下午4時後不能買賣。反而期指提前15分鐘開市，下午4:30收市　，然後5:15開始夜期，直至凌晨3時，交易時間長得多，對於喜歡炒賣的投資客而言，優勢是略大於股票的。

推出期指買賣的初衷，是讓投資者手持之股票出現虧損時，能用期指作為對沖之用。時移世易，現今已發展成為散戶最喜愛的炒賣工具之一。炒期指以小本錢控制高槓桿，如果低於按金比率，表示睇錯方向，便即時要補孖展，否則便要斬倉，變成自動止蝕。當然，最好自己定下止蝕盤及保本止賺位，再升再推上止賺盤，亦可定下目標位。這方面的優勢，現階段股票買賣尚未能同步進行。因有一定槓桿程度，參與者警覺性自然提高，良好心理質素或會因此而練成，反過來對炒股亦有幫助。

任何投資也需要風險管理，國際政局動盪，金融戰爭硝煙彈雨，美國狂加息引致全球貨幣及經濟危機等等，都令到今年的投資環境日趨惡劣，現時要在金融市場投資，唯有控制注碼，嚴守紀律。被港股大跌市折磨得失魂落魄的股民，或可在此時稍為休息一下，學習其他炒賣工具。

政治市難判斷 宜留子彈靜待終極一跌

2022年10月13日

風平浪靜的時候，金融市場趨勢是容易預測的，然而，自美國特朗普時代以政治手段干預全球經濟走向開始，已起急劇變化。現今世界局勢，更因「俄烏戰爭」風起雲湧，股債滙期貨市場走勢急彈暴跌，令人無所適從，難怪連香港首富也曾講過，最難測是「政治市」。

因戰爭所帶來的能源及糧食價格狂飆，企業成本大增，生產力下降，甚至連電廠也要停產，通脹率如脱韁野馬。通脹猛於虎，美國連續幾次暴力加息，環球資金湧向彼邦，美元持續強勢，一眾西方國家及新興市場即使追隨加息，亦難阻兑換美元滙價大幅下挫，經濟及貨幣危機，已令全球各國如坐針氈。

加息始作俑者美國，連續三次大幅加息0.75厘，這是歷史罕見。聯儲局鷹派言論，暗示下月中議息，會再加息0.75厘，並預示未來會繼續加，直至控制通脹回落至2%為止。參考1980年時任聯儲局主席伏爾克，為求擺脱當時高達14%高通脹，不惜狂加息至22厘，直至數字回落方才罷休。歷史不斷重演，全球通脹高企已是不爭事實，加息至何種程度難以預料，不過肯定會令經濟蒙受損失。利息高企，不利債市及股市，後者間中反彈，只是高位沽空者的補倉動作而已；而且成交縮減，顯示購買意欲低迷。高位被綁的股民，錯過了輕微止蝕的時機，又恐怕見底回升的機會隨時來臨，惟有採取鴕鳥政策，不聞不問，等待有朝一日龍穿鳳，回升至自己買入位附近。

英國近年屢換首相，一蟹不如一蟹，經濟一落千丈。現任首相竟拋出大幅減稅的愚蠢政策，英鎊進一步下跌，股市亦了無起色，於低位反彈乏力。英國領導層素質已變，只想上位而不顧全大局，個個為求自保及謀奪首相之位，紛紛作出逼宮行動。這種不顧國家整體利益的思維，置人民於水深火熱中，往後國力進一步走下坡。

美國臨近中期選舉，拜登政府為求選情，打開口牌叫盟友沙特阿拉伯等中東國家增加石油供應量，換來的卻是減產。聯儲局中兩派黨人，各懷鬼胎，內部矛盾拖累經濟發展，對有「定海神針」作用的股市不利。現階段要綁好安全帶，盡量留多些子彈在手，就算博反彈，亦只宜小注投機，保持市場觸覺，等待市場終極一跌。

強積金表現差劣 血汗錢付諸東流

2022年10月20日

香港普羅打工仔退休後，賴以維生的，除了個人積蓄外，便是強積金。然而，經過了22年的供款投資後，近一年來港股暴跌，已經蒸發了過去幾年的供款。打工仔一路供款，一路眼光光看着投資組合總值加速減少，如此差劣表現，還要每年支付並不便宜的管理費，真令人深深不忿，欲哭無淚。辛勤一生，換來的血汗錢，部分不明不白便付諸東流，試問人生有幾多個十年？

打工仔尚且有僱主津貼供款，最慘情的是食自己的自僱人士，沒有任何福利，亦無僱主津貼，真金白銀自己供足22年，一殼眼淚。不少已屆退休年齡，卻換來了一個桔，提出來作生活費，帳面上立刻蝕入肉，不提的話，又恐怕基金繼續笨豬跳，可謂進退兩難。

幸好初哥早在去年初憑藉市場經驗，加上圖表路線圖，深感股市走勢欠佳，及時將增長型基金轉換成保本基金組合，避過了一劫。諷刺的是，自己持牌竟然不能操盤自己的強積金，一定要揀認可的基金，假手於人。

自從狂加30%股票印花稅後，趕走了高頻交易及短線炒賣股民，港股走勢江河日下，成交日漸萎縮。以往大升市或大跌市時，2000-3000億元的成交額已不復見，換來的是只有約1000億的成交量。在缺乏生水注入的情況下，只有「塘水滾塘魚」的格局。香港號稱國際金融中心，現實是外資參與程度愈趨減少，本地資金被綁多時，動彈不得，而北水對港股興趣漸淡。在全球競爭激烈，各地自動降低股票成本、甚至撤銷印花稅以吸引外資的時候，狂加三成股票印花稅以提高收入，只會是執迷不悟，自我陶醉。

情況一如英國首相卓慧思，不理黨人勸阻，拋出一個自以為是的「迷你預算案」，終於引發金融危機，要炒人自保。任何金融方案，在推出前必須反覆思量，權衡得失，否則震盪巨大，引致民不聊生。事實上，提高股票印花稅，是因加得減，更削弱了香港股市吸引力。股市不濟，樓市亦難獨善其身，百業蕭條，經濟更形疲弱。際此關鍵時刻，還望有關當局與市民同舟共濟，撥亂反正，減低股票印花稅，市場成交量上升，證券行業才能見到曙光，亦可帶動各行業生意額增加。

恒生指數跑輸外國甚多，可能是恒指服務公司作出改革的後遺症。令初哥疑惑的是，變換成分股，為何換入的總是高位貨色，剔除的是低位股票？是否落後於形勢？佔比重亦傾向在極高位的科技股，AMTX的阿里巴巴(09988)、美團點評(03690)及騰訊(00700)跌個四腳朝天，拖累恒指大幅度下挫。

恒生指數，是香港的經濟寒暑表，其表現與各行各業的經營狀況息息相關，如此跌法，令人擔心。不過，現時科技股跌幅已算非常巨大，未來再大瀉的機率應較細。當下市況，是要等消耗性下跌的時刻出現，才能有望築底回升。當然，全球驅動器的美股仍然位高勢危，近期更異常地大彈急插，似有民主黨共和黨對決的意味。11月中美國中期選舉，選舉過後沒有了無形之手干預，股票市場兵凶戰危，投資者應綁好安全帶。

股份輪流遭拋售 政治市況最難測

2022年10月27日

港股跌勢慘不忍睹，近期恒生指數更創出逾13年來新低點，市場瀰漫一片悲觀情緒。**美股由9月30日低位28725反彈至上周五31082，幅度達2,357點或8.2%，惟港股仍在16000低點附近徘徊，了無起色。**跌市元兇，竟是過往將恒指推升至去年初天比高之位31183的三大天王股，包括股王騰訊(00700)、阿里巴巴(09988)及美團點評(03690)。今次大跌市，搖身一變，成為三大煞星，果真是「成也蕭何、敗也蕭何」，亦應驗了初哥常掛口邊的「世事難料」。

江山代有股王出，港英時期的怡和置地滙豐控股，獨領風騷，無出其右。回歸前後，長和系及一眾大孖沙地產龍頭股叱咤一時，到今天演變為綠葉配角。這十多年來獨步香港股壇之騰訊，加上美團，及回港作第二上市的內地電商平台巨企阿里巴巴，推升恒指直上30000點，連美股也瞠乎其後。可惜時任美國總統特朗普掀起貿易戰幔，加上螞蟻集團上市告吹，港股見頂後，江河日下，大插至今。

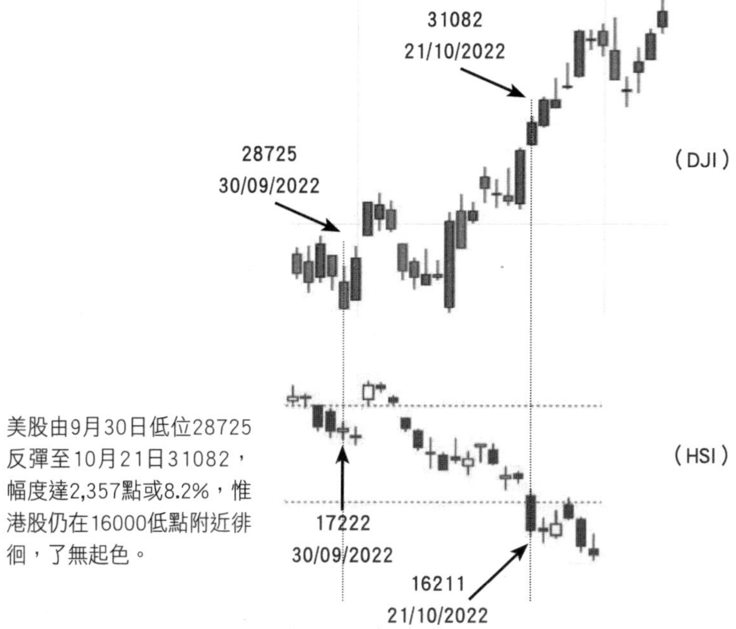

美股由9月30日低位28725反彈至10月21日31082，幅度達2,357點或8.2%，惟港股仍在16000低點附近徘徊，了無起色。

騰訊大股東南非基金Naspers，在6月底宣布會悉數沽售其手上約10,000億港元市值28%騰訊股權，按每日約沽三至五億元股份計，減持時間約需2,000至3,333交易日。而阿里巴巴亦有大股東日本軟銀集團，利用衍生工具進行減持股份行動。美團大股東騰訊因壟斷問題，遲早會進行減持動作。加上近年明星股，內地電動車之王比亞迪(01211)，股神巴菲特早前已悄悄地開展了減持股份行動，相信會持續進行。為數不少的巨企相繼被拋售，初哥估算背後應是一場激烈的金融戰，現階段要真正見底回升，談何容易？

唯一可取之處，是上述股票跌幅已巨，持有大量股份未沽出的股東，會否收斂，等待反彈才再沽就不得而知。

美股近期走勢變幻莫測，即日急插暴升的場面屢見不鮮，應與下月二日議息及八日中期選舉有關，似有民主黨與共和黨背後對決之影子。你插我掃、你掃我插的過山車走勢，加上俄烏及南北韓局勢升溫，通脹加劇，加息行動何時完結，均影響全球股市的走向。美股暫已擺脱傳統股災月的暴跌，然而，中期選舉過後，應是考驗美股步入熊市與否之關鍵時刻，投資者宜綁好安全帶，步步為營。

業績公布見光死 論大行解讀亂象生

2022年11月03日

聊天室有學生問初哥，歐舒丹(00973)業績佳，股價只輕微上升，是否可以買入。答案是不宜。其後一如所料，跟隨大市下跌。事實上，初哥只是憑多年炒股經驗，熟悉市場運作，知道大戶模式及散戶心態。散戶單憑牌面，不知內裏乾坤，往往誤墮業績陷阱。

2000年科網熱潮風起雲湧，初哥有幸和才子一齊做財經節目，印象最深刻的一次，就是有網友説ASM太平洋(00522)業績大增逾倍，管理層又講前景如何秀麗，見股價升後回跌，問可否趁低撈入。初哥回答不宜，原因是炒股是炒前景，不是炒過去式，重要的是看公司業務在未來幾年是否仍有增長空間。而且業績前或有春江鴨，等待公布後趁散戶追入，成交大增時大舉出貨，此時買入，豈不是高位接貨？之前股價持續攀升，應是有人預計公司業績良好而買定等待公布後派貨，散戶們後知後覺，以為好消息就追入，於是成為大鱷點心。

近期似曾相識的例子，有藥明康德(02359)及比亞迪(01211)，早前出過盈利預喜的消息，股價同樣是高開低收，沉寂一輪，持續下跌至更低位。股民善忘，公布一刻，業績果然正如盈利預喜般兑現，股價即時衝上，引來狂蜂浪蝶追入，又一次見光即死。所以盤後勤做功課是不可或缺的，不過人有弱點，見到急升就覺得不可錯過，反之急插的驚嚇場面，在旁吃花生就算了。

初哥認為，公司業績好壞，只是操控在一眾大行的手裏，利用語言偽術及評論報告來左右市場情緒。業績欠佳，有大行想趁機出貨的，自然唱好；相反如一早已經悉售股票，或會踩多一腳而大量入貨。

上周美國Facebook母公司Meta Platforms(META.US)公布至9月30日止第三季業績，純利大跌49%，市場解讀為腰斬，股價單日大插逾24%。英特爾(INTC.US)盈利大跌85%，卻解讀為勝於預期，股價反而大升逾6%。蘋果公司(AAPL.US)純利微增0.8%，股價盤前反覆微升1%，然而，至美股正式收市，竟大升逾7%。

有股神巴菲特持貨量最重、並成為單一大股東，股價跌後大反彈不難理解。寫到這裏，聰明的讀者應該明白初哥意思。上述業績後表現，引證現今股票市場亂象叢生，單向直覺思維，在此複雜多變的局勢中，會非常吃虧。

基本分析真假難分，惟有靠每日交易數據，觀摩市場變化。學懂圖表語言，才能於此波詭雲譎，變化萬千的市場生存。

北水對決外資 絕望聲中谷底彈

2022年11月10日

股票市場引人入勝之處，是往往有令人意想不到的事情發生，急升暴跌，分分秒秒都有發達機會，當然，也有可能會輸得慘不忍睹。黑白天鵝出現，市場亦未必按常理出牌，無奇不有，賭味甚濃。

「山窮水盡疑無路，柳暗花明又一村」，再一次在上周的港股出現。**從年頭捱打到年尾，港股單單是10月份已經跌去2,600餘點，在7至10月更共跌去7,200餘點，股民滿手蟹貨，輸到攤攤腰。日日講加息，貨幣危機爆發、能源價格暴漲、資產大幅貶值等等外圍利淡消息充斥金魚缸，有股民在絕望之際，按捺不住，引刀成一快，沽清手上股票。沽完貨後，大市繼續下跌，沾沾自喜以為沽得及時，誰料市場就在此時此刻進行谷底大反彈。**

初哥一位好朋友，多年前因工作忙碌，間中詢問初哥股票建議，完全聽從指示出入市，成績理想。退休後全情投入金魚缸，拿起鑊鏟，炒賣股票。試過一次止蝕後，竟轉頭大升，從此坐艇之股票不肯再止蝕，守株待兔，結果種下禍根。股市持續下跌，手持多隻股票，竟將之前所贏的可觀金額輸突。直至金融海嘯發生，全球股災，他拿着股票名單惶恐地想全數沽出。初哥硬着頭皮，花了兩日時間才幫他將全部股票悉數沽清。後來恒指再跌多一千點，他慶幸走得快，此時恒指由谷底進行大反彈，但他已興致索然，不聞不問算了。

歷史不斷重演，只是每次演繹方式不同。朋友圈中，有人持貨良久，也有人分注買入，而股價江河日下，跌幅驚人，早已輸到面無人色。眼見恒指跌穿15000點心理關口，利淡新聞無日無之，心生恐懼，萬念俱灰之下，盡沽手頭蝕本貨。同樣是沽出後再下跌數百點，上周恒指終作出報復性大反彈。

諷刺的是，上周五(4日)有新聞報道著名的老虎基金，宣布暫時停止投資中資股票，並重新評估中國的風險，不打算抄底中國股票。公布後，開市U盤競價時段，基金曾減持之美團(03690)及京東(09618)試盤大跌，千鈞一髮之際，正式開市時，兩者股價竟戲劇性掉頭上升，而初哥上周四(3日)在聊天室建議買入之京東一日內最高竟狂升16%，可惜因臨場執生，提示網友們U盤限價掛沽，只能賺取數個百分點，錯失獲取厚利良機。

此次大反彈，是北水對決外資基金的戰果，印證外資在低位有「亂咁沽」之嫌，不知有何居心。初哥早前也指出此情況，所以多次建議低撈股票，多次也命中食糊，成績算是跑贏大市。

美國周二(8日)舉行中期選舉，在上周三(2日)及上周四，初哥預言美股會先行下跌，然後上周五及本周一(7日)會上升，幸運地已連中三元，執筆時間在上周六(5日)，且看大四喜能否食出？

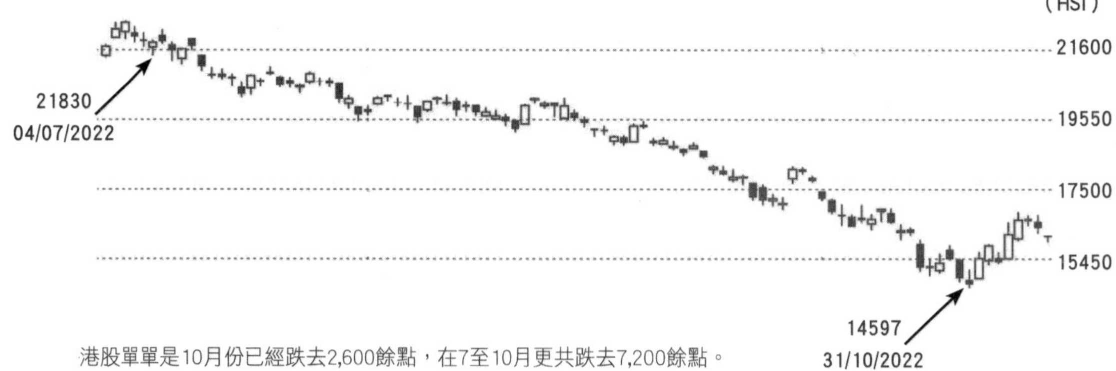

港股單單是10月份已經跌去2,600餘點，在7至10月更共跌去7,200餘點。

傳統智慧已失效 適時走位才能勝

2022年11月17日

隨着多年來新股不斷上市，股票數目多如繁星，令人眼花撩亂。高峰期港股市值曾經超過40萬億元，雖然近年大市下跌甚多，但是仍有逾20萬億之多。以小島人口僅逾700萬的彈丸之地，能夠由零開始，演變成現時舉世聞名的國際金融中心地位，享有「東方之珠」美譽，獲得如此矚目成果，應歸功於三代人的努力打拚，不斷學習，與時並進。

初哥初出茅廬踏進社會，第一份工作是暑期工。經老朋友介紹，在利華布廠做了三個月。因工作勤奮，獲得廠長賞識，游説初哥轉長工兼升職加薪。但初哥覺得行業前途有限，遂婉拒他的好意。隨後很快便進入了恒基地產，經過十多年刻板沉悶的工作，發覺並不適合，於是萌生離巢之意。幸好那段時間，初哥因利乘便，努力學習多份報章的財經知識，穩固的圖表分析技術從此建立，對炒股技巧有一定幫助。

96年考取牌照，開展了股票經紀生涯。那些年的成交金額雖然只得10餘億元，但因有標準0.25%或以上的最低佣金制，股票經紀收入算是恰可，也不斷有年輕生力軍加入。而香港金融市場，由單一股票逐步發展至包羅萬有，衍生產品持續推陳出新，加上內地資金湧港，成交量大幅增加。可惜自從2003年4月取消最低佣金制後，證券公司惟有割佣求存，經過一段時間的自相殘殺及銀行搶奪，能夠苟延殘喘的，也不知道可以捱得多久。初哥眼見勢色不對，及早轉型，然而也為經紀同行感到難過。

經營生態惡劣，不少經紀收入大不如前，甚至低過外傭薪金，由於是自僱人士身份，基本福利欠奉，連強積金也只得自己供，實在苦不堪言。部分證券行對於不夠收入的經紀，更收取座位費、設備費、電腦費等等巧立名目的費用，甚或下令離開公司。對於很多人來説，現時這個行業毫不吸引，而且沒有尊嚴。

諷刺的是，當日以接上國際路軌為名取消最低佣金制，現時又竟與國際路軌背道而馳，狂加30%股票印花税。若以同樣道理來看的話，是否應取消股票印花税，又或者加回標準股票佣金制才是合理？

初哥很久之前已經指出，港股數目日益增加，市值龐大，但資金池未能同步成長，以致輪流炒之現象頻生。加上近乎零佣金及價位大幅拆細，造成短炒獲利空間較大。當然，相對上亦容易輸錢。傳統牛熊市之分已甚模糊，變成大上大落格局，如未能適應短炒潮流，以及低位才長揸的炒股智慧，則幾可肯定遲早會被市場洪流所淘汰。仍迷信於基本分析如低市盈率、低市帳率等，以此作為基礎想趁低吸納作長線的投資者，在這「難為牛熊定分界」的浴缸理論炒作環境，輸錢機率自然高唱入雲。

加碼追貨非炒股良策 如何聚沙成塔變金山？

2022年11月24日

金融市場弱肉強食，是參與者博弈撕殺的鱷魚潭，作為散戶一分子，只能做其鱷魚蝨㜷。只要炒得其法，贏得多、輸得少，聚沙成塔，便可累積財富，成為長期贏錢一族。

三國演義中，一代梟雄曹操在赤壁之戰大敗後曾言：「勝負乃兵家常事」。股票市場內，猶如大戰，日日都是好淡相爭。世上並無百發百中的炒股方程式，只有贏多輸少的炒作模式，視乎是否嚴守紀律，持之以恒。贏的時候切勿興奮過度，不斷加碼變成倒轉金字塔式投機方法。

普羅股民常犯的錯誤有兩種，一是贏得多鋪後，以為自己關公上身，能夠過五關斬六將，得意忘形不斷加碼，結果是贏了多鋪，最後一鋪輸突，到時迷失方向，進退失據，終弄至焦頭爛額。

初哥有一朋友，性格特別，炒股票與期指，總是極度樂觀或悲觀。多年前恒生指數於28000點時，先試水溫，睇中方向，沾沾自喜，在上升過程中不斷加碼，升至極高位仍不捨得止賺離場。見頂回落，以為只是調整，信心滿滿地相信大市會續創新高。**下跌至30000點時，因曾望見高位32000點，寄望回升時才止賺離場。可惜事與願違，恒指節節下挫，大跌至25000點時，終於下定決心，將手持股票全數止蝕沽出。**

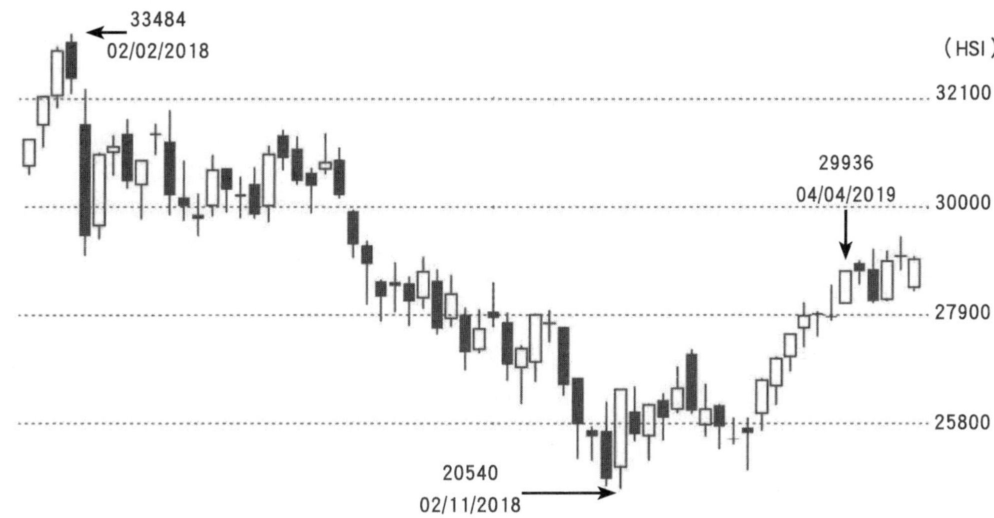

下跌至30000點時，因曾望見高位32000點，寄望回升。結果大跌至25000點時，才下定決心全數止蝕沽出。去沽期指，有小利潤，再加大注碼追沽 。大市竟拗腰大反彈，終因補不到孖展額而被強制平倉

他反手試水溫，小量沽期指，果然一如所料持續下跌，舊毛病再次發作，一路下跌一路信心大增，不斷加碼。

至21000點時已暫有可觀利潤，此時認定恒指會再下試16000點，勝利沖昏頭腦下再加大注碼力沽期指。出乎意料之外，大市竟拗腰大反彈。由於不甘心賺少了離場，任由期指上升不肯止賺，終因補不到孖展額而被強制平倉。

朋友認定這是騙人的賭場，從此絕迹於金魚缸，轉投以為睇得通的賭波遊戲。以其獨有心得，依樣胡蘆的方式投注，結果又是大輸收場。

初哥N年前曾經在文章中寫過金字塔及倒轉金字塔式炒法，股神巴菲特採取的是前者，睇中一隻股票，等待下跌甚多時才買入，愈跌愈買。

這種頭輕腳重的金字塔式炒法，因成本價大降，大反彈已有可觀利潤。然而，財力雄厚者，才可用該方法入市。散戶資金不多，難以在下跌趨勢中不斷溝貨。而且跌市恐懼、升市貪婪的思維作怪，總喜歡在大升市時才追入。要糾正壞習慣，努力學習圖表分析，定下良好策略應市，增加命中率，才可在此亂市生存。

兩大魔咒力壓恒指 知所進退以保勝算

2022年12月01日

早前初哥曾在此欄講過，香港正處於「金融戰爭」之風眼，從近期金融市場異常動盪的表現來看，證明初哥所言非虛。普羅股民最關心的股票市場，反覆不定，令人無所適從，完全失去方向感，不只是「難為牛熊定分界」，更是如墮五里霧中。

上周有報道著名對沖基金打賭港元脱鈎，與當年金融大鱷狙擊港元及沽空港股的故事何其相似，目的只有一個，就是想借助其威名，唯恐天下不亂。其心可誅，其行可鄙，不但在別人傷口灑鹽，更是嗜血成癖。上下其手大賺一筆，損人以利己，反映金融市場內，沒有仁義道德，只有掠奪殺戮。

1992年金融大鱷索羅斯成功狙擊英鎊，英鎊滙率狂跌，英國央行提高利率至15%及政府動用269億美元以捍衛英鎊，可惜未能奏效，英國政府終於在「黑色星期三」被迫退出歐洲匯率體系。經一事、長一智，回想當年情景，初哥忽然有一想法，一個投機者可以戰勝龐大國家，而且是有豐富金融知識及歷史的國家，真是匪夷所思。世人往往相信一些神化了的故事，這敏感的話題，初哥在此不敢多説，聰明的讀者應該心領神會，明白箇中底蘊。

近期港股在恒指14597谷底回升，得力於北水流入，大量吸納股王騰訊及一眾科技股，終於進行大反彈，升至18414點受壓於100天平均線附近，無功而還。當中原因應與騰訊大股東南非Naspers公布早前繼續減持行動有關，湊巧的是，股神巴菲特亦公布持續減持中國「電動車之王」比亞迪汽車股份，雙重打擊之下，港股上周表現和美股再次背道而馳。上周五騰訊裂口低開，與比亞迪汽車同告下跌，大跌時有人博反彈，趁低吸納，但兩股沉痾難起，拖累恒指全周計仍下跌418點，表現令人失望。

股神2008年以8元入股比亞迪10%股權，持貨多年，獲利深厚。根據其過往性格，肯沽售一隻股票，顯示對該公司前景看淡，多年前巴郡悉數沽售中石油(00857)的行動已表露無遺。當年宣布減持中石油後，竟仍有股民大膽買入，股價再升至高位19元才大插至今只得數元。歷史不斷重演，且看會否再次發生在比亞迪身上。

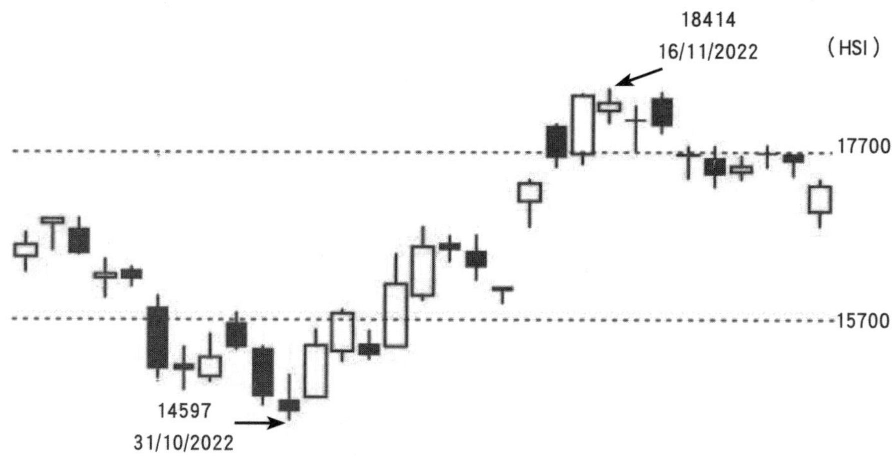

港股在恒指14597谷底回升，升至18414點受壓於100天平均線附近，無功而還

南非基金沽售騰訊的行動，還早過股神拋售比亞迪，而其所持的股值遠大於後者。如果言行一致，真的要沽清大約萬億元騰訊股份的話，騰訊未來只會有反彈而沒有真正升幅。買入騰訊博反彈，效果應是事倍功半。現時看來，騰訊300元是重要阻力點，比亞迪應是在200元，所以股民不宜對此兩股存有幻想，轉投其他股票博反彈算了。

貪婪恐懼失理智 克服心魔靠自己

2022年12月08日

股場萬象，人間百態。有人膽生毛，奮不顧身；有人膽小如鼠，前怕狼、後怕虎。兩者正是貪婪與恐懼的代表人物，可以說是各走極端。前者大起大落，可以發達，亦可以傾家蕩產；後者發不了達，但不會全軍盡墨。如果能夠具備貪婪的性格，同時又能克服恐懼這個人性弱點，已有條件成為富豪一族。初哥舊老闆李兆基先生正是經典人物，難怪曾經登上全港首富的地位。

80年代初，中英談判陰晴不定，加上外圍經濟影響，信心危機觸發股災，恒生指數由高位狂瀉六成，港元及樓市均大冧，銀行迫倉，政府為了穩定局勢，宣布實施聯繫匯率制度，將港元與美元掛鈎。恒基地產(00012)除了減價售樓外，更向銀行申請加大融資，覷準時機不斷增加土地儲備，持續發展地產項目，終於在樓市見底回升後獲得龐大利潤。

十隻手指有長短，人總有高低之別，如經常被情緒帶動，情不自禁，站在貪婪與恐懼的兩個極端，要贏錢，難度自然大增。初哥有一位朋友，性格冷靜，升市忍手，專吼大跌市才出手撈貨，屢建奇功。有一定利潤就會沽出，絕不留戀，多年累積下來，已是非常豐厚。因不夠貪婪，所以只能做有錢人，不能進身富豪的行列。

今年香港股市跌幅之深，歷年罕見，股票急升暴跌屢見不鮮，仍在停牌中之浦江國際(02060)、及上周曾暴跌之海昌海洋公園(02255），就是一瀉如注之經典例子。如能於極度恐懼時入市，獲利應不是難事。但當時斬倉盤洶湧而至，買入盤疏落凋零，持貨者已被嚇至魂飛魄散，處於如此境況，能夠冷靜捕捉入市時機的股民，可謂鳳毛麟角。

期指市場發展至今，算是比較公平的博弈遊戲，買升買跌任君選擇，可惜的是，散戶仍是輸的多，贏的少。

下跌至21000點，不信下跌而加碼溝貨，終在下破16000點時止蝕離場。相反，有高位沽空期指者，貪勝不知輸。於14000至16000點仍睇淡之股民大有人在，愈低愈想沽

事實上，下跌至21000點，有眾多期指客認為已是低點，不信趨勢下跌而不斷加碼溝貨，終在下破16000點時信心盡失，止蝕離場。當再插至14615點時，還慶幸走得算快，更無心戀戰，錯過了其後追回失地的機會。相反，有高位沽空期指者，貪勝不知輸。於14000至16000點仍睇淡之股民大有人在，愈低愈想沽，掉頭大幅反彈時，因覺得之前多月來辛苦贏得的錢，竟可在一個月時間內差不多全部蒸發，不捨得斬纜重新部署。證明貪婪與恐懼，是纏繞大部分股民的心魔，克服不了，結果都難逃「贏粒糖、輸間廠」的命運。

參考股票評論睇往績 控制注碼防患未然

2022年12月15日

若果見升就追，等於葡京見大買大，純靠運氣，難言勝算。然而，肯用功鑽研炒股模式，練成自家心法，贏面自然會高，長期戰勝市場及賺取一定利潤並不是難事。對市場運作一知半解，單憑參考部分空泛評論而入市，自己沒有痛下苦功，詳加分析，也就是不學無術，結果會是慘敗收場。見升睇升，見跌睇跌的評論充斥市場，這是因為即時見效的機會較高，可以搏得掌聲，增加人氣。至於股民能否贏錢，不是他們的考慮範圍。資訊氾濫，股民又相當善忘，只會記得短時間的評論分析，而忘記了某某過往的評論戰績。

初哥以前有一習慣，覺得某人分析不錯，會用數月時間寫下其命中率，最好是經歷上落市的表現。一般評論員有好友和淡友之分，長期好友或淡友之評論，因其性格偏好而估中單邊市的言論並不可靠，只是當時市況對其分析有利而已。

現時股票市場複雜多變，和初哥入行時的境況有天淵之別。歸根究柢，是市場有大量衍生產品，加上股票數目與日俱增，但股民的資金池未能同步成長，造成此起彼落的場面不時發生，與過往齊上齊落的年代截然不同。

1997年是初哥入行當股票經紀的黃金歲月，客戶數目眾多，電話響個不停，填滿了多頁落盤紙，至晚上十時才能對盤完畢。股災前，有客戶每天均賺取數千元利潤，本來相當高興，怎料她眼見同事贏的錢是其數倍，心中感覺不是味兒，於是把心一橫，加大注碼。我曾好言相勸説「世事難料」，但她聽不入耳，在愈買愈大的情況下，終於一次回調急挫，輸至焦頭爛額。

印象最深刻的，是一位舊同事，初嘗甜頭，贏得太順利，貪念陡生，要求增大融資，將原來買入金額由20萬元加大五倍至100萬元，買入一隻當炒股。鑑於孖展槓桿比率太高，有違風險管理原則，只能好言婉拒他的要求。誰知他反而將錢提走，轉去另一證券行進行買賣，從此亦和初哥沒有來往。那隻股票終敵不過股災暴跌的命運，從另一舊同事口中，得悉他輸得一敗塗地。在當時熱火朝天的瘋狂年代，好言相勸並不會獲得認同，只覺得初哥阻其發達而已。在客戶角度來看，贏錢當然是自己英明神武，輸錢不是運氣不佳，便是經紀問題。經紀見盡世態炎涼，只能慨嘆「經紀生涯原是夢」了。

調整炒股模式 適時上車落車

2022年12月22日

港股與美股以往關係親密，美股升跌，港股如影隨形。近年已起變化，隨着內地市場漸趨成熟，隔晚美股最多也只是短暫影響翌日開市時段的港股表現，之後港股緊貼A股及美期，即市已完全與隔晚美股扯不上關係。不過市場大部分人仍然習慣性地沿用過往的睇市方式，擺脱不了被隔晚美股牽動之心魔。

道氏理論有牛熊市之分，即是牛市一、二、三期及熊市一、二、三期。美股已上升多年，近期表現不濟。道指早前曾下跌至28660，現仍高企在33000，距離歷史高位只低了大約10%。要留意的是，由歷史高位36952下跌至最低位28660，跌幅只有約22%，以道氏理論的標準來説，還不算是步入熊市。處於高位的上升市能夠持續如此良久，道氏理論的牛熊市理論是否能成立，見仁見智。

港股經過多年的運行，牛市熊市已變得模糊不清，綜觀而言，只是大型上落市而已，應驗了初哥常掛口邊的「難為牛熊定分界」。初哥認為，對於股民而言，在跌市仍能賺錢，已可看成是牛市。但如在升市也輸錢，便與熊市無異。

現時港股市場，與初哥入行時的情景亦有很大變化。衍生工具尚未出現時，股票多是跟隨指數齊上齊落，只要猜中大市方向，贏錢機率高唱入雲。

反觀現在的實況，除非恒生指數當日大升，否則股票下跌數目竟還多過上升數目。出現這奇怪現象，初哥推算應是股票數目與日俱增，惟股民之資金池未能同步成長有莫大關係。

現今資訊氾濫，真假難辨，加上世界局勢緊張，各國都在明爭暗鬥進行干預，任何風吹草動，都極速影響市場情緒。而美國為挽救2008年金融海嘯、繼而努力粉飾繁華景象所持續十多年的量化寬鬆大印銀紙，到現時暴力加息以圖結束通脹，都扭曲了全球金融市場的正常發展。如果股民仍用過往方式，簡單地見升追入，見跌追沽，結果只會是做了大鱷的點心，任其宰割。

識時務者為俊傑，沒有人能夠保證長揸股票一定可以贏錢，股民們應調整以往炒股模式，適時上車、落車才不致被淘汰。

強弱勢界線已模糊 牛熊市應對大不同

2022年12月29日

股票市場有兩句耳熟能詳的金句，其一是「寧買當頭起、莫買當頭跌」，其二是「追強沽弱」，本來是金科玉律，惟處於現今市況，未必中用。香港的優勢是進出入自由，吸引四方八面的外來資金參與，不過自從政府狂加股票印花稅30%後，短炒成本增加，高頻交易已經近乎絕迹於市場。過往大升或大跌市，港股單日成交金額可高達2,000至3,000億元，現時最高也不逾2,000億元，絕大多數日子只有數百億元成交。這種因加得減的印花稅政策，果然如當初所預期一樣，搬起石頭砸自己的腳。生意淡薄，多間證券行油盡燈枯，忍痛結業。股票從業員收入銳降，應酬飲食亦隨之減少，中環消費意欲低迷，反映香港經濟沉痾難起。股票市場只有大反彈而沒有真正升幅，資金池短缺，塘水滾塘魚，看誰的短炒本領高而已。

虎年苦盡甘來之希望落空，長揸股票變成焦頭爛額，不適應者自難在市場分一杯羹。過往炒股傳統智慧術已失效，習慣炒單邊市的模式操作已不合時宜。大部分香港股民已處於靜止狀態，市場上代之而參與炒作的是北水，熟悉中資個股背景，走位靈活。初哥道聽塗説，知悉也有內地人聯群結黨式加入賽馬投注遊戲，怪不得馬會投注額持續創新高。如今股票市場也有明顯變化，若然香港股民仍執迷不悟，沿用以往見升追入，見跌追沽的炒作模式，遲早被淘汰出局。

追強勢股，要看是甚麼股票。當然，最理想是買在起步位，然而能察覺者鳳毛麟角，留意到的時候，股價多已處於極高位，其向上一層樓之機率大減，損手機會大增。相反大跌的股票，追沽者多是開心了極短時間，往後後悔不已。股民喜買強勢股，然而，買強勢股只適用於牛市階段，熊市追入強勢股，可能只得蠅頭小利。萬一強勢股見頂回落，走避不及，又不肯止蝕，回落幅度之大可以非常嚇人。至於跌得太殘之股票，值博率相對較高，當然，何時能上車，非要靠圖表及市場心法輔助，才可水到渠成。胡亂入市博反彈，如果仍持續下跌，會被嚇破膽，捱不住折磨於更低位沽出。

鑑於近年上落無常的市場走勢，初哥炒股策略亦作出相對性的調整。細觀市場變化，適時作出策略調整，才能繼續戰勝市場。

2023

去年股市表現奇差 今年可會否極泰來？

2023年01月05日

新年伊始，萬象更新。去年香港股市表現慘不忍睹，恒生指數創出多年來新低點，慶幸的是大冧至10月底14615點後，來一個V型大反彈至年底之19915 ，算是送給持貨甚久者的股票安慰獎。

由一年前高位25050計，恒指仍下跌3000餘點，跌幅約15%。表面看來雖不算勁跌，但過往天之驕子的科網股，猶如食了瀉藥般，最低潮暴跌70%至90% 的比比皆是。

一年前高位計，恒指仍下跌3,000多點

其中兩大股王騰訊(00700)及阿里巴巴(09988)，現價距離歷史高位仍大跌56%及72%。近年上市、曾獲股民瘋狂認購的奪目明星新股，更加令人觸目驚心，谷底回升至今仍大跌80%以上，引證股票市場並無長升不跌的神話故事，而美國股票特斯拉也毫不例外。

荷蘭鬱金香歷史再次發生在比特幣身上，輸錢皆因贏錢起，在比特幣、以太幣等等虛擬貨幣贏了錢的人，試問有幾多能夠全身而退呢？股票市場同樣如是，贏了錢的股民，多數勝利沖昏頭腦，自以為股神上身，一路贏一路加碼出擊，上得山多終遇虎，將辛辛苦苦多個回合贏來的錢一鋪輸突。激情過後，總留遺憾，惟有細水長流，才能地久天長。所以「聚沙成塔」才是投資王道。

另一個備受股民喜愛的民企內房板塊，跌幅較科網股有過之而無不及，其中恒大(03333) 及融創中國(01918) 更停牌至今。根據過往模式，大升市利民企內房，大跌市則對其不利，初哥在聊天室已絕少推介這類股票。

參考過往香港地產發展歷程，民企內房，應會汰弱留強。初哥相信假以時日，有部分捱過難關的公司當可重複本港大發展商之沿革。不過現階段要揀中表表者談何容易，只能分散注碼，候低吸納數隻跌得太殘，而基本面仍有可為的民企作中長線投資。

科網股及新經濟股，包括上落幅度甚大的生物科技股，去年谷底已現，今年展望較佳，可逢低吸納，一注長揸，一注短炒上落以減輕入貨價成本。

去年盛極而衰，期願今年否極泰來。雖然坊間評論多謂是亂象繼續，但是初哥仍對後市投下信任一票。

股票市場螳螂捕蟬黃雀在後 Tesla都能江河日下

2023年01月12日

股票市場是好淡角力、汰弱留強之地，那些年初哥曾看過金融電影「華爾街」，領悟到金融大鱷縱有天大本領，掩人耳目，但市場是有對手的。天外有天，人外有人，才會出現螳螂捕蟬，黃雀在後的戲劇性故事。

近年股票急升暴跌司空見慣，大戶在市場搵食已不及以前般容易，因其持貨量龐大，不能一時三刻沽清。經過窮年累月的低位收集，再推上股價，然後於高位派貨，過程漫長。散戶雖然注碼有限，但勝在轉身靈活，上車落車十分容易。然而，大部分股民經常輸錢，原因是不懂得分辨市場訊息，喜歡追隨風派言論，又容易被眼前假象所矇騙，造成長期「贏粒糖、輸間廠」。

「人無千日好，花無百日紅」，紅極一時的美國Tesla主席馬斯克曾經短時間極速上位，進身世界首富地位。但自收購社交平台Twitter開始，負面傳聞迭出，Tesla股價江河直下，馬斯克心知不妙，急急於市場沽售自己公司的股票，套現龐大資金。

打草驚蛇，股民猛然醒覺，爭相沽貨走避，令股價由高位持續大瀉逾65%。其慘烈情況，媲美香港掛牌之阿里巴巴(09988)及騰訊(00700)過去一年之表現，證明股票市場並無長升不跌的神話。

升得愈高，跌得愈深，是亘古不變的定律。「剎那光輝不代表永恒」，看近年令人瘋狂之比特幣、狗狗幣等虛擬貨幣，便可明白箇中玄機。

股市大上大落，斬倉盤也屢有發生，港股就算由谷底14597點大幅反彈，並在上周曾升穿250天線牛熊分界線，仍有個別股票暴跌。近期有三隻股票包括鼎豐集團汽車(06878)、元亨燃氣(00332)及索信達(03680)單日分別狂瀉85%、65%及63%，持貨者欲哭無淚，不知何時何日能重返家鄉。

近數年香港股民捱更抵夜趨之若鶩的美股市場，除了Tesla跌出神壇，間中也有地雷股出現，股票市場難炒程度較以往為大，箇中原因或與螳螂捕蟬，黃雀在後大有關係。在這大千世界，如果仍沿用過往炒股模式，被淘汰出局是必然的事。

期指算是比較公平的炒賣工具，可惜股民多誤解其風險性。誠然，不學無術，亂跟市場風向進行賭博式投機，最終便會被追孖展不停補倉，又或者要平倉大幅止蝕。近期恒指狂升數千點，但仍有眾多期指客輸得七零八落，證明沒有良好策略，臨場執生追市炒，便會經常損手爛腳。

成功非僥倖 嚴守紀律才能長期贏錢

2023年01月19日

股票期指，可買升買跌，撇開成本來説，贏輸機率參半。然而，縱觀市場上能夠長期贏錢的，只佔少數。歸根究柢，是與缺乏策略、不學無術、以及不守紀律等有莫大關係。另外，耐心等候入市時機，及勢色不對時肯捨得沽出，亦是不可或缺的炒股致勝元素。

現今環球金融形勢錯綜複雜，影響市場走向的，除了經濟大局、政治因素、公司基本面、行業前景、政策風向，還有自從美國加息周期開始，官員忽鷹忽鴿的言論，令市場大上大落。近年的牛熊市界別本已較之前為模糊，現在更難言分野。連大戶們都感覺訊息混亂，普羅股民更是如墮五里霧中。如果仍然沿用過往模式炒股，恐怕被折騰得信心盡失。

精通圖表分析及市場兵法，當然對上車落車有幫助，但要運用得宜，非要有N年炒股交易經驗的磨練不可。奇怪的是，坊間不少大市及股票走勢的評論者，竟經常表示無持有任何股票。沒有豐富作戰經驗，對真實市場氣氛缺乏感覺，可以準確入市出市的時間能有幾多把握？紙上談兵，看似擲飛鏢般胡亂猜測而已。

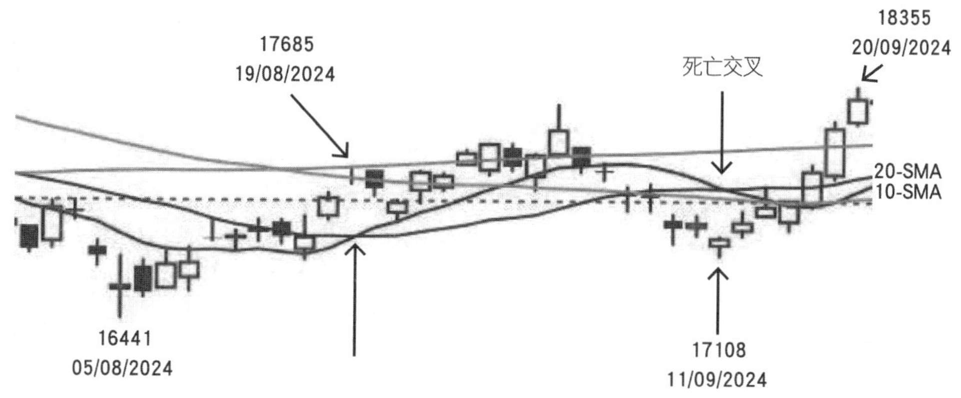

平均線中之黃金交叉或死亡交叉，出現時已滯後

圖表分析是易學難精的一門學問，各種技術指標並不會全面適用於任何市場，要懂得分辨哪種指標工具用在何種市場是非常重要。股民耳熟能詳之移動平均線，於單邊上升或下跌趨勢才有用武之地，如果在飄上飄落的市況則會被摑至兩邊不是人。

而平均線中之黃金交叉或死亡交叉，因為出現時市勢已上升或下跌甚多，失卻識於微時入市的優勢。若果遇着反向時，便會處於極其不利位置，變成進退維谷之艱難局面。被貪婪時衝動入市、及恐懼時驚嚇沽出的心魔所籠罩，輸了金錢更失了信心，往後炒股自必事倍功半。

一般股民採用的炒股策略，多數是贏肯走，輸就長睇，非要有盈利在手才肯沽出。遇着基本因素及前景仍好的公司，問題不大，但如果買著一隻基本面已變差，又或是夕陽行業的就大件事，股價大瀉之餘亦有可能一沉不起，過往贏的錢就會一鋪清袋。所以，嚴格執行止蝕非常重要，未到目標位而掉頭急速回落，即時捨得沽出，才不致於被套牢。

善用簡單技術指標　較為得心應手？

2023年01月26日

玉兔迎春，謹祝各位讀者及東網同仝兔年行大運，身體健康，萬事如意，財源廣進，心想事成。

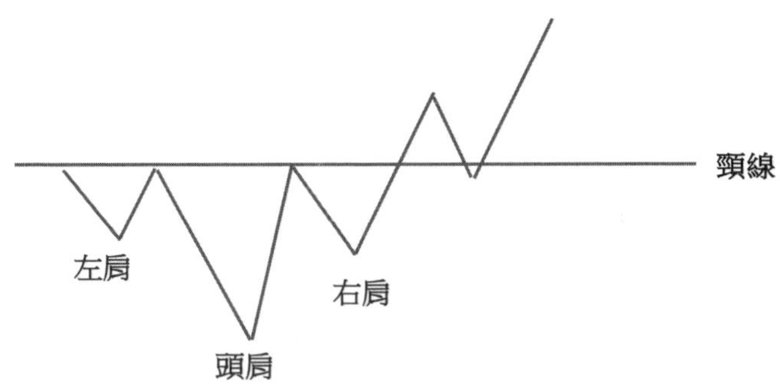

在瞬息萬變的股票市場，充滿投資機會，但也陷阱處處。看似安全，霎眼之間跌個四腳朝天；市況危急，卻可以來個鯉魚翻身。有危就有機，在股票市場的確如此，不過入市出市的時機拿捏準確與否，需要有豐富經驗及輔助工具。

簡單就是福，太複雜的分析及技術指標，除了弄至消化不來而產生混淆之外，更可能臨場顧此失彼。頭肩底、以及250天俗稱牛熊線，就是簡單而實用的圖表分析工具。以近期大市走勢圖為例，前者升破頸線後，出現慣常的後抽，終於大幅上升至量度目標位22000點。而後者升破250天線之後，亦未曾跌破該線之下而持續反覆上升，證明精通簡單而實用的圖表技術指標，應市時可以游刃有餘。

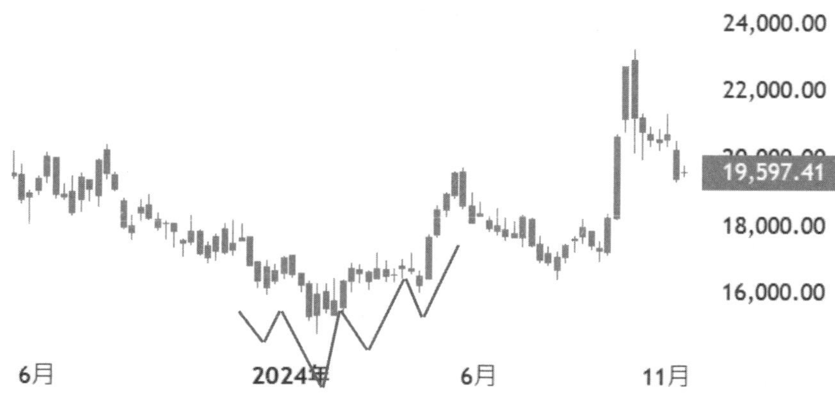

太複雜的分析及技術指標，產生混淆，更可能臨場顧此失彼。頭肩底、以及250天俗稱牛熊線，就是簡單而實用的圖表分析工具

至於較複雜之強弱指數RSI，需要由以前的超買/超賣，進化至背馳現象，效果較好，但在屢屢背馳情況下，令普羅股民在近期高位卻步不敢入貨，也有人以為大市即將見頂而沽空期指、或買入睇淡之衍生產品ETF，因此而招致損手爛腳。

大戶炒股聰明之處，是洞悉散戶心理。很多時候即市都飄忽不定，不會立刻出現明確上升或者下跌方向，觀市者目迷五色，不知何去何從。翌日開市才出現突破信號，讓膽小如鼠的即日鮮散戶以為安全，紛紛追入已上升的股票，能否賺錢已是聽天由命了。

近期美股勢弱，港股偏強，應與去年疫情及國策有莫大關係。恢復通關帶來新氣象，資金流轉加快。內地政策風向轉變，大力扶持內房債務問題。而將科網巨企調整為公家與民企混為一體之經營方式，往後科網龍頭再度被整頓機會大減，一切還原基本面包括盈利、前景等元素，過往跌得太殘之股票，紛紛谷底回升甚多。

可惜的是，在上升市過程中，每日皆有很多股票逆市向下。根據初哥觀察所得，除非當日大升市，否則下跌股票數目經常佔總數達約40%之多，所以揀股票及出入市時間相當重要。慶幸的是，初哥於聊天室，今年所貼股票全中，算是夠運。

眾裏尋他千百度 科網股大翻身靠這隻…

2023年02月02日

去年美國加大力度打壓中資企業，在審計準則上嚴格規管，美國證券交易委員會(SEC)更將多隻中概股納入「預定除牌名單」，國際投資者聞風沽空，瘋狂拋售。加上內地對科網巨企進行整頓，引發市場憂慮，過往備受追捧之明星焦點股紛紛插水式下跌，高位持貨之股民莫不叫苦連天。如果採取鴕鳥政策，不肯在高位先行止蝕，到蝕入肉時惟有束之高閣，這種投資方式，除了浪費寶貴光陰外，亦失去了由谷底反彈賺取可觀利潤的黃金機會。

此外，疫情持續肆虐，中港兩地採取閉關式防疫措施，經濟活動近乎停頓，連累股市跌至體無完膚。打工仔強積金，一年之間的跌幅，竟然差不多抹掉了多年來的些微升幅，靠這表現差勁的強積金作為退休之用，只能算是杯水車薪。

經過多月來的摧殘折騰，港股估值低殘，終於迎來V型反彈。美國因為俄烏戰爭，打壓中概股力度稍事減退，持續加息行動似乎步入尾聲，內地推出多項挽救內房債務方案，科網巨企經過整頓後重踏升軌，加上通關等利好因素，恒指終升至頭肩底量度升幅位22000。

看走勢似有餘未盡，然而國際政治局勢複雜多變，通脹威脅揮之不去，美國政府只是利用財技在股市進行維穩動作，實體經濟欠佳，與股市表現背道而馳。普遍成分股股價仍處高位，再大升空間有限，慶幸的是，過往帶着納指上升的電動車之王Tesla股價跌幅巨大，再度大插之壓力大減。納指往後表現應優於道指，形成大型上落市格局，難言有牛熊市之分。

長揸股票只能在人人談股色變，股價識於微時才可以，現時由谷底回升逾8,000點，已失去長揸股票的良好時機。現階段應用打游擊戰術，密食當爆棚，勝過長揸一隻股票。如果不幸揀錯了對象來長揸，輸錢之餘更會懷疑人生。

至於短炒目標，可揀選跌得過殘的藥業生物科技股及科網股。現階段，被股民既愛又恨之阿里巴巴(09988)，因美股明星級基金持有大量股份，對其投下信心一票，算是進可攻、退可守的股票。

長揸股票談何容易 本錢少惟有密密食

2023年02月09日

港股經過漫長大跌浪，在去年10月31日急插至最低位14597點。正當普羅股民聞股色變之際，恒指出現期待已久的大反彈，但見底回升過程中，不少股民仍抱有懷疑態度，以致錯過了此次大升浪。

更有甚者，升破20000心理關口位的時候，認為低位回升甚多，應該要跌，於是產生了沽空念頭，紛紛購入睇淡大市之ETF，並在恒指逢高加碼。初哥認為這是等同投機性賭博，相當於過大海賭大細般，連開數鋪大後，感覺要開細了，就去買細。

初哥以往澳門閒遊，也有進入賭場小注怡情。有一次目睹連續開了16鋪大，我贏了數鋪後便不敢再買大，眼見賭客們其後差不多清一色買細，不敢再下注，收手做塘邊鶴隔岸觀火，結果是賭場贏盡賭客們的注碼。由此可見，賭錢不能包拗頸，否則會輸至體無完膚。

同樣道理，於上升趨勢中，純靠感覺行事，貿然作出沽空行動是非常危險。只能夠順勢而行，耐心等待。當升至令人麻木之際，連一切淡友言論也掉轉睇好，一眾股民認定應是長揸股票的時機，紛紛買入自己心儀股票打算長揸，往往就一盤冷水照頭淋，又一次被套牢。散戶本錢有限，一心想着買入股票長揸，買中獲利而又持續不斷攀升固然興奮莫名，但當入市後，股票於高位大幅回吐，就會懷疑是否買在高位，恐懼頓生，再也不想長揸了。在震盪市況中，急升時追入，急挫時胡亂止蝕沽出，一時衝動，後患無窮。

股神巴菲特成功之處，就是認定一隻值得可以長揸多年的股票，總是在極低位才出手購入，並愈低愈買，買夠後就會抱住不放，直至投資回報非常可觀。一旦覺得那隻股票的前景有變，就會毫不猶豫逢高沽貨，直至沽清為止。那些年的中石油(00857)就是經典例子，回顧歷史，中石油當被悉數沽售後，再度上升然後才大瀉至今仍未能翻身，至於現時不斷減持之比亞迪(01211)，劇情會否重演，拭目以待。

巴菲特購入長揸的例子不少，但亦有部分失手而回，例如他在2021年致股東的公開信中，便承認了2016年以372億美元投資的航空及國防工業零件製造商PCC，至2020年損失了110億美元。散戶如果揀錯了股票，長揸不放一路蝕本，浪費了光陰，更錯失無數機會。今時不同往日，股價急升暴跌時有發生，按圖表參考及市場心理進行短炒，密食當爆棚之策略應更適合本錢不多的股民。只要贏多輸少，嚴守紀律，便可以屹立於波濤洶湧的金魚缸。

美國數據繁多凌亂 照單全收散戶易中伏

2023年02月16日

美國是世界經濟火車頭，數據之多亦冠絕全球，令人眼花撩亂。以簡化繁及滯後分析，已經足以影響其真實性。更何況人為包裝下，水分滿溢教人產生懷疑。就以近期各大科網巨企紛紛大幅裁員，但數據顯示就業強勁，情況良好，這種背道而馳虛幻式的數據，已毫無啟示作用。市場風向又經常180度轉變，亂上加亂，造成股市過山車般上衝下洗，難以預測，如果仍沿用過往追市炒的模式，就很容易中伏。

言猶在耳，2月加息0.25厘後，經過聯儲局會後聲明，市場差不多一面倒解讀為加息最多兩次、各0.25厘共0.5厘就會利率見頂，即表示加至5厘可以停止加息行動，並在今年尾開始掉頭減息。

股市憧憬利好消息而向上衝，眾人皆以為牛市重臨之際，怎料上周對利息取向有決策權之官員，表示加息行動仍會繼續，甚至會超出市場預期之5厘分水嶺位置，鑑於控制通脹為大前提，加至6厘附近毫不出奇，變相今年尾減息行動之開心願望落空。

事實上，經歷多次量化寬鬆，消費市場極度膨脹，幾屆政府都置之不理，到俄烏戰事把能源價格推至天比高，恐懼失控才立意短時間內要將高通脹壓落至2%以下，談何容易？

股票市場隨即於高位見頂回落，之前相信其樂觀言論的股民，以為可以購入股票作長揸，立時心涼了半截。未肯輕微止蝕的話，現時恒生指數處於高不成、低不就，心中忐忑不安，處於進退維谷之兩難局面。

早前恒指縱使升破俗稱牛熊分界線的250天平均線，初哥已指出並非牛市重臨。世界局勢大亂、全球經濟不景氣、通脹揮之不去、加息周期還未完結等利淡因素充斥市場，展開牛市大升之路艱難重重，坊間常用的短線升破長線的終極黃金交叉線有可能是失敗之作，是否如此，且看未來股市動向便會分曉。

雖然經濟氛圍欠佳，但是熱錢流竄，造成股市大上大落，所以初哥於聊天室已多次提出「密食當爆棚」之策略。

慶幸的是，開通半年以來，成績非常不俗，**其中今年一月貼了50次股票，贏了49次，只輸了一次**，命中率高達98%，能夠跟足建議上落上車的學生們，應可贏個滿堂紅。

美國加息周期持續 股市難大升

2023年02月23日

美股自從加息周期開始，即市經常出現過山車般上落。歸根究柢，與聯儲局官員之鷹派鴿派言論輪流出現有關。似乎並不統一口徑，時常各說各話，但又隱然有互相呼應之嫌。

鷹派加息言論影響股市大跌，鴿派不久又發出相反論調為股市打補針，加上一眾大行的市場操盤行動配合，造成指數走勢忽上忽落，稍一不慎，便誤墮圈套。如果仍沿用過往追市炒之操作模式，會被左一巴、右一巴摑至體無完膚，損失巨大金錢之餘，更嚴重的是失掉了應市信心。

美國明年初進行總統選舉，根據過往模式，應會在今年中營造歌舞昇平之繁華局面。最佳方法，當然是股市表現良好，令國民相信在現屆管治之下，經濟仍然欣欣向榮。所以現階段美股回吐也是可以理解，更何況成交低迷，背後發功舞上舞落較為容易。

美國選舉特色，是總統只能做八年，形成施政傾向短線，盡量催谷經濟及股市，使其任期內威望尚存。政務乏善可陳，更無長遠計劃，影響所及，國民眼光短淺，只看目前利益，造成「今宵有酒今朝醉，明日愁來明日愁」的社會心態。

自2008年次按危機爆發，美國為挽救瀕臨崩潰之金融系統，推出量化寬鬆(QE)政策，大印銀紙以購買長期債券、壓低利率、刺激個人和企業貸款消費。之後歷屆總統為求連任，在經濟不景氣及金融市場大瀉時，喜歡慣常使出大印銀紙的QE行動，分別有2010年推出的QE2、2012年推出的QE3、及2020年推出的無限QE。多次狂印銀紙，雖然可以推動股市上升及消費增加，但帶來的後果是資產泡沫化及嚴重通貨膨脹。國民沒有儲蓄習慣，同時喜歡先使未來錢，國債與日俱增，有朝一日，全球對美元失卻信心之時，美股大冧難以避免。

量化寬鬆後遺症，加上俄烏戰爭持續，中美關係惡劣，供應鏈緊張，通脹陰霾揮之不去，今個年尾要開始減息行動談何容易，所以美股大升只是奢望。然而，成交低迷，又有無形之手進行干預，道氏牛熊市理論應已失效。大型上落市仍將維持，「密食當爆棚」是現今市場生存之道，長揸股票以期豐收，相信仍要等待一段頗長時間。

沽空機構趁機搵食 市場滿布地雷股

2023年03月02日

自從衍生工具面世，股票市場已出現天翻地覆之變化。初期買賣衍生金融產品的目的，不外乎是對沖或者投機，然而發展至今，已成為大戶操控市場的工具。當然，衍生產品只是其中之一，最煞食的莫過於沽空低補。

普通股民，買股容易沽空難，惟有靠技術取勝，轉身靈活，游走於高低波幅之間，賺取利潤。然而，大戶們借貨沽空則易如反掌，只須選擇一個合適的時機，便可以大快朵頤，飽食遠颺。沽空機構從上市公司財務報表，找出令其懷疑的數據，然後出報告唱淡，手持該公司的基金及散戶們，恍如戲院失火，爭相踐踏出貨。

近期就有股票發生一日內暴瀉兩成的驚嚇場面。基金愛股創科(0669)及JS環球生活(01691)，在兩日內先後被瘋狂追沽。前者遭不見經傳的沽空機構出報告，質疑其過往業績之真確性，認為好得令人產生懷疑。基金們由開市不斷狂沽至下午近三時，該股才停牌，大挫兩成。

奇怪的是，早在開市前已有沽空新聞刊出，為何公司不立刻申請即時或者中午後停牌，而是等待下午三時附近插至最低位才停？記得過往有類似事件，有些涉事公司都可以做到快速申請到停牌的。

至於JS環球更離奇，公司開市前發出消息，擬分拆旗下公司在美國上市，這本應是好消息，有利其上升，卻反而一開就被追殺，最低曾經大跌逾兩成。

相反，銀娛(00027)業績見紅，盈轉虧34億元，股價卻逆市而升超過6%，引證現時市場已無理性可言。

初哥多年前亦曾中伏。當日早上有事外出，卻忘記了取消新秀麗(01910)的掛入盤。午飯時段一看，才知悉原來入了貨並大跌近三成，原來沽空機構突然出報告唱淡。下午惟有沉着應戰，並在低位買多一注溝輕成本價。直至收市，公司都沒有停牌。翌日才出通告反擊，股價大幅反彈，初哥有幸能夠倒贏，但已嚇至一額汗。即市炒股地雷處處，以後也不敢外出時間掛入盤。經一事、長一智，惟有盡量減少犯錯機會，才可保存實力。

股票市場雲譎波詭 基金愛股大幅波動

2023年03月09日

初哥聊天室開通已逾8個月，承蒙錯愛，受到一眾網友歡迎，受寵若驚。幸運的是，在上沖下洗、雲譎波詭的股票市場，跟隨建議的多有斬獲，表現遠勝於大市表現。

因股票數目繁多，而資金池不足，造成此起彼落、輪流交替炒作之場面屢見不鮮。相比以前跟隨恒生指數齊起齊落的年代，不可同日而語。所謂牛熊分界，已趨模糊，代之而起是北水喜用的高低桿模式。若仍沿用過往習慣，風派式追市炒，結果會是焦頭爛額的居多。

股市大起大落變成常態，連備受基金寵愛的行業龍頭也難幸免，近期例子就有創科實業(00669)及JS環球生活(01691)。前者在2月23日受到不見經傳之沽空機構唱衰，單日跌幅曾逾19%並且短暫停牌，翌日復牌公司發聲明強烈否認指控，股價大反彈。事隔五日，公司在3月1日公布業績，較市場預期良好，股價逆市而升4%。

JS環保生活亦玩過山車飛上飛落，2月24日公布分拆旗下子公司在美國上市，本屬好消息，惟竟當壞消息炒，當日大瀉兩成。初哥亦把握機會，趁其在急插至7.21元時建議網友們吸納，其後曾大幅回升至8.81元，升幅達22%。如有信心持有，應獲取可觀回報。

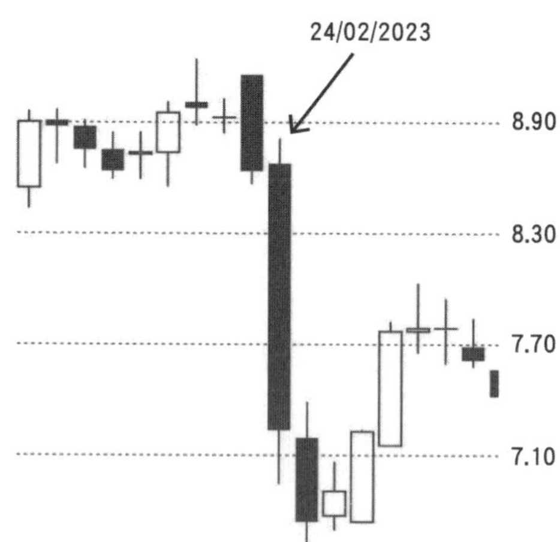

JS環保生活（1691）2月24日公布分拆旗下子公司在美國上市，當日大瀉兩成

視訊股嗶哩嗶哩(09626)及生物工程股再鼎醫療(09688)，同樣出現戲劇性的高低槓表現。前者因在3月2日傳出內地廣播監管機構在2月下旬召開會議研究視訊對青少年毒害問題，股價跌個四腳朝天，但收市後公布業績，翌日股價大翻身，反彈幅度可觀。相反後者早前較大市強勢，但公布業績差強人意，股價大幅插水逾8%，但執筆時，美股股價又大幅反彈10%。這種不按常理的股價表現，令不少股民大歎難於適應。於起跌無常的飄忽市況中，加上恐懼與貪婪的驅使，幾個回合已可輸至面無人色。

以前外資獨大，現時北水已經與之平分秋色，勢力更超越前者。北水炒股喜歡聯群結黨、逆向潮流式的操作，本地股民宜順應潮流，習慣其炒法才有生存之道。説到這裏，初哥想起賽馬投注，自從多了北水參與，投注屢創新高之餘，連落飛程度，也較以前繁複得多，難怪連港產馬神也大呻難賭了。

認識北水高低槓炒法 與時並進方能跑贏大市

2023年03月16日

股票市場，賣概念永遠有捧場客，但如未能掌握上車落車，輸至囊空如洗者大有人在。從荷蘭鬱金香、1973年港股的香港天線、2000年科網股、到近年的虛擬貨幣等，宛如落幕煙花，總是在最璀璨奪目之時，迅即隕落。剎那間光輝不代表永恒，正是股票市場的神話寫照，屢見不鮮。

雖然美國股市仍處高位，但是暴跌的股票也不少，就算是電動車之王特斯拉(TESLA)，也曾試過由高位大瀉逾75%，同類鳳尾股法拉第未來(FFIE)，更大冧95%。連在投資客眼中較穩陣之新股(IPO市場)，前年有一隻每日優先(MF)上市價13美元，掛牌當日開市已由10.56急挫至9.66跌逾25.69%收市，一年多後，至今竟跌去99%，較當年的電訊盈科(00008)有過之而無不及。可見近年股票急升暴跌，非港股獨有。

受到持續加息拖累，近期有一間孕育環球創新科技企業的硅谷銀行因為資金短缺，被迫放售股債資產。較早前3月初已有專注於加密貨幣的Silvergate銀行突然倒閉，令市場情緒焦慮不安，因此有關硅谷銀行的消息傳出，引爆投資者恐慌，連累母公司SVB Financial Group(SIVB)股價在上周四大瀉60%，而盤前交易再度暴跌60%。由於硅谷銀行資不抵債，上周五SIVB更被證監會勒令停牌。周末又有美國最大的加密貨幣銀行紐約州Signature Bank被美國監管機構關閉，以遏止金融系統瀕臨崩潰之風險。

為免重蹈當年因為沒有出手救雷曼兄弟而引致全球金融海嘯之禍，聯邦政府接管兩間出事銀行，美國政府宣布為倒閉的硅谷銀行及Signature Bank存戶包底。執筆之際，忽聞有媒體發現，硅谷銀行CEO貝克爾(Greg Becker)在硅谷銀行宣布倒閉前夕，私自出售了近1.25萬股SVB Financial Group股票，套現近360萬美元。如此違規行為，相信必遭當局追查。

初哥近年文章已提及，道氏理論之牛熊市分野已模糊，待之而起的是急升暴跌。而北水影響力漸大，其聯群結黨式炒法，造成股票短時間內，飄上飄落，輪流炒之場面時常出現。**本地股民應與時並進，改變過往追市炒之習慣，才能在現今的高低横式炒法分一杯羹**。

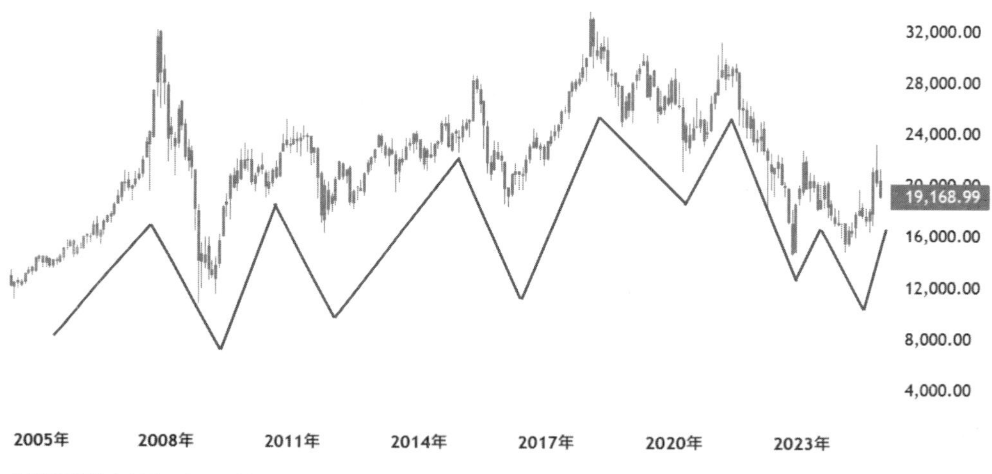

改變過往追市炒之習慣，才能在現今的高低橫式炒法分一杯羹

不少股民喜歡跟着已公布的消息去追逐股票，這是十分吃虧的。以公布業績為例，有散戶寄望業績理想而購入，可惜多數事與願違，不知何解，無論業績好壞，又或較市場預期為佳，總是出現「見光死」居多。上周公布得好的京東集團(09618)及仍然虧損嚴重的再鼎醫藥(09688)，業績出爐後均跌個四腳朝天。即使屢有同類事件發生，仍有股民忘記教訓，依然中招。在股場中，要時刻留意市場之炒股模式及變化，及時作出應對，才可以跑贏大市。

盈喜盈警令股價波動 準則如何界定？

2023年03月23日

近期焦點股之一，是陪伴港人成長的電視廣播(00511)，早前公布與阿里巴巴(9988)旗下電商平台，合作直播帶貨，首場獲得2350萬元人民幣的銷售、及485萬人次觀看，未來還有47場直播帶貨。市場即時反應，是會重演東方甄選(前稱新東方在綫)(01797)的神奇之旅。

短短5個交易日內，**電視廣播股價由3.86元衝上最高位17.9元，地心吸力下出現回吐本是平常事，然而，回吐兩日後，在3月14日收市公司發出盈警消息，股價跌勢隨即加劇。3月15日收市後再傳出有基金趁高走貨，翌日股價隨即插水式狂瀉近30%，高位搶進之股民，莫不叫苦連天**。初哥認為，後者之趁高沽貨行動是正常商業活動，不過前者盈警公布時間卻是值得商榷。

上市公司有固定公布業績時間表，可讓股民自行選擇是否博業績表現。無論進行吸納或沽出行動，贏輸也會覺得較公平。但後期倣效外國，推出盈喜／盈警，惟並無一套量化準則，例如盈利增減百分比幾多才算是盈喜盈警、又或扭虧為盈轉盈為虧等等，只任由公司自行決定是否發出該類為股價帶來巨大變化之消息，這對一般不知就裏的普羅股民，又怎算是公平呢？

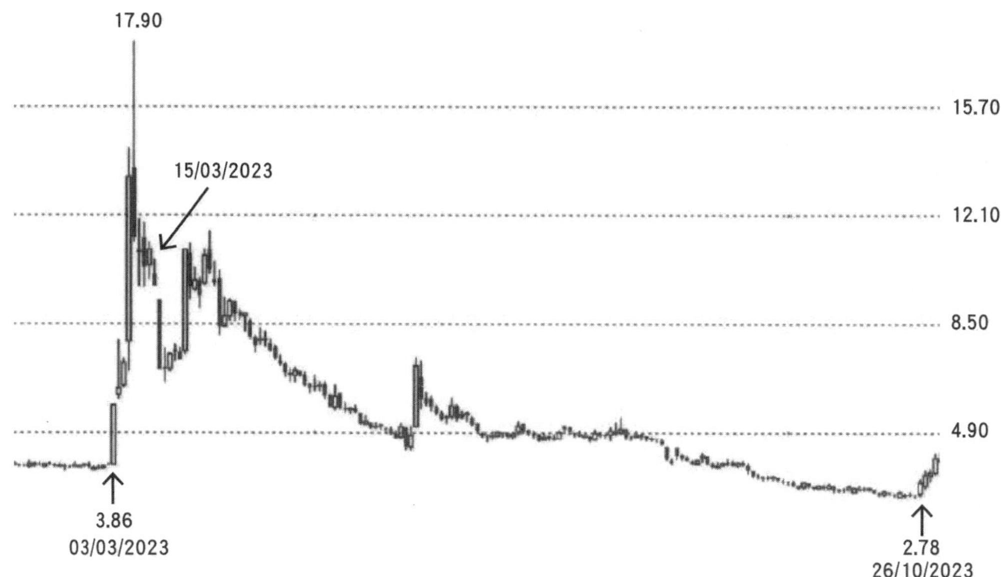

電視廣播(511)股價由3.86元衝上最高位17.9元，回吐兩日後，在3月14日收市公司發出盈警消息，3月15日收市後再傳出有基金趁高走貨，翌日股價隨即插水式狂瀉近30%

很多時候，距離發布業績期相當近，仍有公司選擇提前發出盈警/盈喜。而根據過往歷史，盈警居多，這猶如對參與買賣之散戶投下一枚炸彈。初哥在聊天室經常講的滿布「地雷股」就是這個原因。

不患寡而患不均，放諸四海而皆準。有關當局維護市場正常運作之餘，亦要照顧小股東之公平競爭利益，否則普羅股民經常無厘頭地被迫輸錢，意興闌珊，退出股場，對香港股票市場未來發展當然不利。

事實上，可借鑑N年前馬會毒馬案事件，抽出玩弄馬圈的不合法犯罪分子，還馬迷們一個公道。賽事公平，馬迷回復信心，樂於投注，香港賽馬事業自此一帆風順，投注額推向高峰。

處於不利環境，仍參與炒股的散戶，惟有作出自保行動，就是定好炒股策略，緊隨北水高低槓炒法。最重要的是不對路時採取輕微止蝕，以保本錢不致流失太多。等待合適時機，才大舉出擊，迎接大升市的來臨。

消息收發自如股價波動 股民宜自警惕

2023年03月30日

90年代亞洲各國物資低廉，吸引外資積極投入建設。大量熱錢流入追逐，資產價格過度上漲，信貸槓杆高企，形成泡沫。1997年國際大炒家覷準時機，利用「雙邊操控」策略，操縱利率及股市以製造市場恐慌，衝擊亞洲各國金融貨幣，意圖謀取暴利，造成亞洲金融風暴。

1997年7月，泰國率先脫離固定匯率制，泰銖兑換美元滙率一日之內急降17%，資產價格嚴重貶值，全球滙市股市一片風聲鶴唳。之後馬來西亞、菲律賓、印尼及新加坡等各國貨幣亦受影響，大幅波動，經濟深受打擊。至1998年8月，大炒家轉移目標，對準香港。恒生指數狂瀉至8月13日的6544點，金融崩潰危機如箭在弦，一觸即發。眼看在劫難逃，香港政府決定動用外滙儲備基金入市接盤打大鱷，保衛港股，穩定人心。

猶記得初哥及經紀們在報價機前看着驚心動魄的世紀大戰，萬眾一心，為港府喝采支持。經過兩星期苦戰，8月28日大鱷沽盤達到高峰，港府使出挾淡倉一招，並與結算所達成協議，如沽空者無法在T+2交收，當局會市價補回平倉，虧損由沽空者承擔。中央政府同時在背後發功，至此港府順利完成歷史任務。大炒家在香港失利，索羅斯亦因為當局金融政策突變而「火燒後欄」，落荒而逃。

香港政府一貫以來奉行積極不干預政策，資金出入自由，加上港人勤奮上進，靈活變通，成就了一個舉世知名的國際金融中心。亞洲金融風暴發生時入市干預，為迫不得已之選擇。回顧歷史，當時行動正確。由此可見，雖然大方向是積極不干預，但對於市場有極大危害之時，非常時期當用非常手段。

除了積極不干預，當局亦經常參考外國市場規則，以完善制度。然而外國規則，並非全部可取，亦不會完全適合本地市場。就以初哥上周所寫的文章中提及的盈喜盈警為例，沒有一個量化準則之餘，更不能幫助股民避開地雷，其殺傷力尤甚於業績公告。更加需要警惕的是，盈喜盈警是否淪為操控股價的手段。

近期觀察所見，有一間影視娛樂企業不斷發放利好及不利消息，令股價大幅波動。弔詭的是，巧合地在低位發出利好消息，高位隨即公布利淡消息，形成近期初哥常掛口邊的「高低槓」式炒法，股民就在高高低低之間輸個不明不白。

北水與香港股民炒股風格不同 板塊輪動成風潮

2023年04月05日

百里而異習，千里而殊俗。文化不同，民風迥異，各地以本身優勢為依歸，再參考他國成功例子，從而發展出一套適合自己的模式。他山之石，可以攻錯，然而照搬如儀，恐怕只會變成東施效顰，畫虎不成反類犬。

中國人口眾多，從以往世界工廠角色轉移至集內需、科技創新為主的路線。美國以科技及金融為主打。日本以美輪美奐的包裝產品及美食來吸引遊客，澳門定位於賭場娛樂渾然天成。香港地小人多，交通方便快捷，有利地產發展；法治健全而低税率，資金進出自由及背靠祖國等優勢使之成為國際金融中心。加上港人勤奮，靈活變通，小島華洋雜處，變成機會處處的國際大都會。

可惜的是，國際以美國市場馬首是瞻，香港股票市場也完全抄襲美國式玩法，雜亂叢生，衍生工具更是元兇之一。每日大起大落的股票比比皆是，與過大海賭大細並無分別。就算是始作俑者的美國股票市場也如出一轍，看上周五晚美股三大指數上升逾1%　，但個別股票大瀉超過40%。此種升市中的地雷屢有發生，頻率甚高。而且美股指數上升，似有水分存在，人為因素極重，並不真實反映經濟現況。如果不是大升市，下跌股票數目每每多過上升股票。這種牛熊分界已模糊的市況，令股民如墮五里霧中，不知何去何從。

圖表分析以移動平均線廣泛應用，可惜在此種上落無常，過山車般的情況，常常左一巴右一巴地被摑至面腫。如執迷不悟，仍相信以所謂黃金交叉及死亡交叉線作為出入市指標，輸錢機會更高唱入雲。

因有新股不斷加入，股市市值日益龐大，但資金池未能同步成長，形成輪流炒局面出現。近年北水參與港股炒賣活動持續增加，雖然仍未能與外資分庭抗禮，但影響力漸大。他們與香港股民炒作模式截然不同，後者大多喜歡單獨個體炒股、直向思維及風派式炒法。而北水則喜聯群結黨集體行動、逆向思維，**配合高低槓式炒法興風作浪，造成個別板塊輪流炒作，(圖例)**符合浴缸理論的精髓。箇中原因，初哥認為或與其深悉內地政策有關。

在春江水暖鴨先知的情況下，公布消息時配合成交量大升，洞悉先機者短時間獲取巨利。香港股民如想分一杯羹，宜學好新聞判斷法應對市場變化，否則只會變成羊牯一族。

元宇宙再到人工智能 Web3.0概念股命運將如何？

2023年04月13日

現代科技一日千里，網絡世界由70至80年代主要以閱讀模式、靜態網頁及個人電腦為主的Web1.0(00第一代互聯網)，發展至千禧年代，現時讀寫皆能、雲端與移動設備的Web2.0(00第二代互聯網)，人人一手機，方便之餘，亦意識到私隱與安全的問題，從而着眼於開發讀寫與擁有權兼備之Web3.0(00第三代互聯網)。

Web3.0強調去中心化，信息分散儲存，以區塊鏈或點對點網絡為主要應用科技，元宇宙、NFT代幣、加密貨幣、DeFi去中心化金融及人工智能都是其代表。

Web2.0令不少創作公司成功突圍而出，電商企業以點擊瀏覽等大數據分析引導消費者下單，數碼營銷獲得大量廣告收入，再衍生出YouTuber、視頻帶貨等等角色及模式，百花齊放。然而，網上營銷雖然可以節省租金，但需要投入大量人手，很多公司在初期都要蝕本經營。

當一窩蜂地去做同一件事時，結果往往是弱肉強食，淘汰一批捱不住長期燒錢的公司。剩下來的，由寡頭壟斷市場成為最大贏家。發展至今，仍是行業龍頭者，微軟、蘋

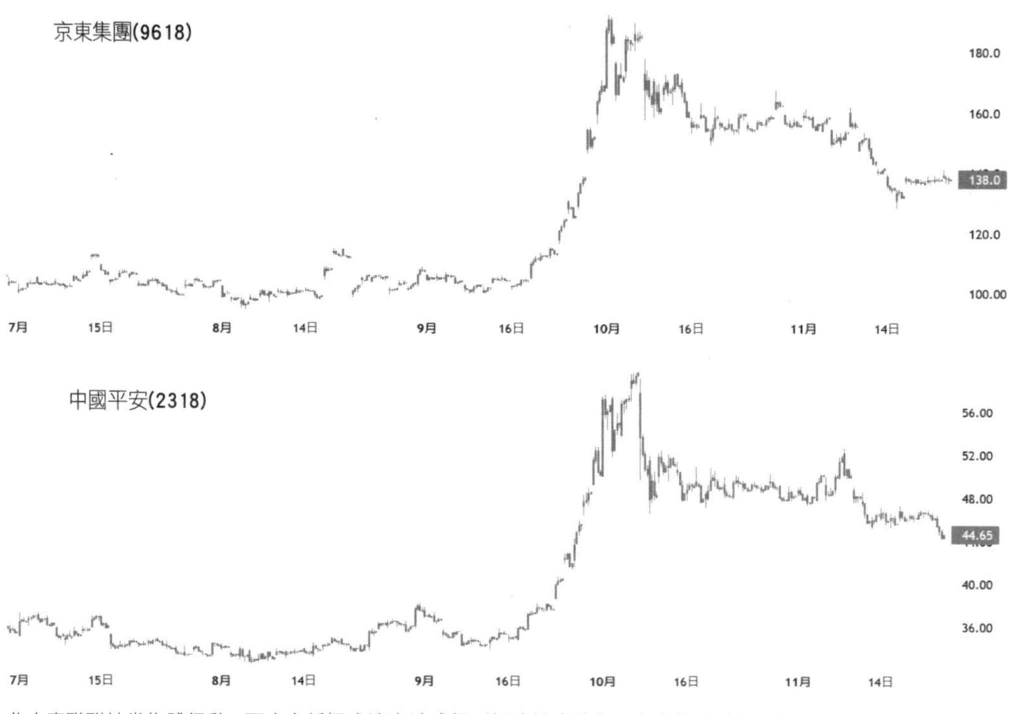

北水喜聯群結黨集體行動，配合高低槓式炒法,造成個別板塊輪流炒作。京東集團（9618）、（2318）中國平安

果公司、及騰訊(00700)、阿里巴巴(009988)等傲視同儕可見一斑。新進者欲分一杯羹談何容易，唯有參與新興事物，捷足先登搶佔市場份額，才有望成為該行業龍頭。

不過早期發展，未能產生盈利前，燒錢程度相當驚人，所以巨企發展新興事物是有一定優勢。繼去年大熱的元宇宙及NFT代幣後，現時火爆之人工智能潮流產品ChatGPT亦迅速上位。當OpenAI去年11月宣布推出後，很快就有多家公司加入競爭行列。中國互聯網龍頭百度(09888)推出「文心一言」，是為內地第一家推出人工智能聊天室的公司。近期陸續公布人工智能的公司包括商湯(00020)及阿里巴巴(09988)等，在4月4日有社交媒體傳出前者即將發布大型人工智能模型，股價立即大升，後者亦有些微升幅。**相關概念股創新奇智(02121)三日內更由15.4元衝上27.5元，飆升近80%，同樣有相同概念之金山軟**

件(03888)更早過商湯等發力，由三月中約27元升至上周初最高位42.35元，漲幅逾50%。

人工智能強調電腦系統不斷透過學習人類思維及知識，提供資料，幫助人類作出選擇。並能夠從過去經驗，篩選出更合理的決策，快速回應問題。能夠製造出優於人類思維的電腦科技系統，在醫療、學習、環境及生產方面幫助人類之餘，亦帶來未來人類命運的問題。

早在2014年，已故物理學家霍金曾預言，全面發展人工智能的話，人類可能會自取滅亡。發明家所做的好事，對未來世界或會造成極大傷害，例如塑膠造成的溫室效應便是人類面對的嚴重問題，以及電子產品造成的污染，處理不好，則地球或會不再是人類的安居之所。不停輸入偏頗資料，會造成系統只能提供片面意見，人類倚靠電腦作為主要指導，有可能不斷犯錯。在即時提供知識方面，人工智能比人類優勝及全面，但在道德倫理層面，無法代替人類，如父母以人工智能全面代勞教導子女，後果難以想像。

近期繼意大利禁止人工智能發展，德國也跟隨暫停相關行業，有意染指該類概念股者宜小心行事。事實上，在商業用途上未有產生利潤前，持續燒錢，情況有如生物科技股般，股價大上大落是必然的事，投資此類股份宜做好風險管理。

圖表分析易學難精 適用與否最關鍵係...

2023年04月20日

家父常說：「我食鹽多過你食米」，初哥深受影響，相信「家有一老，如有一寶」，所以喜歡向前輩級叔父取經。

回顧往事，有不少前輩與初哥有緣。小時候救命恩人梁本叔叔教曉捉象棋，因而造就了初哥後來進身全港公開賽十六強及青少年組八強。中三時大病了半年，在醫院認識了一個叔叔，到中五畢業那年，經他介紹進入當時規模頗大的利華布廠做暑期工。十餘年

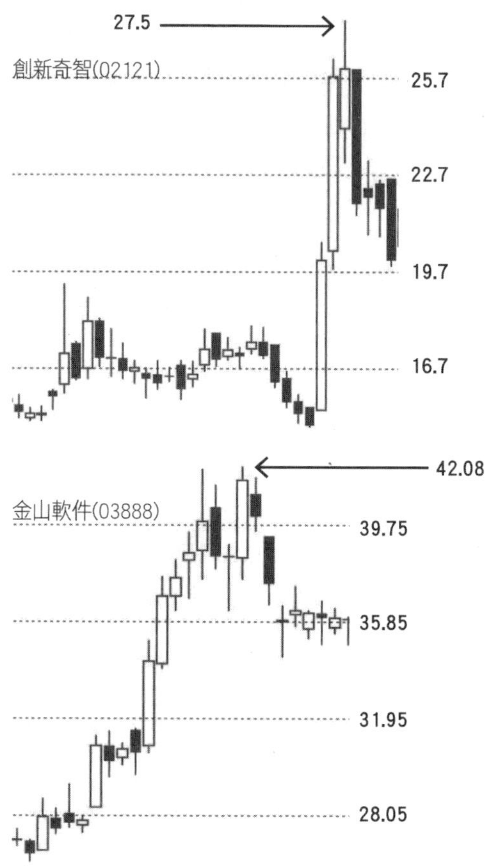

AI概念股創新奇智(02121)三日內由15.4元衝上27.5元，飆升近80%，同樣有相同概念之金山軟件(03888)更早過商湯等發力，由三月中約27元升至上周初最高位42.35元，漲幅逾50%

前有幸認識了一位退休副校長，博學多聞，其女兒是本港名牌大學教授。曾多次約他飯敘取經，獲益良多。他說以往都是對牛彈琴，認為初哥是他知心友。可惜來往數年後他因病離世，初哥失去了一位良師益友，損失甚大。

一個偶然機會認識了一位曾於大機構任要職的金融界前輩盧君，傾談之下獲悉他有不少金融故事，於是邀請他做一集清談節目的嘉賓。

盧君的故事對初哥有啟發性，然而，論及圖表分析時，意見相左，擦出火花。他認為圖表無用，並表示以前有一位圖表派大師，親手畫圖表，但竟輸至一敗塗地。初哥不敢認同，因圖表派有約半世紀時間，那位圖表派師傅只學習了數年時間，顯示時間磨練不夠，就自稱是大師。更重要的是，任何贏多輸少的分析工具，總有出錯的機率，惟有用止蝕策略來保障損失不致於過大。

另外他又認為移動平均線，尤其「黃金交叉」及「死亡交叉」，以前有效，現已變成陷阱，這是初哥十分認同的。箇中原因是以前股市較為簡單，容易造成單邊市的出現，正脗合移動平均線精髓。

現時金融市場就是太多衍生產品，由最初簡單的只買升跌，進化至由衍生產品做出多種投機交易，令市場變得異常複雜。傳統之道氏牛熊市理論漸漸失效，恒指成份股數目不斷增加，加上新股陸續上市，市值已較從前膨脹了很多倍，但投入股票之資金池未能同步成長，**形成「浴缸理論」輪流炒作(圖例)**，此起彼落，過山車般忽上忽落時有發生。

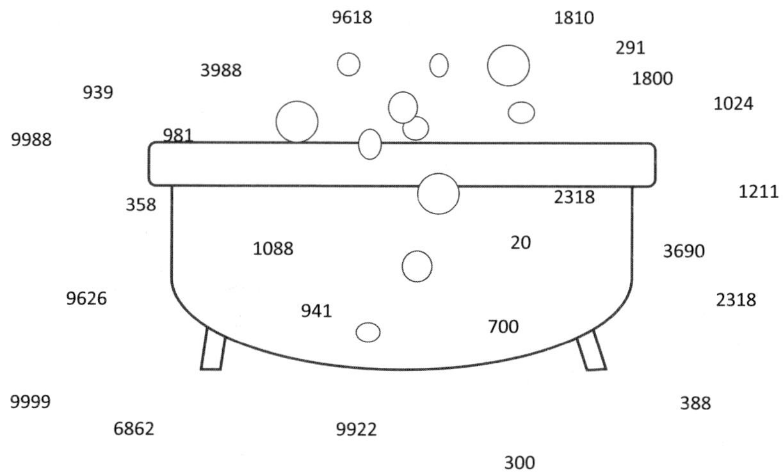

「浴缸理論」是指輪流炒作

現時股票市場，除非是大升市，否則每日股票下跌數目總多過上升。雖有云太陽底下無新事，但往往世事如棋局局新，時刻留意變化，適當作出調整，才有致勝之機。

股票波動大 贏錢重點在上落車時機

2023年04月27日

自從取消最低佣金制，短炒成本大減，數格已有利可圖，助長了部分短線投機。國際政治形勢急劇變化、熱錢流竄、高風險衍生工具複雜化帶來的金融危機、以及虛擬貨幣市場的崛起等等，在在都影響了股票市場。

現時每日不難找到波動巨大的股份，即使大價成分股亦如是，部分短期波幅已可堪比過往一年的價格變動。除非能夠在極低價位買入股票，揸中線仍有可為，長揸股票能贏大錢已屬鳳毛麟角。

時移世易，物換星移，**隨着北水積極參與，聯群結黨式推動，擅用高低槓加浴缸理論炒法，密食當爆棚，顛覆了過去港股運行的模式。(圖例)**與港式強弱勢風派睇市不同，他們以數學計算值博率應對，在市場搵食。情況一如投注賽馬，同樣運用值博率原理方式落纜，臨入閘前禾雀亂飛的瘋狂落注，結果大部分馬匹變成綠格或啡格，跑出來的派彩大為縮水，難怪連本地馬神也大歎難賭。

初哥近年察覺市場變化，不時作出調整，用圖表路線圖及市場心法，雙劍合璧進行密集式炒法，經過多個回合，總算大幅跑贏大市甚多。近期經典例子，就是融創中國(01918)。

融創停牌逾一年後，達成復牌指引，於4月13日恢復買賣。初哥參閱新聞通告，認為短期內應有一炒價值，來回多轉賺取了合共逾50%升幅。其中在學生群組中，利用非經常時期才採用的自家獨創幾何圖形炒股法，上下其手般應可賺逾25%利潤，算是不俗。

事實上，初哥在1997年寫專欄時，已間中利用此套心法應市，表現出色。當然，不是任何股票皆可用此方法，如果買中一隻爆煲股，往下炒，然後低價私有化，甚至被勒令停牌兼除牌的劣品，則會血本無歸。所以揀股功力非常重要，上車落車時機更重要，而控制風險則尤其是重中之重。

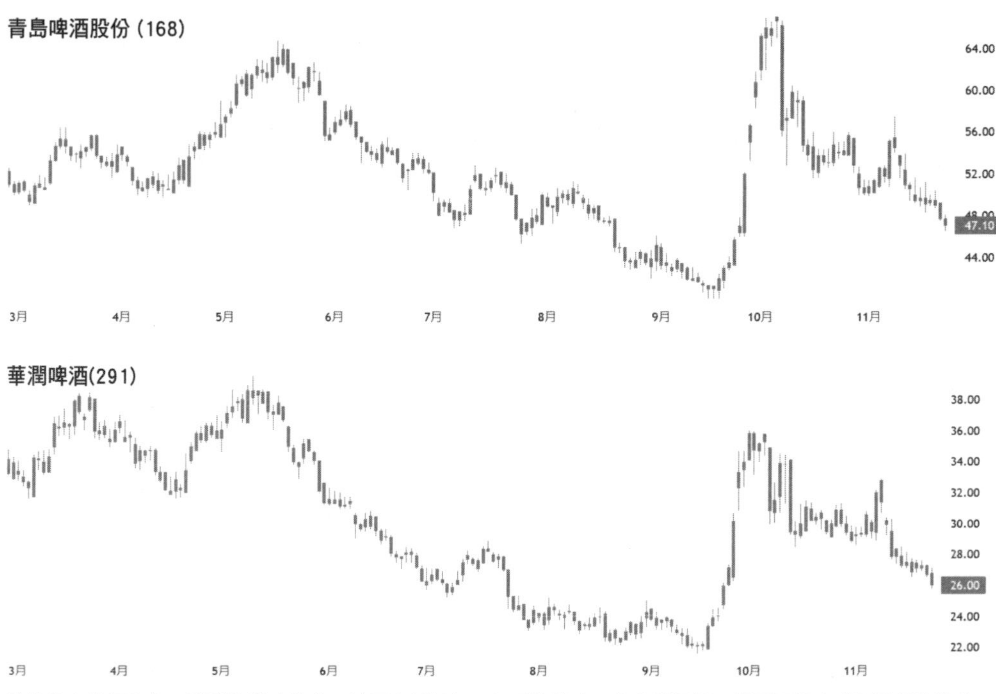

隨着北水積極參與，聯群結黨式推動，擅用高低槓加浴缸理論炒法，密食當爆棚，顛覆了過去港股運行的模式

恒指疲不能興 元兇在兩大龍頭股

2023年05月04日

港股近年表現，令一眾股民非常失望。由2018年2月歷史高位33484點，下跌至上周五19894點，跌幅達40%。期間以2021年1月至2022年10月尾跌幅尤為可怖，曾經觸及自2008年以來低位14597點。

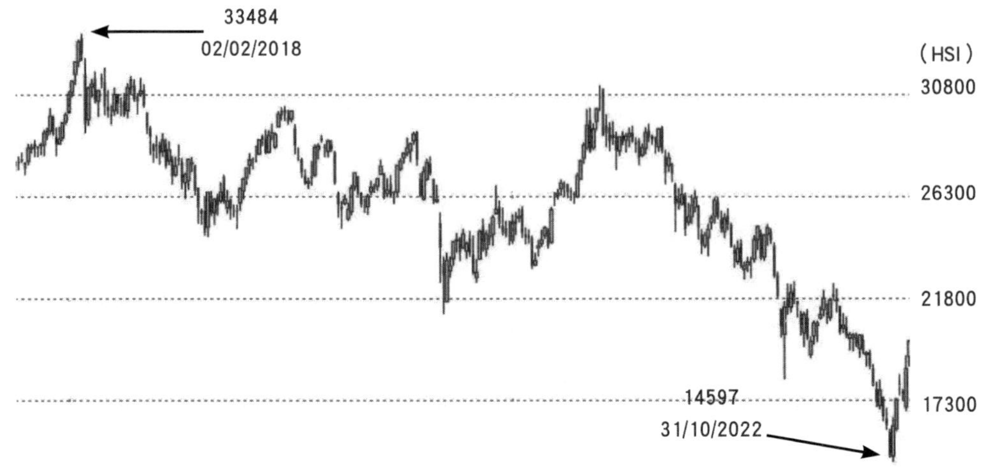

港股由2018年2月歷史高位33484點，下跌至2023年4月尾19894點，跌幅達40%。期間以2021年1月至2022年10月尾跌幅尤為可怖，曾經觸及自2008年以來低位14597點

個別股票慘不忍睹，股王騰訊(00700)跑輸恒生指數，下跌近54%。極受歡迎的購物平台淘寶母公司阿里巴巴(09988)，自從旗下金融業平台螞蟻金服上市觸礁後，由歷史高位309.4元下跌至上周五82.05元，跌幅更高達73%。新經濟股跌幅驚人，狂瀉90%比比皆是，證明剎那間光輝不代表永恒。

江山代有股王出，看歷代股王滙控(00005)、中移動(00941)、中石油(00857)等，雖曾獨領風騷，最終也難逃地心吸力，退位讓賢。

十年一覺揚州夢，20多年來的打工仔強積金戶口，回報跑輸定期存款，引證長期持有股票應是噩夢。相反，如能掌握入市時機及沽出套利時間，獲利不俗，更重要的是增加炒股信心。

中美角力升級，金融戰爭悄然誕生，港股急上驟落已成常態。諷刺的是，影響恒指比重甚大的兩大股王騰訊及阿里巴巴，大股東竟不是創辦人馬化騰及馬雲，而是南非基金與日本軟銀集團。

南非基金去年已高姿態宣布將會盡沽手頭所持有之騰訊股份，按照每日沽出的數量，非要8年以上的時間不可。然而，年賺過千億港元的優質股票，應是不少機構投資者眼中的獵物，南非基金何解不大手作出配股行動，卻要在市場日日不斷沽出？一切盡在不言中。

阿里巴巴下跌幅度更誇張，大股東日本軟銀利用場外期權，悉數沽售，加上過往曾有低價私有化的不光彩歷史紀錄，大瀉逾70%以上是可以理解的。

那邊廂的美股道指，雖然看似仍在高位，但代表科技及新經濟股之納指則大跌甚多，連年備受追捧的電動車之王Tesla，亦大瀉逾60%。近期美股大幅波動，喜歡炒賣美股之香港股民也減少參與。

外資做淡，北水力頂，雙方角力爭持激烈，形成股價此起彼落的局面。偶一不慎，股票套牢，未必能夠絲毫無損地逃出生天。初哥常掛在口邊的規條「入市宜謹慎」，在這種市況中，更是顯得重要了。

西方掀銀行倒閉潮 何解香港銀行相安無事？

2023年05月11日

銀行是百業之母，其股票向來都是投資者的穩陣之選。香港銀行業現時制度健全，不過多年前也曾經歷危機。

翻查歷史，1965年明德銀號發出700萬港元的美元支票遭拒付，消息傳出，大量存戶湧往提款，銀號無法應付，最後要香港政府接管。但謠言並未中止，蔓延至其他華資銀行發生擠提，以致當時是滙豐銀行的主要競爭對手、歷史悠久及存款資產是香港最大的恒生銀行控股權易手至滙豐銀行。滙豐銀行從此奠定在銀行業的壟斷地位。幸而成為滙豐集團成員之後的恒生銀行，仍保留華人管理層之特色及自主。回顧事件，內裏乾坤有誰知曉。

1985年，海外信託銀行因為銀行高層與客戶串謀虛假借貸，做假帳，以致虧損嚴重，資不抵債而面臨倒閉。香港政府介入調查，並緊急立法通過以外滙基金30億元接管銀行，穩定市民及投資者信心。1993年，政府以44.57億元出售海外信託銀行予國浩集團旗下的道亨銀行。到2001年，國浩集團又將旗下道亨銀行、海外信託銀行及廣安銀行售予星展集團，自此三者合併改稱星展銀行。

1991年，在盧森堡註冊並在全球65個國家共有350個辦事處之國際商業信貸銀行(下簡稱國商)倒閉，香港銀監專員發聲明表示，1973年已在香港設立分行的國商在香港的業務財務狀況健全，孰料香港銀行業監理處(後改名香港金融管理局)發現國商有問題貸款，於是被政府勒令停業。影響所及，道亨、港基及萬國寶通銀行也出現擠提。然而，政府並沒有再次進行任何拯救行動，國商存戶未能取回所有存款。後來香港華人銀行收購國商股份，國商進行清盤，至1999年存戶才能取回全部存款。

國商事件促成2004年香港存款保障委員會(簡稱全保會)的誕生，保障50萬元以下的存戶可在銀行倒閉的情況下獲得全數補償。體制健全，令市民安心存款。過去數十年，香港銀行營運正常，至今仍未有任何一間出現問題，證明金管局監管嚴密，變成市民和銀行雙贏局面。

另一邊廂，美國及歐洲銀行經過多年太平歲月，隨着俄烏戰爭及美國制裁多國帶來的嚴重通脹，聯儲局想在短時間內壓抑通脹惡化，於是持續暴力加息。科技股借貸成本急增，股價跌幅巨大，更難以在市場集資。資金短缺之下，紛紛在以科技股為主打的硅谷銀行擠提大量現金。硅谷銀行一夜之間倒閉，連帶其母公司股價大跌，一如傳染病般蔓延至其他創新銀行如Signature Bank等，連有166年歷史的歐洲瑞信投資銀行也出現流動性危機，要由瑞士銀行接管。

上周美國多間地方銀行相繼出事，其中西太平洋銀行(PacWestBancorp)股價在上周四一夜之間暴跌50%，由3月8日26.68元開始跌至5月4日最低位3.17元計，累跌超過88%。雖然上周五大幅反彈81%，但仍較出事前下跌78.5%。影響所及，西方聯合銀行、錫安銀行、聯信銀行等等地區性銀行股價也大幅下挫。銀行股地雷滿布，持貨者無不擔驚受怕，惶惶不可終日。

奇怪的是，本港及內地銀行股背道而馳，股價不跟隨下跌，反常地上升。四大內銀股兩日升幅接近10%，而本港銀行滙豐(00005)，上升逾2%並連帶一眾內地民企地產股紛紛大升。例如近期初哥在群組內提及之融創中國(01918)上周五當日狂升近兩成。

互聯網及手機帶來大量資訊，股民唾手可得，羊群心理一窩蜂地炒作，造成股價急上驟落。跟車太貼，容易釀成意外，還是那一句，「入市宜謹慎」了。

美債上限快到期 兩黨言論影響金融市場

2023年05月18日

經過多年太平盛世，政治家靜極思動，製造混亂，從中取利。世事紛擾，從中美貿易大戰、至俄烏戰爭、台海局勢、中美角力、美國通脹及國內自身問題等等，錯綜複雜多項因素，造成現今金融產品包括股票、外匯、商品、虛擬貨幣等市場亂象叢生。最多人參與的股票市場，充斥着時好時壞的消息， 急升暴跌，令炒慣單邊市模式之股民吃盡苦頭。

自從美國主打的代理人戰爭開火，加上胡亂制裁多國，卻沒有想到多年來全球一體化，你中有我、我中有你的供求關係，以致物資供應鏈嚴重缺乏。物價飆升，過去沒有處理的通脹問題更形惡化。刻不容緩，聯儲局惟有進行連串暴力加息行動，債券價格大跌，股價急挫，科技企業市值收縮，難以借貸，紛紛提款應急，個別銀行資不抵債，宣布破產倒閉。火燒連環船，連百年基業之瑞士信貸投資銀行也要被瑞士銀行收購接管。看來美國地區銀行業倒閉潮尚未完結，企業及存戶對於小型銀行不再信任，或許要經過連串收購整合，震盪才會平復下來。

一眾美國大企業為求節省成本，大量裁員，接二連三傳來的壞消息，似乎預告經濟已向下調整。不過奇怪的是，連續加息後的經濟數據，例如就業及消費物價指數等仍高踞不下，美國經濟好得令人懷疑。聯儲局奉數據為依歸，通脹猛於虎，加息行動短期仍會持續，除非經濟數據出現大倒退或銀行倒閉潮牽連廣泛，否則減息是奢望。

這邊廂銀行業危機併發，那邊廂卻又來了個債務觸及31.4萬億美元的舉債上限的重大風險。迫在眉睫，如不盡快解決，6月1日美國將會面臨債務違約，沒法支付帳單，信用破產，美元地位不保，引發金融危機。對於國內而言，美國政府會關門大吉，公務員沒有糧出等等，不過對於金融服務、執法部門及交通航空等仍可維持運作一段時間。

美國是靠借貸度日的國家，由來已久，實際上隨着GDP一路有增長，債務限額同時被不斷提高。從列根政府開始，更由於赤字擴大而拚命提高債務上限。增加債務上限，需要國會通過，而國會就是執政黨與在野黨的表演場地。民主共和兩黨，互相角力，輪流獻技，會否妥協暫時是未知之數，但根據過往歷史，最終達成協議機率甚高。然而，在兩黨互相討價還價聲中，股票市場不可能一飛沖天，只會因應兩黨言論而忽上忽落。處於此撲朔迷離的投資市場，只能採取急插時買入、反彈時食糊之低揸高沽策略為上算。

業績一出見光死 板塊輪動高低槓

2023年05月25日

學武功先背心法，然後再練招式，熟練了才能得心應手，揮灑自如。炒股票亦然，研讀圖表分析，配合心法，不斷重複練習才能屹立於金魚缸，長遠成為贏錢一族。

炒股心法即是將過往股票走勢，按或然率及勝算機率高的數據，進行模式化，緊記於心。當有出現雷同的模式時，立即作出相應行動，勝算便高。間中失手，只能當作交易成本，平常心對待便可以。每次失敗經驗，只會加深自己對入市出市的體會，能作檢討，自必有進步。

業績見光死的例子多不勝數，就如上周對恒指起關鍵作用的騰訊(00700)及阿里巴巴(09988)，兩者在公布業績後均大跌。諷刺的是，騰訊公布當日，業績較市場遜色，眾人皆以為會下跌之際，美國預托證券竟可上漲6元，但翌日港股開市卻逆美國預託證券強勢而下跌，中段更大跌13元之多。阿里巴巴業績表現更差，港美掛牌的股價同步下跌，跌幅逾5%，表現遠差於騰訊。從以上兩隻巨無霸科網股見光死的例子，引證業績公布前買入以博理想回報，贏面較低。

經過多年來不斷有新股上市，港股市值膨脹甚多，可惜資金池未能同步增長，加上進入恒指成分股數目大增，而成交量仍只能維持在1000億附近，與往日大升大跌市的1500億至2000億元成交額不可同日而語，造成板塊輪動，今日炒內銀、明日炒汽車股的情況出現。

如果不是遇上大升市，下跌股票數目總是多過上升的，所以追市炒強勢股已不合時宜，股民仍沿用以往模式來買賣，贏錢機會相當渺茫。因股票此起彼落，連俗稱牛熊市分界線之250天線也屢見跌穿升穿又跌穿，令人無所適從。牛熊界線已模糊，識時務者為俊傑，運用市場浴缸理論、高低槓式的炒股法，才有勝算。

港股連大戶也睇唔通 散戶有乜計贏錢？

2023年06月01日

現今市場資訊發達，新聞消息唾手可得，形成股票市場屢見快閃，猶如過山車般飛上飛落。如果仍沿用見升追入、見跌追沽的模式，容易變成高揸低沽，左摑一巴右摑一巴地輸完又輸。

部分股民以為在極低位買入股票，稍等無妨，於是輸錢不肯輕微止蝕，置之不理。孰料花無百日紅，排山倒海的大浪捲至，天之驕子也會變成滄海一粟。隨着股價江河直下，後悔莫及，惟有採取鴕鳥政策，不聞不問長相廝守繼續長揸，浪費了時間及機會成本。當然也有期望有朝一日龍穿鳳，大翻身由輸變贏，可惜多是事與願違。如果揀錯了股票，跌幅之巨大往往出人意表，虧損之餘，更信心盡失，懷疑人生。

很多股民誤以為大戶們消息靈通，炒股票應該如魚得水，予取予攜。殊不知道市場消息變化快而亂，即使是大戶，其影響力也大不如前。而且手持重貨，在成交低迷情況下，買入或沽出已沒有從前般容易。相反散戶資金雖然有限，如能靈活變通，按圖索驥，採取適時入市策略，定下輕微止蝕，並有一定利潤時套利，運用密食當三番/爆棚的食糊策略，於市況不佳時仍可跑贏大市。

初哥留意到，近年北水正是運用短炒策略應對多變、過山車式的股票市場，所以短時間內上升3至10%的股票常有發生，趁散戶追入時，就是北水套利離場時刻。他們人多勢眾，優勢大過喜歡單打獨鬥的香港股民。因此緊貼北水炒股思維模式，不大貪的話，贏錢機率應甚高。當然，入市宜謹慎、出市隨意些的心法，仍是要嚴格執行。

港股山窮水盡 柳暗花明要靠咩股？

2023年06月08日

美國主要靠印鈔度日，不過支出仍大於收入甚多，每有財政赤字，就由政府發債填補。自1917年國會設立債務上限以簡化發債程序以來，由1960年至今已調整達78次之多，每次都需要參眾兩黨於特定時間內議決。如於限期前不能提高上限，沒法以新債償還舊債，政府便要債務違約，信用破產。

根據以往歷史，債務違約限期前股市都有波動。兩黨鬥爭激烈，搶佔政治本錢。反對黨提出有利其未來選情的政綱，執政黨政府不作妥協，經過多次磋商，為免出現債務違約，變成千古罪人，討價還價之下，總會在最後關頭期限前達成協議。此類演繹模式，過往屢試不爽，初哥在群裏已提及。然而，股民善忘，多被跌市氣氛所影響，加上普遍偏淡之評論，錯過了入市良機。

傳統五窮月在港股重演，**今年由五月頭開局20122下跌至五月尾18234，狂瀉1,888點，單月跌幅高達10%。**持貨股民遍體鱗傷，心靈已相當脆弱，加上美國債務上限問題陷於僵局，港股積弱難振，令不少股民採取放棄態度。5月31日為MSCI指數成分股變更日，尾市出現超大成交，美期更反彈約200點。隔晚傳來債務問題達成協議，在美國掛牌之中概股，如弱不禁風之阿里巴巴(09988)、京東集團(09618)等大發神威，加上股王騰訊(00700)於預託證券同步大升，造成上周五港股狂飆733點，科技股指數噴升式上升5.3%，似有一吐積鬱之感。

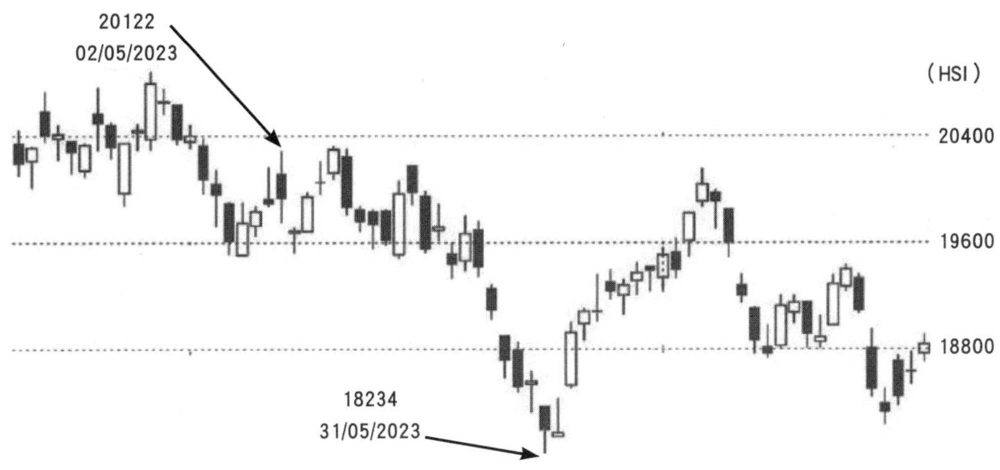

2023年由五月頭開局20122下跌至五月尾18234，狂瀉1,888點，單月跌幅高達10%

成也蕭何、敗也蕭何，港股無論大跌或大升，皆是由佔恒指成分股比重甚大之科技股龍頭，包括騰訊、阿里巴巴、京東集團及美團(3690)所牽動，其餘滙控(00005)等只是推波助瀾，後者升跌幅度較前三者低得多。針無兩頭利，後者雖然升跌較慢，但是派息率遠高於科技股。

利淡消息充斥市場，如人民幣匯價疲弱、經濟數據欠佳、外圍股市走勢偏弱、政治局勢緊張，市場評論幾乎一面倒唱淡之際，正是離谷底反彈不遠之時。過往歷史屢見不鮮，只是大部分人會被當時氛圍景象所感染，悲觀退縮。惟有抱着「眾人皆醉我獨醒」之大膽股民，才能執到便宜貨。市場所見，手持重貨，已被嚇至手足無措，相反無貨者或會趁急插入市。能夠成功捕捉轉角市，要靠多年應市經驗所得的炒股心法。

港股歷盡風雨 要點炒法先有勝算？

2023年06月15日

初哥未有經歷73年超級大股災，但從前輩口中得知，當年股災來臨之前，有一隻股票

「香港天線」，尚在研發階段，沒有任何產品及盈利，只靠名人入股效應，便可上市。上市掛牌1元，6個星期之間爆升29倍，股民戲稱「香港籮線」。瘋狂過後真的變成「籮線」，股價由天堂跌落地獄，一瀉千里，後期更倒閉清盤。印證所有投資要做好風險管理之重要性，否則分分鐘輸至一無所有。

著名小説家倪匡先生也曾提及當年收到「內幕消息」，在最高位32.5元追入此股，短期內跌至0.5元，慘蝕入肉，見證了港股大跌98%的「大時代」，從此領悟出股場取勝唯一方法：「及早離去」。

1973年恒生指數由高位1,774點大瀉至150點，相信已是前無古人，後無來者。那些年，英資財團雄霸天下，獨領風騷至80年代。

隨着1984年中英簽署聯合聲明， 鐵定1997年7月1日回歸中國。政治穩定後，樓股逐步上升。英資財團陸續淡出，代之而起是華資財團崛起，勢力追貼傳統外資大行，更在1987年聯手收購當時想退出香港市場之置地。然而好景不常，10月16日星期五美股下跌5%後，引致香港在10月19日星期一暴跌10%，美股續因電腦程式盤追逐價位引致連環拋售，黑色星期一道指單日跌幅達22%，一時之間風聲鶴唳，恐慌蔓延。時任聯交所主席李福兆作出停市四日之決定，孖展持貨者欲沽無從。

復市當日，大量斬倉盤湧現，有沽家無買家的恐怖場面舉目皆是。除了股王滙控(00005)下跌逾30%外，其餘普遍狂瀉50至70%者不計其數。華資財團收購置地計劃終於胎死腹中，置地亦因高價購入交易廣場地皮，在艱難時期要大量資金建設龐大工程，元氣大傷。華資一眾財團乘勢而起，成為當時得令的企業，受萬千股民寵愛於一身。

97回歸後亞洲金融風暴掩至，金融大鱷狙擊亞洲各國貨幣聯繫匯率，香港樓股大冧，前所未見的負資產湧現，幸而特區政府大舉入市抵禦龐大沽空盤，成功擊退鱷王，挽回股民信心。2003年沙士疫情過後，中央救港，推出自由行，香港樓市終由谷底回升，展開十多年牛市歷程。

江山代有股王出，內地經濟發展一日千里，出產多隻獨角獸企業，亞洲首富地位，亦由港人富豪讓位予內地富豪。恒指成分股比重，內地科網巨企龍頭佔據比率高位。北水資金影響力變大，其炒股模式採用人棄我取及逆向思維，與港人多年來的習慣截然不同。喜歡單打獨鬥的本地股民，應細心研究北水炒法，才可戰勝市場。

五窮六不絕 恒指關鍵分水嶺在呢個水平...

2023年06月22日

炒股票是恐懼與貪婪的遊戲，能否贏錢，只是一念之差。當眾口一詞、人人一面倒睇好或睇淡，孤身走我路的投資方式，效果往往出人意表。

恒生指數去年10月31日下挫至14597，人人談股色變之時，由谷底回升至今年1月27日22700。正當眾人情緒高漲，以為會重上25000點之際，卻一反眾股民期望，人民幣持續貶值，拖累恒指逆外圍股市升勢而大幅下瀉至5月31日之18044。

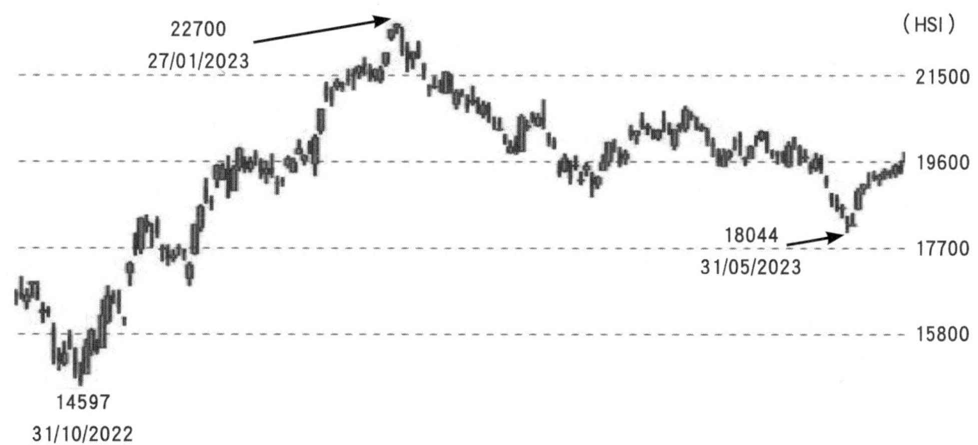

恒生指數2022年10月31日下挫至14597，回升至2023年1月27日22700，繼而大幅下瀉至2023年5月31日之18044

恐懼湧上心頭，市場評論普遍傾向低至黃金比率的17700。初哥估計，睇淡言論應是建基於傳統炒股智慧「五窮六絕七翻身」有關。不過，此七字傳統名句已在去年同期失效，只是股民普遍忘記了，以致錯失低位入市良機。

現今股票市場已起變化，過往經濟表現與股市升跌掛鈎情況再無絕對關係。理論上，公司股價上升與否，應與其本身業績好壞相關。龍頭公司可以在經濟環境低迷時，利用龐大資源，擴大市場佔有率；或開展另類新項目，以求增加收入來源；亦可進行回購計劃，施展財技，注銷若干比例股票數目。股數減少，每股盈利變相增加，拉低市盈率，予人抵買感覺，於是股價較易上升。

美國國務卿布林肯突然訪華，表面上與中方官員談及中美貿易、台海局勢，新疆人權等問題，然而，初哥覺得人民幣在市場不斷貶值，才是此行重點談判問題，是否如此拭目以待。近期高位1964 1(收市價計)成為後市分水嶺位，如能升穿，則下半年展望應傾向樂觀。

加息周期何時了？ 有咩板塊可以炒？

2023年06月29日

冰封三尺，非一日之寒。不少人對美國國務卿布林肯訪華，存有幻想，希望能夠達成部分協議，緩和中美緊張局勢。事實上，矛盾固然無法一朝一夕之間可以消除，冰釋前嫌也並非單方面便能成事。政客熱衷於做騷，煽風點火，只會令雙方距離愈行愈遠。

6月19日習布會，一般報道仍然是耳熟能詳之中美貿易、人權狀況、俄烏戰爭等問題，人民幣匯價持續下跌卻不見提及，而更多媒體猜測的，是紅地氈及座位問題。果然6月21日美國總統拜登急不及待出擊，重提之前的「氣球飄越美方上空事件」。

上周五6月23日晚新鮮熱辣出招的，是芬太尼事件。美方拘捕了八名中國公民，對他們及四家中國化學製造公司提出刑事指控，非法製造及販運芬太尼化學品，以致毒品充斥美國，毒害數以千萬計美國人。中國立即發表聲明，駁斥美國指控，認為美方為國內幾十年以來的毒品氾濫尋找代罪羔羊。

政治攻擊，無日無之，連串事件加劇了中美之間的矛盾。估計布林肯訪華期間，應有談及芬太尼事件，返回美國才作出起訴相關公司企業及人員，證明發布的新聞，只是掩耳盜鈴，實質內裏乾坤只有當事人才知曉。外人多是道聽塗説，預測的都不會兑現。

這邊廂的中概股，尤其藥業類股，近期連番下挫，應與上周五晚美國公布的芬太尼控訴事件有關。引證了「春江水暖鴨先知」，會否出現「入市於謠言，出市於事實」的傳統炒股智慧，股價先落後上，且看市場反應。初哥炒股喜用逆向思維，藥類板塊、生物工程股近兩月被瘋狂沽售，現階段值得考慮。

那邊廂美國聯儲局長鮑威爾暗示，因通脹壓力未消除，仍會持續加息。根據歷史經驗，加息行動將通脹壓至2%或以下殊不容易，箇中原因是美國這個消費大國，國民喜歡先使未來錢，除非息口高至經濟接近崩潰，否則加息周期何時完結，相信並無水晶球可以預測。加息對科網股不利，而該類板塊對指數起重要作用，美股創新高應有一定難度。政治市難測，加息陰霾未散，股民應摸着石頭過河，等待黎明來臨。

哀鴻遍野半年結 港股下半年有運行？

2023年07月06日

自美國前任總統特朗普2018年掀開中美貿易戰幔後，接踵而來的，是2019年香港經歷大型社會事件，以及2020年開始持續三年的疫情肆虐。內憂外患三重打擊情況下，**港股由歷史高位33484下挫至去年10月31日最低位14597，狂瀉18887點，跌幅逾56%，歷時4年9個月，創出了歷史以來最長時間下跌浪**。近年股市的發展歷程，更印證了道氏理論之牛熊市已蕩然無存，取而代之的是此起彼落的大型上落市，如未能掌握上車落車時間，恐怕已輸得焦頭爛額。

港股由歷史高位33484下挫至2022年10月31日最低位14597，
狂瀉18887點，跌幅逾56%，歷時4年9個月，創出了歷史以來最長時間下跌浪

去年10月恒指見14597低位後，大幅反彈上今年1月之22700，正當市場普遍評論認為會升至25000心理關口位，誰料人民幣匯價持續下跌，加上內地經濟數據表現欠佳，港股受累，再度大跌至6月26日之18767。個別股票跌幅巨大，持貨者如沒有進行止蝕行動，則不知何年何月才返回家鄉。

過往美股升，港股隨之起舞的模式已不復見。美股半年結計算，道指及納指分別上升約10%及30%，反觀港股斯人獨憔悴，年初至今下挫865點，跑輸全球股市甚多，眼看周邊地區上升，真是百般滋味在心頭。

經過五窮月後，六月命不該絕，能夠反彈數百點，已算是值得安慰。人民幣已下跌多時，再大跌空間似乎不大，預期內地會有利好政策出台，以求挽救疲弱的經濟，現階段不宜看得太淡，下半年港股料有較佳表現。

炒港股運用逆向思維 為何常有斬獲？

2023年07月13日

上月22日初哥於本欄曾指出，當眾口一詞睇淡港股之時，往往便是入市良機。翌日恒生指數連續第四日下跌，市場預期再試低位18200之際，恒指跌多數十點到18767就大幅反彈至19449。在19500關口位前遇到阻力，再度回落。

上周四美國財長耶倫訪華，新聞消息靜得出奇，普遍評論認為毫無寸進，失望之餘，上周五(07月7日)恒指再度急跌。有評論立即發揮風派淡友角色，睇淡恒指會下破18000大關口位。當日上午恒生指數跌至全日最低位18279，午後因阿里巴巴(09988)逆市上升，恒指喘定18365收市，仍下跌167點。

上午市勢偏弱，科技股仍持續下滑，初哥早於11時左右已發覺阿里巴巴沒有下跌，甚為硬淨，並在聊天室提及。中午傳出阿里巴巴旗下螞蟻集團被罰款70餘億元人民幣以結束監管整改，算是好消息。不過除了阿里巴巴表現亮麗外，同類股阿里健康(0241)及阿里影業(01060)未見受惠，而其餘科網巨企騰訊(00700)、美團(03690)等仍然下跌。當晚受到阿里巴巴急升帶動，其餘中概股跟升，港股ADR大升259點，收報18624。

事後看來，當日下午港股應已止跌回升，只是市場成交薄弱，氣氛低迷，手持蟹貨之股民不勝其數，提不起興趣動用新資金入市。大戶們等待美股之港股ADR交投淡靜時，才一舉推動中概股上升。這種炒法事半功倍，花少量資金便可造出效果。

已故股壇前輩曾有一句名言，「滿街鮮血、入市時機」，當人人睇淡的時候，股民更應冷靜行事，看看是否有入市良機。然而，人類與生俱來心理上追求安全感，緊貼潮流，感覺是較為安全。在股場中孤身走我路，需要一定的堅持。逆向炒法是高深的炒股學問，要達致成功境界，非有多年經驗不可。

上沖下洗股票市場 如何應對才有勝算

2023年07月20日

股票市場經過N年發展，除了傳統的股票之外，還有多種衍生產品推出。近年衍生產品普及化，花款百出，散戶趨之若鶩。此等產品反客為主，成交更勝藍籌，倒過來影響了指數及股票價格，測市已沒有以前般容易。

大市規律被擾亂，令股民無所適從，道氏理論之牛熊市分野已變得模糊不清，仍沿用以往的測市技術指標，在上沖下洗的市況中，顯得吃力不討好。

初哥過往曾多次指出，隨著上市公司數目持續增加，股市市值大增，惟參與市場炒賣的資金池，未及同步成長，同一時間不可能推升大部份股票，只能輪流炒個別板塊，亦即初哥時常提及的「浴缸理論」炒法。再加上「鐘擺理論」之搖盪，形成股票此起彼落，令普羅股民如墮五里霧中，迷失方向。

正因資金池嚴重跟不上市值增加之步伐，上升趨勢要成交量配合的炒股智慧術，在近年的多次反彈浪中已不適用。**今年五月尾出現低位18044點，之後就是在低成交量情況下，大幅反彈至6月10日的20155點，升幅達2,111點。**

2023年五月尾出現低位18044點，之後大幅反彈至6月10日的20155點，升幅達2,111點；高位見頂後再度大跌至18787點，跟著大彈上高位19534

當時市場普遍認為，成交上升配合下，後市應可更上一層樓，怎料一盤冷水照頭淋，高位見頂後再度大跌至18787點。於是在沽壓沉重下，市場評論又轉為睇淡下試17700點，誰知大市由谷底配合成交止跌大彈，至上週五做出高位19534點，大幅反彈1,255點。如未能掌握上落數次逾千點之波幅，則會輸至懷疑人生。

雖云太陽底下無新事，但世事往往出人意表。要具備嶄新的思維方式，時刻留意市場之變化，才能在這詭譎多變的金魚缸取得勝利。

北水對撼外資沽空盤 散戶點做能賺錢？

2023年07月26日

外圍股票市場普遍上升，唯港股斯人獨憔悴。細觀市況，北水做好友力掃、外資變身淡友對壘，狂沽的情況屢屢在金魚缸發生，難免聯想到金融戰爭。

上周三(07月19日)就曾出現北水流入172.25億港元，創出兩年半以來新高，其中流入反映恒生指數成份股之盈富基金(02800)高達91億港元。同期對撼之外資，沽空金額高達353億港元，創1997年有紀錄以來新高。沽空金額最多股份亦為盈富基金152.5億港元，較上日激增706%。好淡雙方上演多時之金融戰爭再度激烈拼鬥。

上午淡友大獲全勝，曾大跌304點，怎料下午北水流入護航，候沽盤用得七七八八時大舉入市，直至收市跌幅明顯收窄至下挫63點。可惜的是，未能完全修復失地。然而，總算挽回股民瀕臨絕望邊緣的少許信心，而外資沽空盤亦略為收斂，不致如入無人之境。

香港經歷了近五年的跌市，源自美國前任總統特朗普年代揭開貿易戰幔，至現任拜登政府變本加厲打壓中國，進而累及香港。暗地裏持續進行影響本港經濟的金融戰爭，且看騰訊(00700)最大股東南非基金、阿里巴巴(09988)單一大股東日本軟庫集團、及手持比亞迪(01211)重倉之美國股神巴菲特，竟然差不多同一時間高調沽售持有本港掛牌的重磅股。魔咒一開，不但阻止恒指由熊變牛，更連番追殺中概股。

籠罩市場的悲觀情緒揮之不去，部分股民索性離場棄戰。處於此惡劣環境，仍有戰意的股民更應冷靜行事，採取打游擊之「敵進我退、敵退我進」策略，有如打麻將般密食當三番，有胡就要食，保本之餘還可增加本錢，並靜待沽空盤節節後退時，才大舉出擊，方為上策。

狂沽濫炸內房內管股 小股民又做大鱷點心？

2023年08月03日

港股近期峰迴路轉，多隻股票跌落深淵後，由地獄折返人間。其中內房內管股走勢尤其經典，龍頭之一的碧桂園(02007)持續弱勢，7月24日外資摩根大通更下調其評級，及將目標價由2.3元削為0.9元。股價單日大跌近9%，今年以來市值已蒸發達50%。其餘內房股同受牽連，紛紛再度下挫。

除了唱淡碧桂園外，摩通7月24日之分析報告更將碧桂園旗下之碧桂園服務(06098)目標價由22港元狠削至6.7港元，幅度近70%，評級由「增持」連降兩級至「減持」。其理據是國務院近日會議通過之《關於超大特大城市積極穩步推進城中村改造的指導意見》，摩通回應看法只是一般。

更奇怪的是，碧桂園服務主要負責人也於7月19日，分別兩次減持共332.79萬股價值2824萬港元股票的消息，同樣於7月24日傳出。基於兩大利淡因素，股價震盪狂瀉，不少持貨股民嚇至雞飛狗跳。

市場聯想到割肉救母，加上無形之手在傷口灑鹽，一時之間沽盤狂現，碧桂園服務跌幅較母公司有過之而無不及，當日竟狂瀉近18%，表現之差震驚股民。任由大行報告唱好唱淡，製造驚嚇場面引導追隨者踩多一腳，持蟹貨股民飽食驚風散，極度失望之餘，把持不定就會引刀成一快，低位打靶算了。

然而根據聯交所資料，早於公布報告之前的7月21日（星期五），摩通已於市場以平均價9.1535元減持碧桂園服務1349萬股，涉資1.23億元。於公布報告7月24日（星期一）當日，摩通又以平均價7.7649元在市場增持1549萬股，涉資1.24億元，持股量由4.54%增至5.24%，實在高招。

大行報告與其實際行動南轅北轍，股民如照單全收，則會誤墮圈套，成為大鱷點心。陷阱處處，宜以逆向思維冷靜行事，切勿衝動。

股急升暴跌常態化 原因在於此…

2023年08月10日

環球股票市場陰晴不定，連強勢美股也急升暴跌大上大落。上週國際公認最具權威性的三大評級機構之一惠譽國際，將美國長期外幣債務評級從AAA下調至AA+，為1994年首次發布美國信用評級以來第一次對該國評級下調。

奇怪的是下調評級之餘，前景展望竟由負面轉為穩定。難怪美國財長耶倫也強烈反對該評級公司的決定。寫到這裏，不禁令人思疑雙方是否有扯貓尾之嫌。

美股即時有反應，道指連跌三日共564點，納指同期跌幅435點。當中玄機，或與2025年1月美國總統選舉有關。現時將如日方中之美股稍為降溫，等待選舉期間，才將反映經濟寒暑表之股市再次舞上，製造歌舞昇平之繁榮假象，以利其現任執政黨的選情。

香港掛牌之JS環球生活(01691)，早前將其中最值錢之小家電產銷業務SharkNinja(SN)分拆，獨立於美股上市，JS環球生活股東每持有25股即可獲派一股。JS環球生活6月29日收市價8.35元，翌日除淨後一開急跌至最低1.29元，以此計算，SN上市價大概27.8美元。美國時間7月31日SN首日掛牌，竟由30.05美元直衝上最高位52.9美元，再急速回落至約40美元收市。

獲派貨之香港小股東滿心歡喜，持蟹貨者更期望可以翻身。然而因兩地技術性問題，香港小股東要延遲一至兩日才可在倉內見貨，以致痛失高位沽出機會。之後四日，SN竟持續大瀉至約26美元。

大上大落之其中一個因由，是美國股票少至一股也可以進行交易，即是低至數十美元也可買賣。入場門檻低，散戶趨之若鶩，小注炒賣，輸亦無傷大雅，難怪波動如此劇烈，亦可解釋了為何美股經常急升暴跌。香港股票如全部降至一股也可以成交，相信也會增加吸引力，然而最重要的，還要大幅減低股票印花稅，才可以增加成交。

近年美股上升並不全面，只集中在那批影響指數的藍籌股，其餘股票大多是急跌暴跌，輸錢的股民不勝其數，只是默不作聲罷了。

經濟數據眼花撩亂 大戶如何搵食？

2023年08月17日

經濟數據反映當地經濟運行狀況表現，數據好或壞，影響股票市場走勢。政府會因應經濟數據之變化而制定利率方向及稅收政策，此等改變亦同時影響到社會的商業活動及企業的營商策略、以致市民的投資取向。商業活動及投資取向又進一步影響到數據表現，由此一環扣一環地互相牽動。故此政府制定政策時要非常小心，避免引導市場去做一些損害經濟的活動。

市場對於中國與美國公布經濟數據的反應截然不同，是因為兩地處理方式迥異。中國較少有評論事前預測，股票市場會在公布後直接作出對經濟好壞的反應，以此測市較為簡單。

相反地，美國眾多大行習慣事先預測經濟數字。當官方數據正式出台一刻，股票市場是以大行預期的較好或較差而作出反應。

另一方面是大戶在事前的部署。大戶比散戶優勝之處，是消息靈通。往往快人一步，買入股票及相關衍生產品，或作出沽空行動。直至經濟數據公布，一如預期的話，股市即時炒上，大戶就會推波助瀾，先用小量金錢，狂掃股價，誘使跟風者追入，然後才大量沽貨，飽食遠遁。

近期經典例子，是美國8月10日公布通脹數字溫和增長，惟較市場預期為佳。道指開市先升108點，大戶重施故技迅速狂掃至大升455點。大升過程中，引來電腦程式盤及大量風派追隨者飛身撲入，大戶馬上大舉出貨兼沽空，下午時段竟倒跌15點。在補空倉情況下，才反彈升52點收市，又一次演繹大戶在經濟數據出籠前後操盤手法。

要掌握其部署行動，要抽絲剝繭般推敲多方面的預測，才較有略高的勝算機率。然而，當大部分股民知悉其操盤行為，大戶就會作出逆大眾方向的動作，故時刻留意市場炒作變化，才能企在勝利的一方。

港股內憂外患 散戶該如何自處？

2023年08月24日

過去三年疫情肆虐，本港採取半閉關自守式政策，經濟活動近乎停頓。人命關天，本是無可厚非，無奈在疫情漸趨穩定時，政府決策官員仍蝸行牛步，只懂得沿用過往跟隨對手步伐的處事方式，未能捷足先登全面通關，錯失了重新起步的先機，以致被競爭對手搶佔了大量人才、生意份額及國際地位。

全面通關後，各行各業期望本港經濟活動能夠恢復原貌，可是港人困港太久，即使機票酒店費用以倍數上升，外遊人士仍大增。人民幣持續貶值，內地物價變相更便宜，加上零售餐飲行業等服務態度遠勝本港，每逢假期北上的人數多不勝數，香港出現了假期市面水盡鵝飛的冷清場面。飲食零售業不景，吉舖湧現，經濟環境惡劣，整座城市了無生氣，令人憂心。以往享有「美食天堂」、「東方之珠」、「活力之都」等等美譽、人才滙聚的「國際金融中心」，可會重現？競爭激烈，不進則退。政策官員應快速對症下藥，帶領香港走出困境。

美國全方位打壓中國發展，連帶香港也受牽連。金融戰爭在小島已行經年，尤其股票市場成為了外資大力沽空的對象。何其巧合，騰訊(00700)、阿里巴巴(09988)及比亞迪(01211)等外資股東已預先張揚會盡沽手持之股票。同心一沽，背後自有其政治目的。而美資在新加坡24小時全天候期貨市場，可輕易建立長期空倉，港股市場有如沒有密碼的提款機，予取予攜。

面對漫長跌浪，如採用初哥近年於聊天室的炒股方法，有糊就食，輸則輕微止蝕，就可以在這次巨大跌浪潮，保存本錢之餘，還有利潤，而且仍可以保持作戰狀態，不致於與市場脱節。環球局勢嚴峻，影響金融市場，而沽空大軍擇肥而噬，不可見升就追入，更不可見大跌市還追沽。當然，每次揀股出擊之對象，自有一套準則，最重要的是，揀股命中率要高才可達致此效果。

炒業績勝出率低 見光死俯拾即是有原因？

2023年08月31日

聖誕鐘炒滙豐的年代，在業績公布前買入實力股，公布後多有斬獲。箇中原因，或與當年公司數目較少，只用基本因素來判斷業績好壞，已經足夠。

時移世易，物換星移，現時資訊唾手可得，而眾多大行在業績公布前紛紛發出預測，於是造成一種現象：不理業績好壞，最重要的一點是，能否符合其預測。公布後，要按照大行認為的符合預期與否，來決定股價上升或下跌。

今年市場多了業績公布後「見光死」的評論，事實上，早幾年初哥已留意到此一奇怪的趨勢，究其因由，應與「春江鴨」有莫大關係。公布前低價大量入貨，等候公布好業績，散戶買盤追入時大舉出貨，「見光死」的例子層出不窮。當然，模式並不是全部一樣，間中有例外，才能令人對快將公布業績的股票存有幻想。股民鮮有做統計，亦有僥倖之心，盼望能相中那一、二次例外，業績後仍能大升特升的好業績股。

滄海遺珠的成功例子，有多人品題的阿里巴巴(09988)，公布業績遠超市場預期，股價亦曾在當日上漲，雖有回吐，仍上升收市，市場人士又關注起業績股來。

可惜的是，第一次是天才、第二次是庸才、第三次是蠢材。近期實力藍籌如騰訊(00700)、友邦保險(01299)及美團點評(03690)，業績普遍算是理想，但仍擺脱不了「見光死」魔咒。三者在公布後翌日皆下跌，友邦高開後倒跌收場，騰訊及美團更一開已大幅下挫。

而在美國近年持續攀升之AI圖像處理器晶片受惠股Nvidia(英偉達)，8月23日盤後公布業績，收入及盈利均勁升，8月24日開市時雖創歷史新高502.66美元，然而一路下滑，收市只能比上日收市價471.16美元微升幾毫，8月25日更低開低收，收市價460.18美元低於8月23日公布業績前之收盤價。觀察或然率高的模式，避開業績前夕入貨之陷阱，可以減少無謂損失。

金融戰爭扭曲市場 實力股人棄我取

2023年09月07日

港股已跌了近5年，一心一意長相廝守的股民，損失慘重。作為退休之用的強積金，令人大失所望。股市即使偶有反彈，成交卻是無甚驚喜，普遍股民對炒股似乎已經提不起興趣。

美國為了壓制中國崛起，2018年開始挑起貿易戰爭，大幅徵收關稅及設置貿易壁疊。接踵而來的是將中國列為「匯率操縱國」、將新冠病毒的起源及大流行的鑊甩到中國去、強迫各國製造商停止供應半導體晶片予中國企業、以人權為由制裁中國企業發展及限制人員交流等等，無孔不入。

到俄烏戰爭引起了全球通脹惡化，美國乘勢開展暴力加息行動，既可擾亂金融市場節奏，打擊其他對手，又可誘使資金流入美國，維持強美元，以求鞏固其全球一哥地位。外資受到壓力，沽售一眾中概股，波及香港股票市場，一場金融戰爭，其實早已在香港上映，只是大部分股民並未察覺，錯失了止蝕、保住本錢的良機。

一般散戶常犯的錯誤，就是肯止賺而不肯止蝕。初哥當然明白，止蝕了，就是輸錢，情感上是難以接受的。有些股票，股民以為長揸一下，始終還有希望，卻原來黃金期已過，不知何年何月，可以重返家鄉。最經典的例子，是內地物業管理公司股。以往給人感覺是穩賺不賠的行業，怎知亦受到母公司拖累，跌幅同樣慘不忍睹。上錯了車，不肯止蝕，就很大機會蝕得更多。不止輸錢，更輸了時間及信心。

間中急升、屢有暴跌的情況時常在股票市場出現，就算跑贏港股甚多之美股市場也有雷同之處。事實上，美股仍處高位的原因，是集中推上極少數大型實力股，其餘均是大上大落，連神仙股電動車之王Tesla也不例外，難怪朋友圈中也有輸至體無完膚。風光背後，炒美股輸大錢的大有人在，只是他們默不作聲罷了。

香港股民過往賴以成功的炒法，是跟強棄弱，然而此模式在近兩年已難搵食。反而運用逆向思維，人棄我取的趁低買入實力股，回報比較可觀。初哥在聊天室，近期曾候急回推介的港交所(00388)，買入價279元，再鼎醫藥(09688)，買入價18元，創維集團(00751)，買入價2.73 元，之後均曾觸底大幅反彈，證明運用策略勝過風派式炒法。

港股成交持續低迷 欲救有何良方？

2023年09月14日

初哥上周四晚參與一個研討會，亦為三位講者其中之一。現場出席人數眾多，網上同步直播。初哥講題是「難為牛熊定分界，學懂期指贏面高」，既分析美股及港股現況，也有推介期指課程。能夠與網友見面，分享觀點，實在感到非常開心。

自從美國前任總統特朗普搞亂全球金融秩序以來，股市起了翻天覆地之變化。股票升跌規律，與過往模式完全不同。此起彼落，急升暴跌之情況屢屢在金魚缸發生。以前股民奉若神明之道氏理論，牛一、牛二、牛三及熊一、熊二、熊三的所謂牛熊市交替的論據已失效，代之而起的，是上落無常、飄忽不定的市況。

港股成交持續低迷，除了因為環球經濟不佳及地緣政治因素之外，另一原因是市值大增而資金池未能同步成長。多年來在香港上市的公司數目與日俱增，市值持續增加，近年就算股價大跌，總市值仍約有35萬億元。加上恒指服務公司將恒指成分股大幅增加至80隻，被動式基金們追貨吃力，變相分薄了投放在每隻成分股的資金。

參與市場的資金有限，以致未能同一時間一齊舞高全部恒指藍籌股，惟有局部分批炒上，造成板塊輪動效應，形成初哥常掛口邊的「浴缸理論」輪流炒局面。今日炒內房內管股、明天炒銀行內險股、後天炒科技股、跟住炒汽車股、藥業股，如此類推，循環不息地重複上演。

初哥早已觀察到，美資力主沽空，北水力頂，然而受制於留港之資金額度未能抗衡，所以採取「敵進我退、敵退我進」的打游擊策略。同時等待成交低迷時才突然殺個措手不及，然後適時收手，等待下次機會再度出擊，造成一個初哥將之形容為「高低槓」的炒法。此策略好處是保存實力之餘，等待美資沽貨無從時才一舉大幅挾上。是否如此演繹，留待市場日後發展來證實。因港府狂加印花稅30%，致令高頻交易、差價套戥盤、及短線炒家近乎絕迹。席上參加者提問解救良方，初哥大膽建議正股可以細至一股成交，自然可以刺激交投量。另外，可參考馬會的大額投注者獲回贈10%交易費折扣，當然，首要條件是大減印花稅或轉為單邊收取，才有成交增加之效應。

內房股遇劫 股民如何應對？

2023年09月21日

十年河東，十年河西。時代變遷，股票炒作節奏、以至股市運行模式也起了很大變化。80年代獅王滙豐控股(00005)獨大，90年代地產四大天王包括長實(01113)、恒基地產(00012)、新鴻基地產(00016)及新世界發展(00017)牽制恒生指數至深。時至今日，五大企業影響恒指力度大不如前，代之而起的是新經濟類科網股板塊如騰訊(00700)、阿里巴巴(09988)及美團點評(03690)等。恒指服務公司將大批新經濟股納入成分股行列，其巨大波幅，引人注目。股民焦點遂轉移至該類板塊，對銀行地產股熱情冷卻。

銀行為百業之母，而「有土斯有財」之觀念亦植根於市民心中。自鄧小平推動政策改革開放，內地經濟起飛，房地產蓬勃發展。地產商雄心萬丈，紛紛大舉發債借入天文數字資金。熱火朝天之際，亂象叢生。內地政府為免影響民生，推出「房住不炒」的嚴厲政策，霎時之間供應多而需求減少，加上中美貿易戰爆發，世界政局緊張，俄烏戰爭引發嚴重通脹，全球息率上升加深經濟不景氣。內地經濟下滑，地產商收入劇減，業績紛紛見紅，虧損程度非常嚴重，賣樓套現資金不足以償還龐大之負債，股價插水式狂瀉，跌幅逾90%者比比皆是。資產價格大跌，牽連甚廣，經濟與信心，都需要多管齊下才能復原。

不過凡事兩面看，有危當然亦有機。9月7日之研討會，現場有參加者詢問初哥內房股之睇法。當時初哥的回答，是跌幅過殘。除了一些小型的地產企業或會不動聲色地消失外，大型民企內房股應該不容易倒閉，並推介了三隻心水股包括碧桂園(02007)、創融中國(01918)及合景泰富(01813)。當日收市價分別是1.07元、2.48元及1.03元，其後最高分別升上1.22元、3.59元及1.44元。證明能及時上車及適時落車，處於此上落無常的股市中，大幅獲利仍是有機會的。

黎明前永遠是最黑暗 如何面對？

2023年09月28日

初哥被邀請為講者之一的9月7日座談會圓滿結束，當晚回到家中不久，黑色暴雨警告生效。天公作美，會議得以順利完成，幸運地避過了香港百年一遇的世紀暴雨。網友熱情捧場，好友Peter哥更推薦了波浪大師許沂光及城中女富豪參與，不勝榮幸。許大師事後還告訴初哥說「香港股民太悲觀了」。

初哥近日不斷收到許大師的WhatsApp好料，獲益良多。9月22日早上5時半，許大師說港股即將見底回升。當日港股恒生指數開市先跟隨美股道指及納指大跌而低開82點，之後進行V型反彈，並大升402點收市，成交增加至1018億元，能在低位適時入貨，即日已有理想回報。可惜的是，只靠有限度的北水資金流入，力敵不斷沽空的外資，暫見力有不逮。這場金融戰爭何時完結，難有水晶球可以預測。

現階段股民們仍應採取「眾人皆醉我獨醒」的炒股方法，盡量克服恐懼與貪婪的人性弱點，遇着個別實力股票開市狂插時，分注買入搏其大反彈，適當時機食糊方為上策。與北水企在同一陣線，力抗無情的沽空盤。打游擊戰策略好處，是既有些微利潤之餘，亦可保存本錢。正如許大師所言，「靜待秋分前後出現的黎明」。

急彈暴跌成常態 適時進退成關鍵

2023年10月05日

一如初哥早前提及，鑑於美國將在2025年1月舉行總統選舉，執政黨為求連任，現階段會將美股壓低調整，等待明年才開始推升，製造歌舞升平之繁榮假象，有利現任總統選情勝出。然而，拜登年事已高，健康能否捱至該段時間實成疑問。基於政治環境瞬息萬變，如果民主黨堅持拜登繼續角逐總統寶座，則勝算略低。結果是否如此，留待歷史告知。

港股方面，因成交集中於內地科網巨企股，走勢已同美股脫鈎。即市跟隨A股上落，如人民幣轉弱，A股乏力，港股也難以獨善其身。

近期港股與美股脫鈎的經典例子，首推9月22日隔晚美股道指與納指分別大跌370點及245點，港股恒生指數跟隨下跌後，繼而大升402點收市。9月26日道指和納指亦大跌388點及207點，恒指再次反其道而行上升144點收市。

傳統炒股智慧，升市成交配合繼續上升，亦起了南轅北轍之變化。近月多次顯示升市配合成交增加，翌日總是下跌居多。(圖例)

傳統炒股智慧起了變化，近月多次顯示升市配合成交增加，翌日總是下跌居多

因市況持續低迷，地雷處處，股票斬倉間有發生，如不幸誤買地雷股，則損失可以非常驚人。上周四的華盛國際(01323)單日暴跌逾8成，上周五之中國天化(00362)急瀉逾6成。如熟悉圖表分析，出事前應可避開大難，逃過大劫。

美國金融市場混亂無比 西降東升或現

2023年10月12日

俄烏戰爭引發嚴重通脹，加上政治圖謀，美國聯儲局來個順水推舟，持續進行暴力加息，既可令全球資金從各國湧往美國金融市場，又可保持強美元地位。然而，利率急升帶來的直接傷害浮現，股市、樓市及債市等皆受重創。

損人害己的第一滴血，是新經濟股受到衝擊紛紛下跌之餘，美國以創新科技為主要業務的地區銀行更出現倒閉潮，客戶資金遭掠奪。經濟不穩，拖累道指、標普500及納指三大指數見頂急回。連一向被視為大戶們專利的美國國債價格亦不斷插水，近期被大舉拋售，推升債息創16年新高。

通脹高企，始於美國多年來肆意通過量化寬鬆的印銀紙政策來解決財赤問題。貪於享樂，養成美國人民喜歡先使未來錢的習慣。工資成本不斷上漲，資方如何能夠不加價而維持盈利？聯儲局意圖壓低通脹於2%或以下，談何容易。令初哥大惑不解的是，一眾巨企在盈利縮減下，紛紛進行裁員，就業數據卻仍然非常強勁，絲毫反映不出現實狀況。究竟葫蘆裏賣甚麼藥，只有財金官員才知真相。傳媒報道亦不知孰真孰假，一場歡喜一場憂，令下降趨勢中的金融市場，間中呈現報復式反彈。

市場瞬息萬變，隨着政局針鋒相對及聯儲局言論莫衷一是而極度波動，投資者更傾向短線炒賣，甚至只投定存，不願作出長遠投資。看美國政府發行的長債，破紀錄連續下跌三年可見一斑。　息曲線倒掛，意味投資者預期未來經濟增長轉弱。

因債券損失巨大，令部分借貸的投資者拋售股票或物業以抵償損失，連連相扣的拋售潮迫在眉睫。股民們宜綁好安全帶，對美國股市小心為上，不宜冒進。反觀中港股市下跌多時，或會出現「西降東升」的景況。初哥是否言中，留待日後揭曉。

世事何其巧合 齊齊唱衰股票目的何在？

2023年10月19日

初哥常掛口邊的「世事難料」口頭禪，連聊天室內的同學們也耳熟能詳。事實上，大部分人的預測能力，命中率不會超越百分之五十。在十字街頭選擇何去何從，中的更只有百分之廿五。所以初哥除用圖表路線圖及多年經驗累積的炒股心法，亦喜用「相反理論」來檢視往績不佳的評論分析。各種工具如能運用得宜，對炒股獲利勝算可望提高。當然，任何測試工具偶爾也有出錯機會，所以應急策略，例如止賺或止蝕等必須定好，並嚴守紀律執行。

世事何其巧合，正當「俄烏戰爭」沉寂之際，突然殺出哈馬斯組織突襲以色列。「以巴衝突」急速演變成戰爭，推高油價及金價，恐慌指數急升，影響股票市場。美股大戶們冷不提防突如其來的「以巴戰爭」，於是覷準成交低迷時，盡量舞高股市，托位出貨。此種操盤手法，過往歷史累見不鮮，只是散戶們不知就裏，跟風追炒，容易誤墮其圈套。

上周初港股表現強過美股，連升多日，可惜上週四內地消費物價指數低於市場預期，一盤冷水照頭淋，在美國掛牌之中概股紛紛下挫，其中京東集團(09618)跌幅更冠絕同群，在美價格跌幅高達8%。

奇怪的是，零售板塊固然轉弱，但周五竟有多間大行同一時段一齊對京東放出唱淡報告，並同時有謠言稱「劉姓商人涉嫌違法被抓」。大量沽空盤湧現，股價大跌13%，成為即日最活躍港股。公司發言人在內地社交平台斥責別有用心的人混淆視聽，操縱輿論，表示正向公安機構報案，惟股價收市仍大跌逾11%。

同場加映的還有內管優質股中海物業(02669)，公司用不超過9.5億元收購同系中海通信及中海監理全部股權，遭大行發表研究報告唱淡，股價大跌三日共24%，蒸發市值約70億元。大戶們製造恐慌，上下其手，過往歷史已有迹可尋。股民身處劣勢，惟有在可控範圍內先行止蝕，待更低位補回，拉近成本，以追回失地。

金融動盪 股民如何面對才能自保？

2023年10月26日

「世事難料」再次在中東局勢上演，有誰估計得到哈馬斯組織成功突襲擁有世界第四大情報網的以色列？後者隨即報復式瘋狂空襲哈馬斯藏身之地加沙地帶，並以「斷水斷電斷糧」方式圍困二百多萬加沙民眾。全球焦點亦馬上由「俄烏戰爭」轉移去「以哈大戰」。與巴勒斯坦同聲同氣的阿拉伯國家如何應對難以預料，在此情況下，全球金融市場動盪不已，金價及油價飆升，拖累股市下跌。

早前，初哥曾在此欄指出，大戶們冷不提防哈馬斯有如此大膽動作，遂吼成交低迷時，盡量舞高美股以圖在高位甩身。一如所料，美股反彈後迎來多日下跌，不知底細的風派股民，如在高位追入已被套牢，不捨得輕微止蝕的話，現時變成進退兩難局面。

屋漏兼逢連夜雨，為對付由「俄烏戰爭」帶來的嚴重通脹，美國聯儲局持續暴力加息，已令個別地方銀行倒閉。近期更連累國債暴跌，公布之經濟數據時好時壞，通脹仍高於聯儲局的願望。除了今年至明年中減息無望，會否繼續加息，尚未敢太早下判斷。

處於極不明朗的投資環境，股民只能摸着石頭過河，寧願等待個別實力股急插時，看看有否低撈博反彈的機會，勝過見升才追升的風派策略。當然，如入市後不對路，亦應先行輕微止蝕，等待再度急插才再次出擊為妙。如克服不了恐懼之心，則宜採取觀望態度，等待局勢明朗才作打算。

炒股要有故事性 事前事後怎部署？

2023年11月02日

每年特首公布施政報告，香港市民均寄予厚望，期待政府能夠回應訴求。而政府總會在事前放風，一來是測試市場反應，更重要的是預先調整市民期望，然後報告才正式出台。公布前股市多有急升時段，公布後大戶們趁消息出貨，這與業績公布後「見光死」之效應並無二致。

正所謂無風不成浪，一隻股票，要有故事性的消息才能引起股民的追股意欲。初哥早前有感政府受壓於市場成交持續低迷，為求吸引外資以救香港經濟，降低股票印花稅及撤銷樓市辣招勢在必行，**所以在重陽節長假期前的10月19日早市分析，建議於281元吸納港交所(00388)，阻力位在299元。**

10月25日施政報告日之早上市評，提示趁抽高時先行食糊。股價表現一如初哥預期

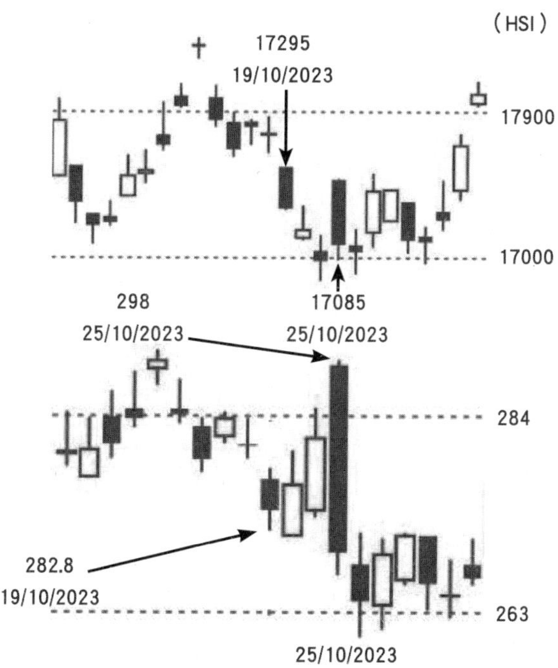

重陽節長假期前的10月19日早市分析，建議於281元吸納港交所(00388)，阻力位在299元。10月25日施政報告日之早上市評，提示趁抽高時先行食糊

之劇本般演繹，有學生心領神會，當天將280元買入之港交所，適時在297.6元套利，帳面賺幅6.28%，跑贏恒指甚多。

當施政報告中有關股市減印花稅之宣布落幕，港交所股價亦隨即大瀉，跌穿上日收市價，收278.2元。地產股同樣受到憧憬撤銷樓市辣招刺激，早市紛紛大升，唯公布後發覺只是大辣變中辣，股價遭遇與港交所相同命運，倒跌收場。證明現時之混亂市場，有一定利潤應先食糊獲利，否則只能嘆一句「有胡唔食，罪大惡極」了。

趁好消息出貨是炒股智慧術，但在氣勢如虹的急升市況，持貨股民多會被眼前大手掃貨的畫面所影響，捨不得趁高抽身而出。臨場執生往往是炒股陷阱，要經過N次失敗經驗才能領悟出來，只是付出代價已甚為大。

人人唱淡谷底回升 後市何去何從

2023年11月09日

今年9月7日，初哥獲邀為中美股市展望研討會講者，與波浪大師許沂光一見如故。前輩多次WhatsApp初哥發表中美港股市、人民幣美滙及黃金走勢等睇法，其中一句令初哥敬服，就是利用波浪理論推測現時股市處於「靜待秋分前後出現的黎明」。以往大師都曾多次在專欄測中大市底部及頂部，可見經驗豐富。

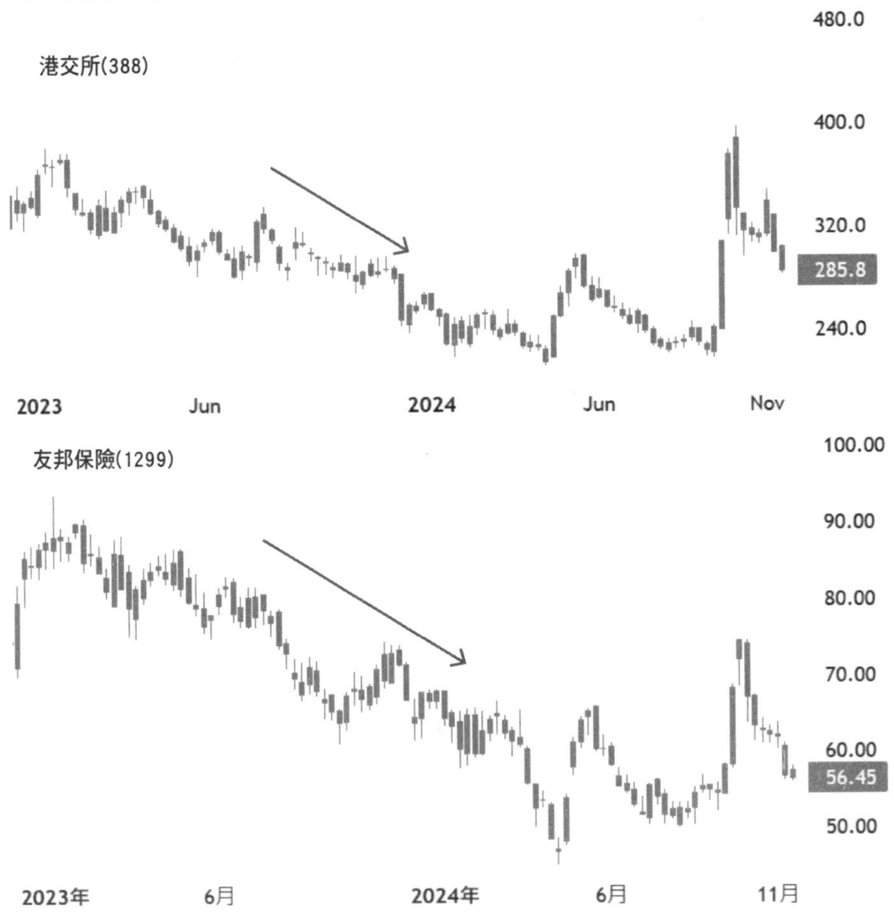

上周一大師在初哥的YouTube節目中亮相，和觀眾分享經驗及指點迷津，實在得益匪淺。節目中曾提及，香港回歸後之恒生指數約在17000點，廿五年過去，竟毫無寸進，原地踏步。期間經歷了N次的大幅上落市，應驗了初哥多年前文章常提及的「難為牛熊定分界」。

反覆無常的畸形上落市，打碎了不少分析員的眼鏡。未能察覺此等市況的股民，還在癡癡地等，輕則輸掉了寶貴的時間，重則輸至體無完膚。更恐怖的是，以往散戶鍾情的創業板及主板股仔，絕大部分跌至一文不值。**實力股輪流洗白白，亦兌現了初哥常提及的「浴缸理論」投資智慧哲學，如仍跟隨風派理論去炒股，相信已輸至「懷疑人生」。**

香港股市回歸後，步伐已從開市跟美股道指、即市跟日股，轉移至開市跟納指、即市跟內地A股。後者原因是內地巨企已大幅進佔恒指成分股的大比例，所以要更了解國情才能馳騁於市場。

港股自中美貿易戰幔展開後，已下跌了近五年，隨着外資大舉沽貨的高潮漸近尾聲，只有「金融戰爭」的沽空盤作怪。港股市盈率已跌至歷史新低的約8倍，再大跌的空間有限，見底回升機會高唱入雲。後市展望可逢低吸納實力股，迎接大反彈市。

新股熱潮再度興起 FINI實施會否推波助瀾？

2023年11月16日

近期港股市場兩極化，二手市場股票表現慘不忍睹，新股方面卻開始漸有起色。

代表二手市場的恒生指數，上周5個交易日中，1日升4日跌，總跌幅460點。然而，未有完全抹去11月開局的升幅，至執筆時仍有91點進帳。慶幸的是，沉寂的大市中，反而有新股異軍突起，帶動氣氛。其他半新股，隨之大部分浮出水面，企回招股價之上。其中早前6次申請上市皆失敗之喜相逢(02473)，今次上市成功，吐氣揚眉，一度炒高2.6倍；華視集團(01111)亦飆升72%。與近兩年新股上市掛牌後多跌破招股價的情況相比，有天淵之別。

究其原因，是市況低迷之下，公司為求順利上市，唯有因應時勢，將集資額大幅縮減，同時亦降低招股價估值。雙管齊下，淡市賣大包，加強了吸引力。發行量少，供應大幅下降，造就股價容易炒上。而多次分拆旗下公司之藥明系，今次亦一如既往，分拆子公司藥明合聯(02268)，至上周四孖展截飛日，暫錄逾25倍超額認購，凍資約百億元，打破近年新股悶局，進行回撥的行動高唱入雲。且看在3大外資行護航下，股價能否上升，不讓熱情的捧場客失望而回。

新股市場進行改革，今年11月22日將會推出全新的數碼化公開招股結算平台FINI，取代現時處理新股的中央結算系統(CCASS)，標誌著香港資本市場發展另一重大里程碑。

新股由招股到掛牌，從以往的「T+5」大幅縮短至「T+2」，孖展利息支出大減。以往遇着凍資數千億元，銀根抽緊，銀行同業拆息被大幅拉高，實施FINI之後，同業拆息可望相對穩定。其他影響，是公布配售結果後才將中簽金額過給發行商，發行商損失了凍資金額之利息，券商則賺少了3日之孖展利息。然而，增加股民認購之興趣，對新股市場有百利而無一害。股民認購意欲增強，新股交投可助大市成交量提高，配合還原印花稅，對打新一族來説是福音了。

京東阿里同病相憐 股壇孖寶表現尚可

2023年11月23日

人有人格，股有股路。炒股其中一個致勝竅門，就是採取趨吉避凶的方法。觀察公司過往紀錄，多揀取照顧股民利益的股票出擊，盡量避免買入作風欠佳者。當然，實力股如遇着不合理大幅度下挫，眾人恐慌性拋售，此時撈底獲得短期利潤，往往有不俗回報。

上周五阿里巴巴(09988)公布業績後被多間大行削目標價，同時又傳出馬雲家族沽售1,000萬股美國存託證券(ADS)，及暫停分拆阿里雲等，股價甫開大挫逾7%，最多跌逾一成。

初哥炒股多年，阿里巴巴第一次上市情況歷歷在目。**2007年以13.5元上市後大幅炒**

上，股民趨之若鶩，紛紛追逐買入。股價飆升逾三倍見41.8元後節節敗退，至2008年竟跌穿上市價，更曾低見3.46元。2012年低位回升，宣布以13.5元進行私有化，取消上市地位。高位追入持有蟹貨的股民一殼眼淚，無奈接受其低價私有化條件。

2014年阿里巴巴重新出發，以上市價68美元在美國納斯達克招股，一掛牌便衝上92.7美元，成為當年中國第二大市值的上市公司，市值相當於百度與騰訊之和。2019年回歸港股作第二上市，趁科網熱浪捲起，跟隨大市升至 2020年9月歷史高位309.4元 。

中美貿易戰衝擊港股，加上2020年旗下螞蟻金融集團被中國證監煞停在港上市計劃，阿里巴巴股價拾級而下，插水式大跌至2022年10月的60.25元歷史低位。比對高位，跌幅竟超過80%，跑輸其餘科網龍頭。有鑑於其往績不佳，初哥在聊天室甚少推介阿里巴巴，只有間中利用比較法，推介該股進行短炒。短線來説，成績尚算不俗。

京東集團(09618)在美國掛牌後亦曾發生不利公司的消息，股價在疫情期間大幅縮水。此股走勢向來非常飄忽，屬於難炒的股票。因贏面低，所以初哥亦甚少推介，偶爾推介亦囑咐要嚴守止蝕位。

騰訊(00700)及港交所(00388)比對上述兩股，走勢較為容易掌握，初哥多次推介以上兩股，均是贏多輸少，其中後者更是屢貼屢中，算是聊天室的利是股。市場評論近期多揀選阿里巴巴，放棄騰訊，是基於後者有消息謂南非大股東存入大量股票在中央結算系統，擔心有大手沽貨。初哥根據「相反理論」及「逆向思維」，力排眾議，寧願揀騰訊也不取阿里巴巴，應是明智之舉。

股市上沖下洗 平均線成糖衣毒藥

2023年11月30日

在「難為牛熊定分界」的股市，簡單移動平均線屢屢犯錯。

雖云太陽底下無新事，但是世事如棋局局新，套用於股票市場同樣適合。隨着資訊氾濫，股民們瞬間獲取海量訊息，股市波動程度亦較以往有過之而無不及。香港恒生指數在2000年科網股熱潮爆破前，高位曾經攀越 18000點。 23年過去的今日，恒生指數在上週五收報17559，無數次的上落市中，指數竟原地踏步，毫無寸進。初哥多年前曾在專欄寫下的一篇「難為牛熊定分界」文章，直至今天看來仍非常有效。預期在錯綜複雜的大環境下，未來仍會沿用此種方式運行。正因如此，如果依舊用一般人皆認知的簡單移動平均線，屢次出錯是可以預料的。

凡事要判斷準確，沒有邏輯性的數字或統計數據，不能成立。坊間常用的10天、20天及 50天線，正犯上數字邏輯的錯誤；而統計數據的事實是，恒生指數N次在以上3條平均線穿梭上落，出錯頻率高得驚人，難怪信奉此套理論者莫不輸至焦頭爛額。

10天及20天線時間性太短，出錯率高是可以理解。而50天線及100天線，不及60天線和120天線好用，這是建基於港股交易日的邏輯性問題。3個月的交易日約在60天，6個月的交易日約在120天，實用及可靠性應略高於50天及100天線。而所謂「黃金交叉線」及「死亡交叉線」」，因失了識於微時的先機，加上難有大單邊市的出現，所以容易掉入贏少少、輸大大的投資陷阱。

誠然，移動平均線有三種方式測試，初哥認為平滑移動平均線稍勝過簡單移動平均線，長遠計算，會有差之毫釐、繆之千里的效果。**事實上，只要用簡單的0與5、即恒指用500點及1000點為上下限波幅點，已達致用平均線的效果，不需太費腦筋。**

只要用簡單的0與5、即恒指用500點及1000點為上下限波幅點，已達致用平均線的效果，不需太費腦筋。

迎難抵抗空軍 拯救港股有何良方

2023年12月04日

近期金融市場熱門話題，首推中原地產創辦人施永青發表的「金融中心遺址」論，財金官員引用數據來反駁，謂機遇仍然大於挑戰。然而，港股今年表現每況愈下，股價及市值大蒸發，已是有目共睹的事實。如要列舉全球最差之股票市場，恐怕會榜上有名。

雖然也有諉過於外圍大環境欠佳，地緣局勢不穩等等因素，不過看周邊國家如日本、台灣等均創出N年以來新高，大環境之説站不住腳。既知局勢欠佳，更應在趨勢形成之前做好措施，保住香港地位。要重拾昔日光輝，不能只流於口號，做到特首常掛口邊的「做實事、做成事」，則要拿出勇氣，迎難而上，找出應對方法，而且更要盡快去做，猶豫不決，只能眼白白看着一切流失。

自回歸後，港人普遍仍眷戀於殖民地時代，缺乏世界觀，對於政治暗湧懵然不知，捲入內耗，荒廢了多年發展。首任特首的科技港中藥港等施政藍圖受到既得利益者之阻撓，以致科技中心拱手讓予深圳，中藥港無疾而終。數年前香港更爆發大型政治騷亂，及碰上疫情等問題，錯過了撥亂反正的良好時機。

初哥眼見此等形勢，年多前已察覺到香港正上演一場前所未有的金融戰爭，並曾在多篇文章提示要救港股。今年9月7日也曾在研討會提及，幾個拯救本港股市的良方。當晚初哥談到多年前馬會經過投注額大跌的挫折，明白水清無魚的道理。馬會過往曾經誤以為賭馬集團串通騎練，大舉結束其戶口，以致風聲鶴唳，大戶紛紛轉移去外地。後來查明後不是那回事，馬會讓大戶重新開戶口，並實行鼓勵措施，注碼1萬元以上，有10%回贈。另開闢新彩池，增加吸引力，大彩池減低至1元投注，符合基本入場費100元便可。投注種類花款多，而且很多都是香港獨有。現在更經常轉播海外賽事，接受全球投注，難怪投注額持續創出新高。知往鑑今，初哥建議徵詢馬會的管理層以取經。

初哥亦有提議，可將大價之藍籌成分股降低至1股至10股一手，入場費數百元也有交易，即變相與近年推出ETF的最低交易金額看齊，在如此高風險的市況輸贏有限，可以令部分懼怕再輸大錢但又想博的股民重拾入場興趣。政府也可效法馬會，獎勵高頻大額交易至一定數量，回贈交易徵費或者減免稅項給予參與者。

今年政府做了一件對港股有利之事，就是批准推出多隻ETF產品。近期引進了一隻南方沙特ETF(2830)，既然號稱國際金融中心，亦應繼續研究推出多隻外國相關的睇好／睇淡的ETF，好處是並無印花稅，減低投資者費用。此外，亦可研究將期指之細期再下降至1至2元一點也有交易，這正好迎合部分股民的口味。同ETF一樣，期指好處是做好／做淡也可以。持續下跌的股市，令大部分長揸短炒的股民很容易輸錢，感到興致索然，寧願捱更抵夜炒美股也是無可厚非，不妨考慮推出美股相同ETF產品，留住他們在港買賣便可。

至於挽救低殘、長期被故意沽空的股市，非常市況應以非常手段對付之。除了沽空制度應該檢討是否有改善空間之外，政府亦可成立一間投資公司，進行買賣港股行動，維持秩序。港股市值低殘，金管局沒理由買外國貴貨而捨棄香港超值貨。行動勝於一切，表明港股此階段已達入貨時機。

以上只是初哥的愚見，希望能夠抛磚引玉，引起各界踴躍討論，有能之士挺身而出，提出寶貴建議。如能找出多些股市新玩法，好像馬會投注項目般獨家交易產品更佳，不必事事跟隨歐美股市來跑。政府亦可集思廣益，展開多場腦震盪挽救股市的研討會，若有接納建議者的提議，則獎勵加勉之，如此定可引起廣泛回響。股市一起動，全城經濟必翻生！

港股殘弱不堪 見底回升要看此信號

2023年12月14日

自從11月17日開始還原印花稅後，港股成交量已較前增加了不少。然而，因為成本問題，轉往花旗國炒股的投資者，習慣了彼邦炒作模式，想要他們再回流本港市場，談何容易？港交所數據顯示，繼去年49間證券行結業後，今年續有30間關門大吉。大量從業員失業，業界情緒悲觀，即使留守崗位的，也表示看不到任何曙光。唯望財金官員獻出良策，對症下藥，令港股起死回生，國際金融中心光彩重現，經濟得以振興。

上周有兩宗令香港鼓舞之消息，一是爭取到內地電池一哥寧德時代落戶香港科學園，二是沙特阿拉伯未來投資倡議研究所（FII Institute）的 FII Priority亞洲峰會首次在亞洲並選址香港召開。繼美國紐約、英國倫敦之後，香港是第三個舉辦的城市，可見正式承認「紐倫港」的國際金融中心地位。

早前港交所推出首隻沙特交易所ETF在港上市，長遠可引進更多中東資金進駐香港，彌補歐美資金撤離本港股票市場之部分損失。當然，最重要的，是讓香港股票市場恢復生機，各方資金自然就會回來。股民除了望天打卦外，亦可憑圖表路線圖，判斷股市何時能谷底回升。1997年初哥曾在專欄中利用「三花聚頂」的背馳現象，寫出「熊市來臨」的文章，果然一矢中的，成功測中。時至今日，恒指竟重回四份一世紀前的點數，令股民唏噓不已，亦應驗了初哥常寫的「難為牛熊定分界」大型上落市。

現時港股市盈率已跌至歷史罕見的約8倍平均市盈率，實為極度廉宜之水平，難怪上周出現了魏橋紡織(02698)約一倍溢價提出私有化。只是港股暫時仍被沽空盤力壓，令股民失去入市信心罷了。連初哥在聊天室，也甚少推介股票過市，留子彈在手，等候適當時機才大舉出擊。

初哥素有估頂摸底之能耐，估計今次見底信號，應是先由成交量漸次增加，逐漸消化歐美撤離之資金。RSI 強弱指數呈現雙底或三底背馳形態，配合陰陽燭利好信號，就可判斷是否到達谷底回升階段。縱是如此發展，但基於沒有歐美資金參與，重回昔日高位並不容易。不過大幅反彈，機會仍是有的。

港股輪流洗倉 明年有邊隻大藍籌可期？

2023年12月28日

股票市場有一特色，就是輪流炒上或炒落。前者是在上升趨勢中，先升龍頭、再升二線、然後雞犬皆升，才完成一個上升浪。反之下跌趨勢中，先插股仔，再跌二線，最後沽抗跌力較強之龍頭股。不過現今市場已被扭曲，因金融戰爭而掀起的中概股拋售潮，驚濤駭浪，洶湧湍急。過往備受股民追捧之多隻明星股，跌至遍體鱗傷，近期更出現初哥常掛口邊的「浴缸理論」情境，即是輪流洗白白。

科網股四大天王，包括騰訊(00700)、阿里巴巴(09988)、美團點評(03690)及京東集團(09618)，無一倖免。無獨有偶，精心部署的沽貨行動，恰似反競爭法所指的合謀定價一般，拿捏準確，以上述公司的所謂市場利淡消息而作出大舉沽空行動。

今年10月13日劍指京東揭開序幕，其業績公布只較市場預期略遜，眾大行立即同一時間一面倒唱淡，股價單日急挫近13%。11月15日再下一城，阿里第二季業績表現符合預期，大行卻突然重提一早已安排的馬雲家族信託旗下公司擬出售阿里持股的消息，並解讀為負面。股價先在即晚美股大跌，至翌日港股掛牌的阿里單日大插逾10%。

11月25日二不離三，輪到美團。第三季溢利按年大增62.4%，優於預期。然而大行重施故技，認為未來仍要燒錢，單日股價已大瀉逾12%，後來更每況愈下。上周五(12月22日)中箭的，是股價比較硬淨之股王騰訊。當日股價正在上漲，外資乘內地遊戲股執行政策細節出台，突然反手不問價追殺狂插，騰訊大瀉逾15%，由最高317元跌至最低263.6元，相距最多達53.4元。

四大天王股價大瀉的劇本似有雷同，不難令人想像到是有心人部署的行動，目的是削弱股民信心，打擊香港金融市場。然而，現時股價已跌至不合理水平，往後大跌空間有限。只是中港股市唇齒相依，要內地市場持續反彈，港股才有望見底大幅回升。有信心之股民可採取分階段入市策略，來迎接明年大地回春的市況。相比京東及美團，騰訊及阿里較為穩陣。

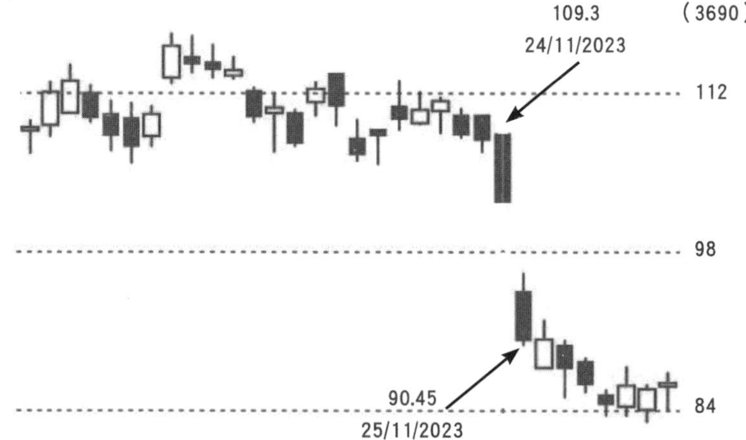

美團第三季溢利按年大增62.4%，優於預期，然而大行重施故技，單日股價已大瀉逾12%，後來更每況愈下

2024

變幻原是永恒 今年港股有咩指望？

2024年01月04日

世局多變，神鬼莫測。股票市場更貫徹了變幻原是永恒的哲理，有誰估計得到，港股連續四年下挫，下跌時間既長且深，歷年罕見。

美國前任總統特朗普上台後，做了一場訪華的表面友善騷，贏盡公關宣傳效果，令對手放下戒備。回國後即展開對華貿易戰，大幅提高關稅、加強對中國出口管制、及供應鏈去中國化，自此港股展開只有反彈而沒有真正升幅的巨大跌浪。

改朝換代至拜登政府接任後，表面中美關係似有轉機，骨子裏仍咬住中國不放，施展全方位打壓行動，香港也備受牽連。美國為對付國內連年量化寬鬆狂印銀紙帶來的高通脹、及因俄烏戰爭而起的通脹惡化，一年內持續多次暴力加息，打擊投資意欲，香港股樓同步下跌。同期外資大舉沽售一眾中概股，影響中概股比重甚大的恒生指數於是大跌數千點，個別股票更跌至體無完膚。

執筆時恒指17047，稍微喘定。現時港股已跌至歷史罕見的約8倍市盈率，再大跌空間有限；加上息口將近見頂，美國明年底總統大選，拜登為求連任，應會將有利經濟發展的減息行動付諸實行，利好香港樓市及股市進行反彈。其中新經濟股率先受惠，而個別跌得過殘的細價股為私有化提供誘因。

美股位高勢危　港股有冇機會大升？

2024年01月11日

一般而言，股市於極高位忽上忽略，短期內多會出現回吐或見頂回落，美股上周之表現正演繹此一模式。箇中原因，應與今年尾美國總統大選有關。

現任總統拜登為求順利連任，在選舉期間，將會製造社會穩定、經濟欣欣向榮的景象。現階段如美股繼續上升，則稍後再往上衝的動力或會大減，不利選情。所以聯儲局配合預先放風，表示今年首季減息行動應會開始。作為經濟寒暑表之股票市場，聞風而動，已預先繼續上升，並連番創出歷史新高。

聯儲局因應局勢變化，只好再使出語言偽術，表明停止加息言之尚早，即使停止，高息仍會維持一段時間等等。債券孳息率馬上掉頭回升，股市應聲下挫，對息口敏感之納斯達克指數從近期高位連續下跌4日，上週六執筆時共跌510點，反映傳統股票居多之道瓊斯工業平均指數稍好，但仍下跌共133點。順藤摸瓜，應是調整過後，年中選舉期間，才將美股再度推高，打造一個歌舞昇平繁華假象。

經過多年演變，恒生指數成分股組合與以往截然不同。本地傳統龍頭地產股影響力變得渺小，取而代之的是內地新經濟股，具有舉足輕重地位。**近年內地經濟不景，科網股業績受到拖累，股價大幅插水，恒指從高位33484下跌至今，跌幅逾49%(以5/1/2024的16535計算)。**寫到此處，初哥不禁感嘆，為何恒指服務公司總喜歡在眾多新經濟股於高位時將其加入為恒指成分股，大戶只舞動數隻，便可以將被視為香港信心指標之恒指推跌至如此境地。此外，增加太多成分股，亦會分薄實力股上升的潛力。

近年內地經濟不景，科網股業績受到拖累，股價大幅插水。恒指從高位33484下跌，跌幅逾49%(以5/1/2024的16535計算)

港股被蹂躪了一段長時間，根據「鐘擺理論」，跌至低殘之新經濟股，往後大跌空間有限；而恒生指數低位14597料不容易跌穿，今年展望應有大反彈。

由股海浮沉領悟貪婪與恐懼 宜知所進退

2024年01月18日

偷得浮生半日閒，為了重溫80年代佳寧王國的崛起與沒落，初哥在上周六觀看由該事件改編的電影。

時光倒流40餘年。1980年，正值初哥在恒基地產(00012)當練習生。由於叔叔甚喜炒股票，近水樓台，偶爾午飯後便帶初哥到附近雲咸街的遠東交易所參觀金魚缸，又教曉初哥一般股票常識。自小在耳濡目染下已喜歡賭錢的初哥，看着跳上跳落的股票價格，更是非常着迷。從同事們的談論，加上自身的學習，初哥毅然當上股票經紀，終日研究，樂此不疲。

叔叔略懂圖表分析，經常贏錢。然而，因為佳寧集團之故事太吸引，又屢買屢中，在貪勝不知輸的情況下，竟將全副身家投入該股，當掉頭下跌時不懂得止賺及止蝕，眼光光地看着股價江河日下，一鋪清袋。幸而他早年買了一層樓，未至於要露宿街頭。看到他這個刻骨銘心的教訓，令初哥明白了「貪婪」是股票市場兵家大忌。87年股災能夠僥倖逃生，亦是靠回憶叔叔的慘痛經歷。在大冧市前清倉離場，只剩下一隻供股未及時出籠的淘大置業，結果利潤由20倍減至10倍。

87年股災後，從谷底回升，可惜驚魂未定，而且因置業及籌備結婚，手頭資金不多，錯過了其後大升的機會。經此一役，深深體會到股票市場只是貪婪與恐懼之遊戲，對往後炒股有莫大幫助。

香港股票市場發展至今，亦曾多次有當年佳寧事件般的橋段出現。當股價靜靜地由谷底回升，進行多項鯨吞式的收購行動，引人注目，眾人皆熱烈談論，股價不停狂升時，就要格外小心。近年這類故事歷史重演，聰明的讀者應不難猜中是何種股票。

港股任人魚肉 港府有應對措施嗎？

2024年01月23日

經過四年多的大熊市，今年港股開局仍是潺弱不堪。至上周五為止，14個交易日，竟下跌12日，共大跌1,735點。諷刺的是，鄰近的印度、台灣及日本等竟與港股背道而馳，升勢凌厲，日本更匪夷所思地創出34年新高。

表面看來，與香港唇齒相依的內地A股同樣表現不濟，令人想像港股被A股拖累。實質上是外圍有心人意圖隊冧港股，破壞香港作為中國對外的國際金融中心地位。現時港股平均市盈率不夠8倍，估值相當便宜，有謂中港經濟前景不明朗，資金寧願流向正在上升中的高估值外圍股市，初哥覺得只是誘導股民繼續棄東而向西流，未來動向發展難以預料。

港股正水深火熱，股民叫苦連天之際，財金官員們卻似乎沒有察覺港股任由外資魚肉，對於被刻意狂沽的低殘港股市場毫無應對措施。財爺往瑞士開會時，説了一句「我對港股非常有信心」，有朋友回應説難聽過粗口，證明股民已憤怒至極點。初哥認為，財爺如此有信心，應以身作則，將自己全副身家買入低殘的港股，如果能夠幫手托一托市，起碼令股民消消氣。

事實上，初哥早前文章已建議過數個救市方案，新近有政黨提出的動用外匯基金5%來購買港股，正是類同初哥早前講過的挽救港股方案其中之一。唯願各界有識之士，盡量踴躍拋出良方，讓政府官員馬上建立措施來應付這場金融戰爭。港股興亡，匹夫有責，上下齊心，才可保護國際金融中心的地位不致被摧毀。

爆雷股層出迭見 港交所如何拆彈？

2024年02月01日

去年聖誕節前，初哥於研討會中將一篇文章交予地產代理界猛人施永青先生分享。承蒙賞面，今年一月初邀請初哥往其辦公室交流意見。

期間談到港股之去向，初哥認為恒指應不會輕易跌穿2022年低位14597。果然上周跌至14794就掉頭反彈，引證初次回落重要支持位，不破的機率甚高。近日急挫至1月22日低位14794，再反彈到1月25日最高位16254，三日升幅高達1,460點，顯示已有部分長線好友入市。惟人心虛怯，上方蟹貨重重，級級阻力，要大升，談何容易？股民惟有摸着石頭過河。只能候低吸納，不宜冒進。

恒指應不會輕易跌穿2022年低位14597。果然上周跌至14794就掉頭反彈，印證初次回落重要支持位，不破的機率甚高

雖然上周五(26日)恒指只回吐259點，但是再次上演一幕驚心動魄之實力股狂瀉情景。藥明系股票突遭發難，旗下之藥明康德(02359)、藥明生物(02269))、藥明巨諾(02126)、以及近期上市、逆市大升之藥明聯合(02268)，均被猛烈轟炸至體無完膚，最低位計分別狂冧31.8%、27.8%、11.1%及24.7%。

詭異的是，正值藥明生物被其主席增持股份的好消息刺激，當日開市曾大升7.5%至32.25元，但午後傳來美國眾議院成立的中美戰略競爭委員會提出生物安全方案，以確保境外生物科技公司不能獲得美國納稅人資金，市場解讀為制裁藥明康德及內地上市之A股華大基因。普遍股民尚未搞清楚發生何事，藥明系已被狂轟濫炸，大插至低位時約20至31%，持貨或早市追入的股民損失慘重。

即市所見，難免令人感覺整件事似是早有預謀。公布消息時間正值是美國的睡眠時間，而藥明系以前亦曾有一次遭遇相同的新聞消息拖累而單日跌幅巨大。

恒指當日初段表現變化不大，因受此消息影響而掉頭下跌，尤其同類之生物科技股亦緊隨大幅下挫，市場人士飽受驚嚇，紛紛避之則吉，一眾科技巨企腳軟，拖累恒指下跌259點收市。

面對這場外圍精心部署的「金融戰爭」，香港股票市場之把關者應針對性作出行動，查究是否有人事前惡意沽空，從中取利。香港在全球最自由經濟體中排名第二，自由度高，不代表可以任人魚肉，予取予奪。

U盤競價變勁假 研究對策保穩定

2024年02月08日

港股今年開局異常慘情，截至執筆時的24個交易日中，下跌18日，上升只有6日，下跌比率高達75%，相信或是歷史以來最差表現，跟外圍升勢有天淵之別。

香港股票8成是內地經營的企業，跟隨內地A股市場起舞可以理解。然而，部分股票跌幅之巨，令人側目。藥明系上周竟出現兩日暴跌，單日跌幅皆逾20%，恒指成分股跌幅與股仔無異，出人意表。上市僅4個月的明星新股中旭未來(09890)，業務範圍包括網絡遊戲產品，惟上周五竟出現斬倉式大冧價，由上日的70元狂插至15.46元，大幅反彈上56元，再暴瀉至16.66元收市，跌幅逾76%，令持貨者叫苦連天。

港股開市與尾市皆有U盤競價時段，造就了眾多胡亂掛盤的虛假情況，尤以上午9:00至9:20為甚。上周四早上試盤階段，就出現了股王騰訊(00700)兩邊掛盤260元，較上日下跌10.6元(-3.9%）；及友邦保險(01299)下跌2.05元(-3.3%）的勁假盤。反而非恒指成分股呈現的虛假買賣盤掛牌比較少見，令人懷疑其操盤手法是否想誤導市場。經驗不夠的股民，臨場會以為有壞消息，嚇至低價沽出，然後才發覺天下本無事。此等不公平的勁假時段，有關當局宜作檢討。

美斯對香港球迷 猶如外資對港股？

2024年02月15日

農曆年前最轟動的新聞，當然是阿根廷球王美斯來港，任憑場邊球迷努力呼喊，他全程黑口黑面齋坐，沒有落場踢波以娛一眾買貴飛之粉絲。頒獎禮時更躲在後排角落位置。兩日後在日本練習賽表現生龍活虎，表演賽更面露笑容地盤扭跑跳遠射門逾30分鐘，完全沒有他所說的拉傷狀況，令港人為之氣結。

連串動作，是否為針對香港而來不得而知，不過其唯利是圖表露無遺，言行不一誠信破產，自毀形象。如此舉動，難免令人覺得羞辱香港，欲使外界對港產生負面印象。

股票市場何嘗不是，美國政府及相關議員時常伺機打壓港股，不惜用盡方法，力求打破香港國際金融中心的地位。

近期藥明系兩次暴跌，皆源自美國議員們不懷好意的傑作。第一次有6位議員聯名提出打壓藥明康德(02359)的方案，連帶旗下藥明生物(02269)及半新股藥明聯合(02268)，今年2月2日單日分別暴跌約26%、22%及22%，血流成河。

2月7日傳來提案之6名議員齊齊撤銷動議，三隻股票全線強力反彈10至15%。話口未完，翌日2月8日竟又反口，還原該6名議員之打壓藥明等生物科技公司方案。藥明三寶再度大插8至19%。

這種出爾反爾、翻雲覆雨的言論，加上外資落井下石，令港股時刻有成分股急挫的危機。處於此種「金融戰爭」的市況，股民不宜在股票急彈時冒進搶入，惟有靜待急插時小注博反彈。當然，升上推止賺盤及定下止蝕盤是獲利及逃生的不二法門。

沽空股票雖可為部分大戶謀取利潤，但對小散戶並不公平。長期沽空情況已對港股及小投資者造成傷害，初哥認為有關當局應採取有效措施，嚴防沽空盤隨意肆虐市場，把港股當作提款機。

港股否極泰來 14597點已成近年低位？

2024年02月22日

新年伊始，萬象更新，農曆春節假期後復市，港股有若龍騰虎躍，連升三日，總共升幅592點，一洗去年頹風。現水平恒指已較去年低得多，展望今年，恒指或會呈現可觀反彈幅度。記得今年初預測，恒指應不會跌穿2022年10月31日低位14597點。幸運地港股果然只跌至1月22日之14794，距離14597僅僅相差197點。

當時市場瀰漫着極度悲觀情緒，以為會跌穿14597點之際，恒指悄悄地由谷底回升。聊天室有學生高位沽了期指，幸好聽從初哥意見在15300附近平倉套利，避過一劫。弔詭的是，連球王「美斯之亂」也來意圖打擊香港形象，激起港人同仇敵愾，港股不再下試低位，並輾轉反彈約千點，引證了初哥長掛口邊的「世事難料」出人意表的局面。

恒指由低位14794反彈至上周五高位16394，升幅1600點(10.8%)，多隻跌得極殘之股票反彈幅度非常可觀，包括早前宣布買入香港整棟商廈之內地知名運動品牌李寧(02331)，由去年低位14.94元反彈至上週五最高位21.4元，升幅達43.2%，非常誇張。大弱勢股竟變大

市場瀰漫着極度悲觀情緒，以為會跌穿14597點之際，恒指悄悄地由谷底回升

強勢股，如能拿捏得宜，掌握上車落車的時間，處於這種變幻莫測的股票市場，仍可以有豐厚回報。

股票市場只是貪婪與恐懼的遊戲，要克服心魔，定要有多年臨場炒作經驗，並勤做功課，寫下股票運行模式。美國經常打壓中國企業股，諸如近期的內地生物工程科技股便是明顯例子。夠膽在人人聞其股而色變的時候逆市吸納，除了熟悉運作，還是要具備膽大心細的心理質素才能做得到。

價值投資與資金流向炒法 孰優孰劣？

2024年02月29日

世事變幻莫測，事態發展往往出人意表。看美股由七大市值輪流驅策攀升，吸引全球資金爭相湧入，道指及標普500指數連番創出歷史新高，而納指接力追落後，近期走勢更勝前兩者一籌。就連多年經濟不景氣之日本及台灣股也亦步亦趨，紛紛創出歷史新高，引證傳統以公司價值為主的投資法則失效，資金流向主導了市場風向。

鑑於中港股市弱勢，加上近期不斷有評論提議強積金應由中港股市轉移至美國為主的股票市場，令撤出中港市場之資金持續增加，造成港股平均市盈率跌至不足10倍，而低殘至3至5倍PE者比比皆是。

部分論據是港股未來前景欠佳，業績倒退時會拉低盈利，變相扯高市盈率。然而，經濟周期性的實力股，基於急速大挫、反彈力度及幅度也會較強的原理，短期升幅往往非常可觀。例如內地啤酒龍頭之一的青島啤酒(00168)，由谷底回升逾30%；而被美國議員提案打擊之內地生物科技龍頭藥明系彈幅亦頗可觀。

早前公布盈喜好消息之藥明聯合(02268)，其實與其餘兩間公司藥明康德(02359)及藥明生物(02269)的業務性質不盡相同，但仍遭受瘋狂轟炸，股價插水大瀉，具備膽識於極低位時分批撈入，賺幅已非常理想。**該股由今年2月14日低位12.08元，升至上周高位計，升幅逾55%。誠然，具備逆向思維及掌握入市的時間，亦需要有相關心理質素、圖表分析、以至炒股心法配合才能捕捉到上車落車的契機。**

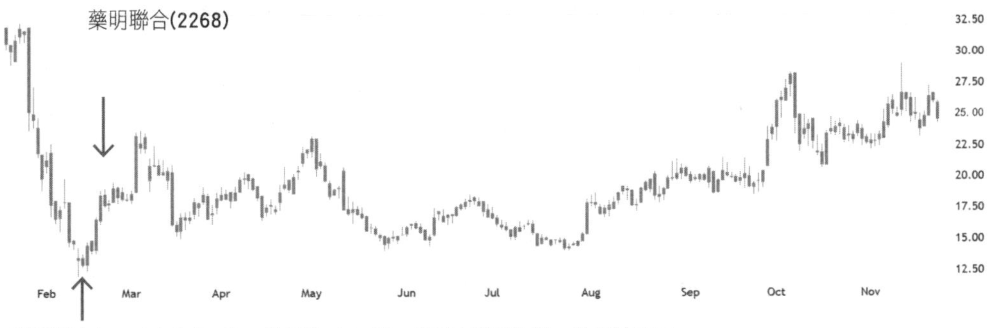

藥明聯合(2268)由今年2月14日低位12.08元，升至上周高位計，升幅逾55%

今年美股走勢氣勢如虹，多隻龍頭科技股持續吸引眼球，追入者獲利可觀。上升原因，除了業績理想外，亦與資金流入炒作大有關係。今年是美國大選年，執政黨會利用股票市場來營造歌舞昇平的繁榮景象，大跌的機率略低。然而，處於極高位的股市，如不斷有資金流入，變成全民皆股的時候，往往蘊藏着大戶乘機沽貨的誘因。所以現階段只可短炒，不宜作中長線部署，留意變化再調整策略方為上算。

金融戰打壓中概股 適時上車落車獲利深

2024年03月07日

2018年美國前任總統特朗普針對中國發起貿易戰，大幅提高中國貨品入口關税。港股自那時開始，已見頂回落。至2020年，美國進行總統大選，由於憧憬黨派輪替之後，美國對華政策會有所改變，所以港股曾經強力反彈。

然而，拜登政府上台後，不但延續特朗普的壁壘政策，更不停制裁及瘋狂打壓一眾中概股。近年更迫使美國基金們大舉拋售在香港掛牌之內地股票，企圖破壞香港國際金融中心的形象及地位。加上只有大戶得益之不公平沽空制度，配合美國政府頻繁公布打壓中概股消息，大行即時呼應祭出降級睇淡報告，務求被打壓之股票大幅插水。

高位沽空、低位補回，利用外資在香港的沽空優勢，大賺差價之伎倆層出不窮，巧取豪奪。手持股票之股民若未能及時逃生，帳面損失慘重。近期更有評論謂應將強積金戶口內極低殘之中港股股票基金，轉移至升至極高位之美股陣地。是否明智之舉，留待將來歷史告知。

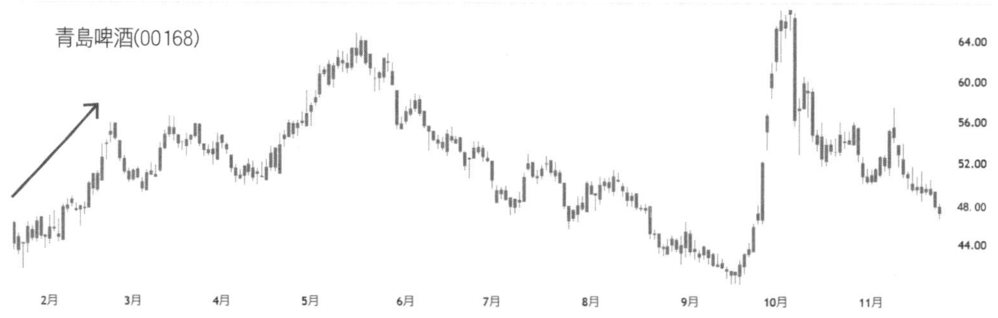

藥明系藥明康德(02359)、藥明生物(02269)及藥明聯合(02268)、光伏股信義光能(00968)、內地晶片股龍頭中芯國際(00981)，連帶其他中概概股李寧(02331)、青島啤酒(00168)及中旭未來(09890)等，反彈力度之強，短期升幅已勝過長揸一年半載。

雖然屢見大插股，但是有危亦有機，如能克服恐懼之心，在本質良好的實力股狂瀉時，運用「滿街鮮血，正是入市時機」逆向思維，伺機在極低位撈入，捱得住驚濤駭浪大上大落，升幅達雙位數百分比／倍數並不是難事。**近期例子就有藥明系藥明康德(02359)、藥明生物(02269)及藥明聯合(02268)、光伏股信義光能(00968)、內地晶片股龍頭中芯國際(00981)，連帶其他中概概股李寧(02331)、青島啤酒(00168)及中旭未來(09890)等，反彈力度之強，短期升幅已勝過長揸一年半載。**

要懂得上車落車的準確時間，非有多年炒股經驗不可。配合圖表分析及熟悉市場心理，才有望於波詭雲譎的股票市場贏錢。當然，重要的是定下止蝕位，遇着不對路時，採取邊買邊走的策略，才是萬全之策。

港股日升日跌 股民如何應對？

2024年03月14日

雖然近年港股表現與美股南轅北轍，但是上周兩者皆迎來了日升日跌的震盪局面，分別是港股在低位飄上飄下，美股於高位乍起乍落。市場混亂，股票升跌不一，走勢迥異，強勢突變弱勢，弱勢股抬頭變強勢的情況輪流交替，令股民無所適從。

上周恒指三升兩跌，仍錄得跌幅237點；美股道指及代表科技股之納指則兩升三跌，道指跌幅共364點，而納指跌幅190點。表面看來似是美股走勢較港股為強，然而，根據過往運行模式，低位震盪應是好事，高位抽上抽落或會是見頂不遠之徵兆。

港股這幾年受壓於外資持續沽空的金融戰爭，要等待貨源盡落入長線好友大戶們手中，及狂沽濫炸的沽空盤收手，方能正式見底大回升。美股今年是總統大選年，縱使出現大回吐，支持執政黨連任之基金大戶們應會聯群結黨承托股市，暫時應不會出現狂冧之局面。

大市有升有跌是正常事，股票此起彼落屢有發生，不過現時政治經濟變化頻密，與往日簡單直接的股票跟隨恒指同步升跌，已是不可同日而語。就以近期市況來看，恒指雖然出現回吐，但光伏類股及個別半新股均出現可觀升幅。**春江水暖鴨先知，受惠國策的光伏板塊，龍頭股信義光能(00968)，近來跑贏大市甚多，由低位3.42元升至最高位5.98元，升**

幅近75%。又如個別受惠於AI概念炒作之半新股第四範式(06682)及優必選(09880)，今月初亦靜靜地起革命，大幅飆升。由發現信號時追入，至最高升幅計分別逾1倍及2.5倍。

受惠國策的光伏板塊，龍頭股信義光能(00968)由低位3.42元升至最高位5.98元，升幅近75%。又如個別受惠於AI概念炒作之半新股第四範式(06682)及優必選(09880)，今月初亦大幅飆升

雖然大市飄忽，變幻無常，但是細心思量，咀嚼新聞報告之國策內容、市場焦點，及時上車，獲利之深勝過長揸股票。誠然，能掌握炒股竅門，非要有膽大心細之心理質素才可。

風眼股切忌反彈追入 適時進退是上策

2024年03月21日

今年美國總統大選，將是現任執政民主黨拜登總統對壘前任共和黨特朗普，兩個80歲高齡之爭。初哥覺得甚為奇怪，美國似無年輕政治明星，來來去去都是由兩老爭奪總統寶座。

拜登在以哈戰爭中，立場偏袒以色列政府，無視加沙人民大量傷亡被種族滅絕，更三度否決聯合國加沙停火決議案，以致其民望急速下滑。為求扭轉逆勢，除了表示會人道援助物資給加沙居民外，又加強打壓中國企業，以轉移國民視線。眾議院提出並通過法案，要求字節跳動剝離及出售子公司TiKTok予非中國投資者，白宮敦促參議院盡速立法。美國前財長努欽更急不及待公布組財團平價收購TikTok業務，擺明車馬掠奪資產。

另外，近期一波三折的風眼股藥明系，進一步遭受美國生物技術創新組織(BIO)撤銷組織成員資格，雖然BIO隨後改口稱藥明康德主動終止資格，但藥明系股價仍插水，再次令在大反彈高追之股民損失慘重。

湊巧的是，歐盟也同時使出殺手鐧，口説對阿里巴巴全球速賣通平台上非法及色情內容展開調查，實則想封殺其旗下公司在歐洲之業務，上週五阿里巴巴股價應聲下跌。

外資力壓，輪流沽空重磅藍籌股，使其急跌以拖累恒指。今期主角，輪到保險業龍頭股友邦保險(01299)。大戶竟對其亮麗業績視若無睹，大舉拋售及借貨沽空，波及其餘成份股跟風下跌，又達到了推低恒指的目的。

處於外資長期持續沽空的市場，股民應採取大跌時人棄我取，大反彈時敵進我退的應變戰術，方能在這複雜多變的境況中分一杯羹。

世事如棋局局新 股災演繹方式每次不同

2024年03月28日

倉卒歲月，世事如棋。歷史不斷演變，香港由百餘年前的小漁港，進化至現今之國際金融中心，得來不易的輝煌成果，全靠三代人努力拚搏。

香港股票市場發展至今，曾經歷73年、87年、97年、2008年、及2018年至今的大型股災。73年股災，初哥不知其底蘊，印象模糊。87年黑色星期一是電腦程式自動盤沽空作怪，迫使時任總統列根暫停電腦程式盤及縮短交易時間，各國紛紛採取救市措施，七國集團開會商討如何向金融系統提供流動資金，慢慢地環球股市才得以復原。

97年亞洲金融風暴，以沽空基金索羅斯為首的國際炒家狙擊亞洲各國貨幣，至98年追擊港元，大肆拋空港股。由97年8月至98年8月，一年之間，恒指由16000點跌至穿破6,600點。港府動用外匯基金入市打大鱷，大舉挾倉，迫得沽空大鱷落荒而逃。

2000年代中期，美國大量財務機構借貸與不良紀錄的人士作房屋按揭，然後出售與投行，投行再將之包裝成次按迷你債券，推售給小散戶。到2008年美國樓市泡沫爆破，大批次級房貸違約引爆雷曼迷你債事件，重創全球股市。美國聯儲局主席推出大印銀紙的量化寬鬆政策，政府以逾1,870億美元拯救金融市場，包括接管了兩大房貸機構房利美與房地美。

然而，2018年由美國總統特朗普掀起的中美貿易戰，槍口瞄準中國，更以金融手段對付香港，務求全方位拖垮中港。港股恒指由2018年高位約33000下跌至今，指數跌幅一半，不少股票更大跌逾九成，血流成河。

從以上的股災故事，看到每次演繹方式盡不相同。今次下跌達六年之久，已算是年數最為漫長。今次大股災形成之原因，除了外圍因素，內在亦出現了問題。恒指服務公司大量增加成分股，可惜是偏向新經濟之科技股為主力，而且均在極高位時才加入。在有心人乘著沽空制度之便利而大肆操弄之下，變成易跌難大升之局面。無奈的是，財爺更在股市持續低迷情況下，大幅加股票印花稅三成，催動了香港股民轉往炒美股。美股持續攀升，成交大於港股，股民樂不思蜀，返回港股市場興趣大減。財金官員們應檢討沽空制度，免令港股繼續任人魚肉。

今年是美國總統大選年，美國大冧機會較微。預料大選過後，美股才見真章。香港股市仍然要捱一段日子，才能否極泰來。現階段的策略，仍應等待實力股急插時才入市博反彈，有一定利潤先行食糊，並定下輕微止蝕位，以求保本，靜候黎明的來臨。

業績股血流成河 港爆結業潮有辦法解決？

2024年04月02日

香港工時長，假期也多，相信兩者都位居世界前列。記憶中初哥初出茅廬時，公眾假期沒有現在的多，藍領每周六個工作天，白領每個星期六也要返半日工，平日加班至晚上更是等閒事。當時並不覺得辛苦，整個社會人人勤於工作，努力尋找機會，改善生活。迸發「獅子山下」的精神，經濟欣欣向榮。

隨着社會進步，工資不斷上漲，法定假期遞增，外遊機會隨之增加。近年美元強勢，環球貨幣大部分都走弱，與美元掛鈎之港幣，盡得滙率上的優勢，令港人在外旅遊時得享較為平價的住宿飲食。港人頻繁外出旅遊次數，相信亦是世界之最。假期一到，各機場口岸都人頭湧湧，爭相離境。到外地盡情消費，似是習慣，你去我去，不去便好像是落後於人。可是如此一來，本地已疲弱不堪的消費市場，更是慘不忍睹。

疫情後本港市道未能回復昔日光輝，又因為港元強勢，加上物價飛漲，既不能吸引大量旅客光臨，也留不住在港工作拿取高薪的人士。此外，每月收到福利津貼而不停北上大花金錢的亦大有人在。剛過去的復活節假期，便有超過百萬港人「北上大遷徙」，即使留港者亦因經濟前景不明朗而不敢大肆消費。香港零售飲食業重創，多間曾經為人津津樂道的知名食店也支撐不住，忍淚結業。

眼見如此境況，初哥忽發奇想，各行各業包括政府都經常表示人手不足，何不恢復周六上班半日制，起碼增加生產力，又可讓大批市民留港消費，一舉兩得。當然，如果單靠增加星期六之半日返工制度，必會招致既得利益者的反對，建議可將星期一至五工作時間每日縮減1小時，星期六只需返工3至4小時，變相因加得減，工作時間實際上是減少了。好處有兩點，首先每日可提早1小時放工，既可多些時間陪伴家人，又可早點外出活動吃飯消遣。二是可以減少星期五晚或星期六早上返內地消費之意欲，希望能夠增加留港消費的人數。

另一方面，基於不少意見認為零售飲食服務態度最為人詬病，業界也需多作檢討，以及研究如何創新菜式，吸引顧客。

假日北上消費者，多是有能力的人士。事實上，價錢便宜，的確會引起購買意欲，變相先使未來錢，又或者買多了不必要的東西。政府赤字嚴重，本港經濟在短期內無力重振，總不能夠看着香港零售飲食業頹然倒下，影響了無數家庭的生計，牽連失業潮擴大。如果開徵名為「救港零售飲食業假日津貼費」，於北上玩樂者離境時收取一二百元，以補貼本港零售飲食中小企，雖然幫助力度有限，但相信可解部分燃眉之急。一個可以挽救香港的政策，估計肯北上消費的人士應不會吝嗇那相對上微不足道的收費。

執筆之時，得悉連鎖超市U購select已關閉數間分店，新鴻基持有之一田百貨亦縮減規模，而老牌零售店大昌行亦已全線結業。如政府仍然置之不理，任由發展下去，預料有更多大財團之連鎖店陸續執笠，到時失業人數劇增，衍生家庭問題；利得税及薪俸税收入暴跌，庫房空虛，政府赤字大幅增加，很多福利亦會減少，最後亦是由全港市民來埋單。在無奈中左思右想，只求能為香港出一分力。如有得罪廣大市民，請多多包涵，初哥拋磚引玉，希望有能之士，多獻良策挽救這日漸褪色之「東方之珠」。社會上多有不同聲音，一切可行性，留待社會討論罷。

香港股票市場在中美角力戰中變成箭靶，業績公布日見光死的例子多不勝數。上周四個交易日中，恒指表現兩升兩跌，仍有進帳42點。箇中原因是與北水力撐股王騰訊(00700)，單天保至尊抵抗外資沽空盤。惟在大市微升的情況下，有多隻股票公布業績後，遭受無情的瘋狂空襲。

上周五恒指雖然上升148點，但是大跌20至30%的股份，包括公布業績後的健世科技-B(09877)、康哲藥業(00867)、亞盛醫藥-B(06855)、北京控股(00392)等，皆是實力股。北京控股與上周二暴跌之粵海投資(00270)，均是股民視為收益穩定之近乎公用事業股份，只是略減派息，竟當作是壞消息，大量空軍狂炸兩股至大冧。

以上狂瀉的股份同是初哥常掛口邊的「業績見光死」模式，公布後大跌機率甚高，當然也有例外。股民購入公布業績股時，宜小心衡量值搏與否的問題。

語言偽術充斥市場 港股估值是否便宜？

2024年04月11日

近期美股於高位大幅震盪，三月季結後，踏入四月即連跌四日共1,203點，箇中原因應與美國聯儲局官員發出鷹派言論有關。輪流發言，重提由於通脹仍然高企，今年內減息機會應不大。這令市場上幾乎清一色的減息預期落空，再次被美國財金官員語言偽術所愚弄。

上周四道指大跌503點，翌日周五出經濟數據，3月非農就業數據升至30.3萬，遠超於預期的21.4萬，失業率走低。聯儲局鴿派官員馬上現身，表示經濟通脹不加劇，再配合部分大行出報告謂經濟仍健康等利好言論，債息輕微回軟，道指應聲大反彈307點。

如此忽跌忽彈的過山車式上落，顯示美股表現離不開今年底美國總統大選。現時先運用利息不變之政策，將股市降溫，當形勢不對路時才開始減息，以利現任執政的拜登總統連任，時間或會在年中至第三季期間。仍然在炒美股之股民，宜留意此段時間股市之變化，作出適當的買賣策略。

如果年中以後落實減息行動，對低殘之港股當然有利。眾多股份已跌至估值很便宜的水平，市盈率跌破歷史低點，個別實力股更不足四倍，可謂慘不忍睹。如套用價值投資法宗師股神巴菲特的理論，心水實力股要等大跌五成才開始吸納，本港掛牌上市的股票，跌逾七至八成者比比皆是，可算是考慮的範圍。

只要肯做功課，找出具備條件的實力股，分批買入，耐心等待港股今年見底回升的良機，回報應會可觀。

總統與財長減息言論南轅北轍 你信邊個？

2024年04月18日

上周美國公布經濟數據，三月份非農就業數據(NFP)及消費者物價指數(CPI)均高於預期，顯示通脹陰霾仍揮之不去。美股應聲下挫，三大指數中，尤以道指跌幅顯著，連跌五日共跌去919點。季結後，跌九日只升一日，共大瀉1821點，與初哥早前預期美股見頂回落之評論吻合。

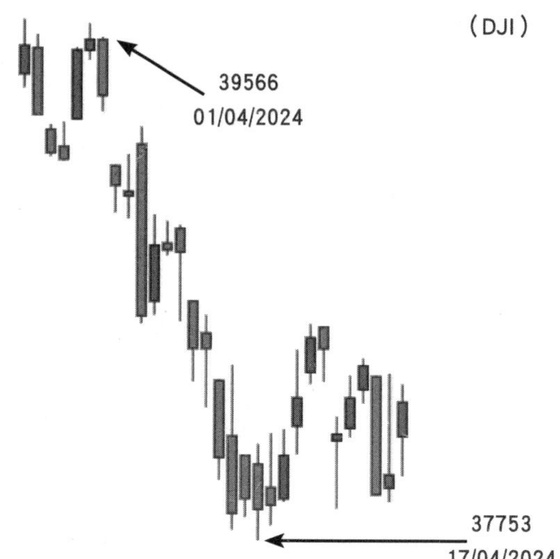

美國公布經濟數據，三月份非農業就業數據(NFP)及消費者物價指數(CPI)均高於預期，顯示通脹陰霾仍揮之不去，美股應聲下挫連跌五日共跌去919點

事實上，聯儲局鷹派與鴿派對立，經常各有各說，大相逕庭。兩派梅花間竹地發言，亦令金融市場如同過山車般急上墜落。奇怪的是，並無投票權的局外人仕發表言論，股票市場亦立即泛起漣漪。剎那間的波動在所難免，但一聽言論馬上風派式追入，坐艇機率甚高。

美國前財長薩默斯不甘寂寞，竟宣稱聯儲局政策不是減息，應恢復加息才能壓制通脹。其驚人言論是暫時唯一罕見與市場評論背道而馳，對眾口一詞的減息預期可謂當頭棒喝。

回顧歷史，美國今次暴力加息，旨意是希望將通脹率降至2%或以下。但現實所見，由高位9%大降至現時的約3%，仍有1%未達標。當初是否市場期望過大，還是美國政府預算錯誤，以為快刀斬亂麻，連環加息後可以極速達到預期目標？歸根究底，狂印銀紙多年，上至政府、下至國民又習慣性揮霍，不停追求突破GDP，再加上在全球各地點起戰火，金價油價航運費用暴升，才引致惡性通脹一發不可收拾。相關官員及大行的言語偽術，令債股等金融產品市場此起彼落，大幅波動，全球資產價格深受影響。

眼見薩默斯的加息言論引發美股急挫，現任總統拜登迅即發表今年仍會減息的預測，挽救市場信心，能否奏效，留待市場走向告知。初哥仍維持早前看法，美聯儲局現時似是將股市稍為降溫，第三季或會硬着頭皮，先減息一次，並再利用言語偽術引人遐想，未來仍會持續減息，以此推升股市，有利總統選情。

執筆時正值中東局勢惡化，未來劇本會否一如聯儲局想像般上演，加添了不明朗因素。現仍炒美股的股民，宜留意變化，小心部署。

環球政局撲朔迷離 港股美股點部署？

2024年04月25日

過去幾個月，市場評論眾口一詞預期今年美國減息在望，鷹派與鴿派官員不斷輪流交替發表應否減息的言論，美股亦隨之如過山車般上落。正當市場議論紛紛之際，上周聯儲局主席一錘定音，表明通脹陰霾仍揮之不去，應繼續維持高息一段時間。

一盤冷水照頭淋，快將展開減息行動的熱切期望落空，美股即時腳軟，而備受打擊之納指跌幅尤鉅，連跌六日共跌1,157點，創出近年美股最長跌市日數紀錄。其中極受市場追捧的晶片股，上周五大瀉一成至數成不等。對息口不太敏感的道指，上周五雖逆納指大跌而升211點，惟近期亦已下跌近千點。外圍政局與經濟綑綁在一起之美股，表現撲朔迷離，處於此混亂時刻，正如初哥前文所言，要小心部署，不宜太冒進。

近期港股市場共識，就是美股下跌，反而有利港股表現，可惜上周不能如願以償，縱使息息相關之內地A股似有築底回升格局，恒指五日兩升三跌，共跌去497點。

執筆時傳來內地惠及港股政策出台，中證監宣布，除放寬滬港通下股票ETF合資格產品範圍、將REITs及人民幣股票交易櫃台納入港股通、優化基金互認安排等，更鼓勵數十隻龍頭股來港上市，挽救非常沉寂的IPO新股市場，這對後市之成交量應有幫助。

然而，美國總統大選年尾舉行，華府仍會大力打壓中港兩地以求表現其強勢，看近期眾議院通過對TikTok「不賣就禁」的法案、及其評級機構下調騰訊(00700)及阿里巴巴

(09988)評級可見一斑。好淡因素角力之下，股民宜在急跌時博反彈，急彈有一定利潤先食糊，採取密食當三番的策略算了。

股票市場洗腦遊戲 適時進退談何容易？

2024年05月01日

4月1日伊朗駐敘利亞大使館領事部門大樓突遭以色列空襲，以致七名軍官死亡，伊朗在4月13日晚以數十架無人機直接向以色列進行報復，全數被美軍擊落。儘管美國表示不支持以色列報復，4月19日以軍仍針對伊朗核設施及無人機基地的伊斯法罕市進行「有限度」襲擊。

新聞消息一出，亞洲時段美股道指期貨大瀉約500點，風聲鶴唳情況下，港股也跟隨大跌341點，低見16044，跌穿短期支持位後反彈上16224收市，仍下跌161點。

中東局勢劍拔弩張，惟恐引發更大戰事，市場人士遲疑觀望，屏息以待。出乎意料之外，伊朗只輕描淡寫表示無重大損失。此番澄清，感覺上以色列只是隔靴搔癢式襲擊伊朗，略為挽回面子，不想擴大戰事。中東局勢暫時得以緩和，美股止跌倒升，港股上周連續五日大漲，升幅共達1425點。

回顧大跌當日，夠膽於低位撈貨者鳳毛麟角。如能用逆向思維及「眾地莫企」炒股法，應可賺取連續上升五日千餘點之升幅。只不過身處兵荒馬亂之境，目睹沽軍狂插的畫面，嚇破了膽而不敢兵行險著者佔大多數。這種局面過往亦曾出現N次，惟散戶既非財雄勢大，極少能夠冷靜入貨，反而造就大戶低位加碼之良機。上周五恒指更升破俗稱牛熊分界線的阻力點，顯示貨源已由早前無信心之散戶落入大戶手中。

早於今年一月中，初哥應邀往地產界猛人辦公室聊天吹水，已指出恒指應不會跌穿14597，並補充今年應會有良好表現。4月中本欄曾謂港股估值便宜，吸納實力股，回報應會可觀。上周港股大升千餘點，而影響恒指最大指數股騰訊(00700)更大升逾25%，跑贏同期恒指甚多。股民擔心之大股東南非基金還未見沽貨行動，連騰訊送出之禮物股美團點評(03690)也未見其沽貨蹤影。

奇怪的是，很多股民只着眼於短期由低位回升甚多，而忽略長期以來由高位下跌甚巨的跌幅，以致現時沽貨者或做淡者仍然居多。初哥仍維持早前睇法，逢急回時皆可吸納，博今年有可觀升幅。如對後市抱有懷疑，可一注長揸，另一注短炒密食當三番，惟後者宜採用圖表炒股心法輔助才可用得其所。

港股連升多日一洗頹風 超值股應往哪處尋？

2024年05月09日

港股近期出現罕見的九連升局面，令好友們重燃希望。根據觀察所得，於16,000關口位附近做淡的股民，至今仍未肯止蝕的大有人在。

今年初恒指曾衝上17000心理關口位，正當很多股民認為港股往後表現應會好轉之際，一盤冷水照頭淋，外資沽空盤瘋狂力壓下，恒指大跌至14794。隨着美股持續上升，市面眾多談論謂港股已死，提議市民將MPF港股基金轉往美股基金。美國繼續打壓中概股，悲觀情緒瀰漫，市場共識港股將會很大機會跌穿去年低位14597。散戶棄港股而後快，股票加速落入大戶手中。

直至中方官員來港訪問，表示內地將會推出惠港政策，不過股民們仍被當時利淡氛圍所影響，不少從未沾手美股之新丁棄港股轉炒美股。近期美股開始見頂回落，反觀港股谷底大反彈，西降東升情況開始浮現。直至內地正式落實多個惠港政策出台，港股如脫韁之馬，噴井式九連升至上周五的18475，一舉收復多年未見的牛熊分界線。

港股今次大升浪，股王騰訊(00700)居功至偉。以今年低位計，大漲逾40%，跑贏同期恒指升幅25%，亦帶領新經濟科技股重踏升軌。雖然大市反彈不少，仍有很多滄海遺珠尚待發掘。初哥在聊天室經常品題的多隻股票，升幅更大幅拋離騰訊。現時股民可留意一些距離高位仍跌八九成，而又具實力的股份，值博率較高。

恒生指數雖然氣勢如虹，更升破頭肩底頸線，量度升幅可見19479或以上，但外圍因素變數多，仍應小心行事，設定跌穿牛熊分界線作為退守之路，以防萬一。

前事不忘後事之師 政府政策要留意

2024年05月15日

鑒古知今是炒股致勝的其中一個重要因素。N年前美國取消「金本位制」，令白銀大王福特兄弟走向破產之路。回顧1994年港英政府加大樓市首期至30%，令當時樓市下跌三成。1997年回歸前，行將出任特首之位的董建華先生在媒體前多番強調將會推出政策冷卻樓市。

記憶猶新，初哥在1997年7月1日正式在友報寫股票「當炒輪」專欄，聞特首之言，已提示讀者小心股市樓市之變化。當時股樓熱火朝天，恍如脫韁野馬，忠言固然逆耳，看電視報道，甚至有市民埋怨因為聽取特首之言而不敢入市，令他錯過了升幅。股樓繼續大炒特炒，連推出八萬五政策也置之不理。恒生指數開市下跌，初哥根據圖表路線圖，看到非常有用之「三花聚頂」形態及跌穿「牛熊分界線」，大膽在專欄寫下「小心熊市來臨」標題。

其後亞洲金融風暴捲至，外資大鱷大量拋售港元及沽空港股，恒指暴瀉，累及樓市開始下跌。1998年8月，特區政府在中央支持下終出手打大鱷，穩住股市。大鱷落荒而逃，港股進行大反彈，奇怪的是，眾多股民仍不相信政府救市決心，以致錯過了賺錢良機。

股市雖反彈，樓市仍受「八萬五政策」拖累，狂跌約七成。大量負資產湧現，經濟低迷，破產及自殺個案時有所聞。至2002年11月　「孫九招」出台，2003年4月沙士高峰期，中央隨後推出「自由行」救港，樓市才止跌，展開其後漫長之大牛市。不過當時仍有不少業主不信「政府政策」，反彈後沽貨離場，從此轉為租樓至今者大有人在。

內地政府2020年已推「房住不炒」政策，銀行收緊借貸額，借貸鉅大之內房龍頭在債券到期後無法償還本金利息，出現周轉及爛尾問題。那些年仍前仆後繼地買樓之人士相繼損手，影響其他行業。現時政府推出大量穩住樓市政策，往後表現應會向好，結果如何留待歷史告知。

港股近期受惠於內地政府推出多項惠港措施，反彈幅度可觀，同樣地仍有不少人不信其成效，睇淡恒指的股民為數不少。對於今年港股展望，早前在16000點附近時初哥已在文章中提及港股估值偏低，故此仍投下信心一票。根據量度升幅，起碼可升至19500或以上。誠然，睇好之餘亦要設下逃生門， 250天牛熊分界線可作為好淡之分水嶺位。

不當調整恒指成分股 是指數持續大跌元兇

2024年05月23日

1998年政府入市打大鱷的時候，初哥曾寫一篇文章，內容大致是香港應用甚麼方法處理當時的大冧市。當時的標題是「東施效顰，畫虎不成反類犬」，談及美國走高科技及金融路線，日本定位美觀包裝細緻實用，澳門單一主打賭業，而香港應按自身中西文化匯萃、背靠內地龐大人口之優勢，以發展多元化金融產品及地產服務為主力，輔以中西式美食及購物天堂的特色，成為好客之都的一個國際城市。

可惜時至今日，金融業方面仍主要沿用抄襲外國市場的產品及模式，似乎沒有研究是否適合香港市場。例如2021年美國大量沒有業務的空殼公司以SPAC(特殊目的收購公司)形式上市募集資金，儘管這些公司在美國上市後已經出現諸多問題，而且熱潮退卻，香港仍馬上引進SPAC，結果白忙一場，沒有帶來多少收益。又例如恒生指數季結成分股變動，初哥幾年前在文章中已指出，以熱門成交量或市值來做變動指標，往往會將高位股票納入指數成分股之列。

滄海桑田，時代變遷，恒指成分股經過多次變動，已由最初1964年的33隻進化至今天的82隻。遵從多年機制，恒指成分股仍然採取成交量大及極熱門的股票代替低殘之實力成分股，造成往後恒指大跌的危機。加大成分股數目，無助於分散風險。

換成分股失敗例子多的是，在高位雀屏中選後大冧的股票，屈指一算，已有阿里健康(00241)、京東健康(06618)、美團點評(03690)等。相反於極低位遭剔除之太古A(00019)及國泰航空(00293)，近年皆逆大跌市而回升甚多。上周季檢，恒指加入比亞迪電子(00285)，剔除碧桂園服務(06098)，國指加入紫金礦業(02899)，剔除信義光能(0968)，這些股票將來走勢如何，拭目以待。

機制失敗，是間接造成恒指持續大跌的元兇。唯望有關機構對此失效的換股機制作出檢討，制定一套有利恒指表現的方案。

恒指量度目標位已見 後市如何發展？

2024年05月27日

港股一如初哥所料，升達定下的量度目標位。能夠測中，應歸功於圖表派中勝算機率甚高的頭肩底理論。此套理論，算是比較簡單而實用的分析工具，不似移動平均線般容易出錯。而所謂「黃金交叉」及「「死亡交叉」值博率已低，踏進陷阱的機會率反而甚高。

恒指由4月19日低位16044反彈至5月20日最高位19706點，升幅3,662點或22.8%。5月20日出現孤島回落格局，執筆時已連跌四日共跌去1,025點。此次升幅不及2022年10月低位14597反彈上22700點，升幅達8,103點或55.5%。力度遠遠不及，故暫仍當急升後之回吐市看待。

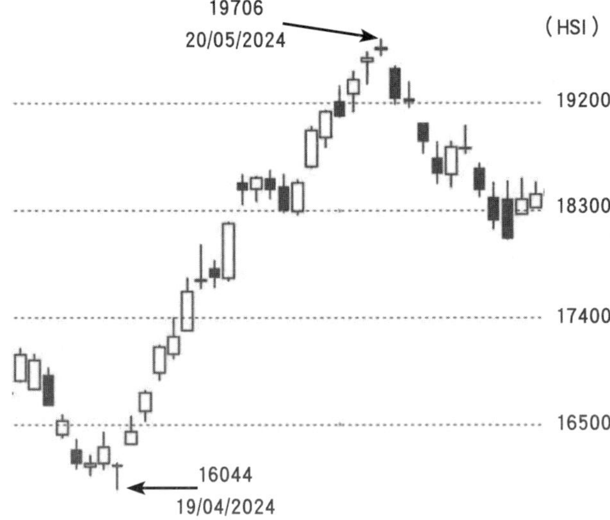

恒指由2024年4月19日低位16044反彈至5月20日最高位19706點，升幅3662點或22.8%。5月20日出現孤島回落格局，執筆時已連跌四日共跌去1,025點

今日將出現中期極點低價位，將成為後市分水嶺位(收市價計）。明日收市企在該位之上，則會重踏升浪。首站先行向上填補19487至19574的下跌裂口位，如能衝破19706點，再向上挑戰20000心理關口位及20351。相反收市企在該位之下，則會下試18278支持位。進一步跌破則顯示反彈完畢，繼續往下試俗稱牛熊分界線位。

長揸短炒孰優孰劣 適當時機成關鍵

2024年06月06日

散戶炒股失敗原因甚多，其中一項是分不清中長線投資法則及短炒投機術。前者首要條件是目標公司的質素良好，業務有前景。

然而最重要的是，要下跌至極低位時才可考慮。股神巴菲特這位殿堂級長線投資大師，就是個中翹楚。過往他的投資方法是每當相中一隻股票，會等待大回吐才分批買入，甚少高追股票來長揸。

可惜散戶總是喜歡買安全感，眼見大插至極低殘時，心生恐懼而不敢撈平貨。反之升至一定程度，才心思思想買入作中長線投資。買貨後，升不走時跌更不走，直至市況大幅逆轉，狂瀉不止，市場瀰漫悲觀情緒，此時嚇至膽顫心驚，滿手蝕本貨，唯有沽之而後快，忍痛離場。也有本來想進行短炒投機，但是輸錢變長揸的失敗例子，多不勝數。

初哥於聊天室開通至今近兩年，基於市況欠佳，甚少推介股票作中長線投資。兩年來只曾推介過兩隻中線投資的股票，僥倖地低位買入，短時間均已到達目標位，分別升逾70%及50%。

至於短炒股票是初哥強項，運用圖表分析及獨創的炒股心法，進行短炒成績理想，跑贏大市甚多。如能掌握箇中竅門，短炒投機成績可望勝過中長線投資。

人有人格股有股路 捨易取難勝算低

2024年06月13日

蘿蔔青菜，各有所愛。任何股票也有對之垂青的股民，然而付出卻未必有合理回報，股民如果能了解個別股票之特性，炒股勝算率應會提高不少。揀選波幅夠大，較易上升的股票，非要花時間研究不可。或是跟隨有真材實料之分析，才可長期跑贏大市。

股票有龍頭鳳尾之分，從以往之股票運行模式引證，一個板塊上移，往往是龍頭先行大升。二線股接力而上，升幅短而略淺。最後鳳尾股閃升，然後急速滑落。

初哥在股票市場打滾多年，察覺散戶總是在龍頭股起步時不敢及時購入，左顧右盼，等升至一定程度才追入剛上升的同類二線股。嘗了甜頭便沾沾自喜，以為無限風光在眼前。當鳳尾股閃升急速回落時，波及二線股同步下跌，錯失了適時套取利潤的最佳時機。更甚者是本來想進行短炒，因望見曾上升至高位，眼見回吐甚多，於是改而採取長揸的策略，違背了當初的原意。

正所謂人有人格，股有股路，股票走勢有一定程度反映了當事人的處事手法，勤做功課自可明瞭何種股票易炒或難炒。要找出容易上升的股票來炒，是經常贏錢的不二法門。難炒股唯一值博時機，是當同類易炒股飆升時，可購入難炒股，待其急升時，採取速戰速決策略，趁高先行獲利，再重回易炒股，勝算提高不少。遺憾的是，散戶都喜歡揸難炒股，難怪一腔熱情總換來了澆頭冷水。

美股易升港股易跌 箇中原因值得深思

2024年06月20日

美股及港股現時的運行模式，顛覆了過往投資者對股市周期的認知，已無法用眾所皆知的道氏理論或波浪理論來作依循。

美股多年來處於上升軌，是有一定程度的水份存在。除了出口術及賣弄數據之外，只要集中力度在那不夠10隻之巨型藍籌股，輪流交替上升，已可推升指數。然而朋友圈中，追炒至沒頂的大有人在。

與香港恒生指數以市值加權為基礎不同，道瓊斯指數雖然只包含30隻股票，但用價格加權指數，以股票價格去計算比重。舞動股價最高的幾隻股票，即可翻雲覆雨，造成指數易升難跌，股市異常強勁的錯覺。

港股為市值加權指數，與納斯達克指數及S&P標普500指數一樣，不過納斯達克指數包含所有在納斯達克證券交易所上市的股票，而港股只包含了82隻市值較大及較活躍的上市公司股票，某程度上理念與S&P標普500指數包含500隻較為接近。

納指跟市值浮動式變動，進佔首位的大龍頭股，佔指數比重會大幅拋離名次退後的原先龍頭股。S&P標普500指數要求入列的上市公司股票在最近四個季度獲利總和必須為正數，及最近一季的獲利為正數，而且具有產業代表性等。

由於道瓊斯指數歷史較為悠久，故此過往新聞財經報道都以報道道指為主，後來才加入了標普500及納指。

正如初哥在以往的文章中所提及，增加了恒指成分股數目並不能分散風險。恒指成分股變動只能表達出在某一個時間本地市場哪些股票市值上升或下跌，以及哪些受歡迎。而往往新加入成分股的股票，都是在高位，有可能是炒過籠，並非全部都是真正有前景或者持續盈利理想的公司，有些甚至是虧損嚴重的科技公司。有部分加入後股價不斷下跌，市值大減，變成隨後拉低指數的問題所在。季檢換上另一些在高位的股票，又開始了拉低指數的循環，這是造成恒指大跌的元兇。

有關當局應該積極研究，港股成分股變動模式應否進行改革。恒指經常下跌，反彈乏力，股民無心戀戰，寧願遠投美股。反之恒指較易上升，肯定利多於弊。

普遍股民眼見指數上升，入市意欲增加，勝出率提高，連帶周邊經濟環境也興旺起來，這是一舉幾得，何樂而不為呢？

港股牛熊難分辨 新股市場有表現

2024年06月27日

隨着北水參與程度日益增加，以往由外資主導之港股市場，演變為中外分庭抗禮。北水套路，與外資截然不同，如未能改變過往之炒股模式，輕則會輸掉不菲的金錢，重則甚至會懷疑人生。初哥數年前已察覺此中變化，適時寫下多式炒股模式心法，應對市場進退有度。遇著北水摵外資升跌異常的市況，成績頗為理想，大幅跑贏大市。

新股市場近期亦起了變化，由破底浪潮中復甦過來。多隻新股上市表現非常不俗，除了本身業務前景良好，定價估值已由新股熱潮時的極高招股價，大幅降低至合理價錢。此外，由招股至上市時間縮短，加上不少券商以孖展零息招徠，投資者成本降低。

以前招股範圍如以下限定價，普遍被視為不祥之兆，現時卻變為上升空間大的誘因。由無人問津，發展至今時超額多倍，在截飛前更突然有多宗超大額認購。弔詭的是，為了不讓公開發售回撥五成，往往在國際配售中顯示不足額。算盡機關令公開發售大幅降低至回撥兩成，貨源集中較易炒上。

從近期十隻上市之新股表現來看，八隻曾上升甚多，其中一隻更高達2.25倍，可見一斑。醒目的讀者們可多加留意。而上市時如何炒法，初哥亦有一套心得，往後有機會再談。

5月不窮6月絕 7月有翻身希望？

2024年07月04日

傳統炒股智慧「五窮六絕七翻身」，在港股市場已不合時宜，而過往屢次測中大市方向的圖表分析，亦已失效。投資者甚為喜用的簡單移動平均線，更是失敗表表者。

長揸股票，不但未能致富，更可能損失慘重。箇中原因是世界政局動盪，持續加息引致資產下滑，外資主力沽空港股，抗衡之北水傾向短線炒法，亦即初哥常掛口邊的「浴缸理論」模式炒法，所以要跟隨北水步伐，共同進退才能戰勝市場。

今年五月初，正當市場普遍認為大市難以升逾17000心理關口位，甚至繼續往下尋底之際，恒指竟絕處逢生，報復式大反彈至19706。以低位14794計，大升4,912點或33.2%，剛好完成量度目標位19500。

以2024年5月初低位14794計，大升4912點或33.2%

股民滿心期待，普遍以為港股漸入佳景，邁向20000關口位、甚或23000應是指日可待，港股卻又重回六絕之魔咒，大瀉至六月半年結的低位17583，大回吐2,313點或10.7%，並跌穿俗稱的牛熊分界線，應驗了初哥近數年常提及之「難為牛熊定分界」大型上落市。

踏入七月，究竟繼續往下探底抑或止跌回升？初哥偏向「七翻身」之上升市，因再下跌多數百點，便會觸及三重支持點，就是上次上升浪之密集區、黃金回吐比率、及量度跌幅位。且看今次會否如初哥劇本般演繹。

強弱有迹可尋 如何做到適時進出有根據？

2024年07月10日

炒股票方法五花八門，各施各法，基本分析誠然不可或缺，配合圖表分析，適時進出自有依據。

然而，揀股出擊是一門大學問。除了行業的龍頭股優先考慮，近期同類股強弱勢亦有迹可尋。勤做功課進行研究，找出近期強勢股、避開弱勢股來炒，勝算率當會提高甚多。

科技股四大天王包括騰訊(00700)、美團點評(03690)、阿里巴巴(09988)及京東集團(09618)，如果有探究以往走勢，應可知悉前兩者較易炒，後兩者難炒。短炒阿里、京東的時機，應是待騰訊、美團帶頭大升，才吸納博其追落後而已。如有一定利潤，不及時獲利，多會打回原形，甚至被綁。箇中原因應與公司主事人之作風有關。阿里巴巴多年前曾有低價私有化的不良紀錄，不少小股東慘蝕，股民應引以為鑑。

視頻股中之快手(01024)及嗶哩嗶哩(09626)，規模及質素應以前者較為優勝。惟近期走勢，快手弱不禁風，上周五更有大行將其投資評級及目標下降，嗶哩嗶哩則屢有大反彈之佳作。雖然早前公布業績時，快手是優勝過嗶哩嗶哩甚多，但是圖表上已告知兩者優勝劣敗。所以不宜太迷信基本分析，趨強避弱是炒股致勝不二法門。

初哥測中港股高低位 下半年展望如何？

2024年07月18日

初哥素有估底摸頂之能耐，如有追蹤本欄多篇文章，當有領會。今年1月11日，本欄標題「美股位高勢危，港股有冇機會大升？」； 2月22日「港股否極泰來， 14597已成近年低位」； 4月11日「語言偽術充斥市場，港股股值是否便宜？」 ；5月1日「股票市場洗腦遊戲，適時進退談何容易」； 5月9日「港股連升多日一洗頹風，超值股應往哪處尋？」； 5月27日「恒指量度目標位已見，後市如何發展？」； 7月4日「5月不窮6月絕，7月有翻新希望？」等等，恒指走勢一如預演劇本般上上落落。多次測中走勢，應歸功於初哥多年鑽研圖表、市場心理及炒股心法配合而成。

恒指自出現頭肩底型態後，升至量度目標位19500，再升至19706後見頂回落，跌穿極點低價位，並下試市場共識之俗稱牛熊分界線位。曾假跌破牛熊線後返回其上，出現小圓底及升穿楔型阻力點，補回17968至18274的下跌裂口，7月翻身可望達致。

美國大選年尾舉行，聯儲局顧及選情，減息行動應會很快開始，港股自當受惠，樓股應有一定程度反彈空間，牛熊分界線變成重要支持位。

口術不迭出爾反爾 9月減息高唱入雲

2024年07月23日

多年來美國政府持續推行量化寬鬆政策，大印銀紙，以應付日益膨脹之政府及福利支出。全國上下揮霍無度，以致通脹高踞不下。而上屆美國總統特朗普掀起中美貿易戰，大幅加徵中國貨品入口關稅，到現屆拜登政府鼓動俄烏戰爭帶來之能源及運輸價格暴漲，物資短缺，更是造成全球惡性通脹的元兇。

美國近年暴力加息，表面上是壓制高企通脹，其實另有目的。密集式加息，既可令全球資金滙聚美國金融市場，道指、標普500及納指三大指數節節上升，國內富人身家暴漲，製造經濟繁榮景象，更可維持美元強勢，繼續其一哥地位，可謂一舉數得。

美國總統大選將於今年11月進行，本欄早前曾指出，為提高執政黨勝算，聯儲局應會在臨近大選前進行減息行動。果不其然，上周聯儲局主席鮑威爾已透露風聲，不會等通脹回落至2%才減息。意味着很快就會有行動，9月減息指日可待。

可惜的是，現任總統拜登，近期表現老態龍鍾，和特朗普的大選辯論更醜態百出，只能事後用經過剪輯之錄影節目挽救其形象。形勢逼人，能否捱至競選日子頓成疑問。執筆時（周六）傳來消息，拜登將會宣布退選，如真的退選，初哥估計民主黨有可能奇兵特出，起用現任副總統賀錦麗配對前總統奧巴馬之妻米歇爾，以全女班應對共和黨之全男班。特朗普槍擊案大難不死，營造了英雄形象，如無意外，當選下屆美國總統應無懸念。

近期美股出現異常，七雄榮辱互見。道指急升，納指急回偶有發生，加上特朗普概念股包括黃金及虛擬貨幣等上升，市場混亂無比。根據初哥多年炒股經驗，股市在高位大幅震盪不是好事。是否如此，看未來美股與港股表現，自有分曉。

大選風雲變色 港股美股命運如何？

2024年08月01日

江山代有才人出，這正是選舉帶來的期望，不過看近兩屆美國總統選舉，卻是一大諷刺。上屆由高齡的拜登對時任總統特朗普，結果拜登險勝。今屆兩黨仍推舉此二人競逐總統寶座，唯雙方年齡已各達81歲及78歲，繼續老人政治，令人疑惑美國是否已無人才可用。

初哥早前有幸測中，以拜登近年健康轉差，屢有失言之舉，加上首場辯論比賽反應遲緩，其後宣布退選，實在是意料中事。由副總統賀錦麗替代出選，拜登立即發放花言巧語的錄影片段，表示交棒予新一代是最好的前進方法，退選是團結國家的最佳行動，顯然是照讀背後文膽代筆之精句，以籠絡人心。臨陣易帥，彰顯高齡之拜登已是力不從心，黨內各人深恐他再次出醜，捱不至年尾大選。雖然特朗普當選下任總統的機會看高一綫，但是沒有年歲更大的拜登做對手，恐怕年輕選民會轉投年歲較小近二十年的賀錦麗。況且特朗普揀選副手萬斯，不甚為人認識，民望更低逾三成。如賀錦麗揀民望高的做副手，此消彼長後，大選反勝特朗普毫不出奇。

大選風雲變色，增添不明朗因素，美股劇烈波動。上週二本欄曾指出，美股極高位震盪不是好事。**果然上週二及上週三晚道指共大跌561點，納指更大瀉664點。上週五美期仍未開市前，初哥在早市評論已預測當晚美股會出現反彈。當晚道指竟大升654點，納指升176點，前者追回失地更有過之而無不及，而後者距離跌幅仍遠，應是市場預期特朗普會勝出大選，對新經濟之科技股不利。**

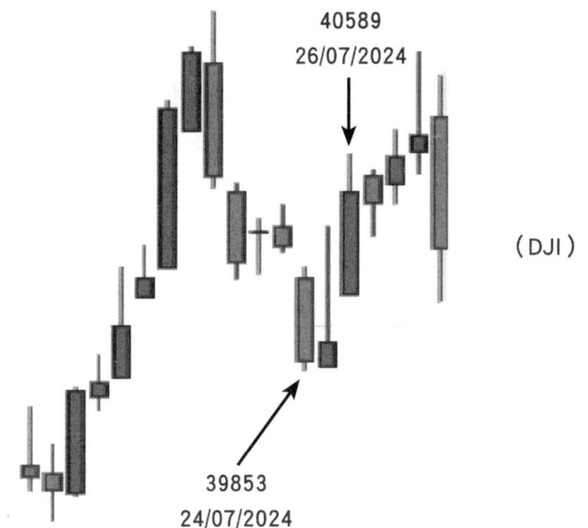

上週五美期仍未開市前，初哥在早市評論已預測當晚美股會出現反彈，當晚道指竟大升654點，納指升176點

為求穩住現任執政黨勝算，聯儲局應會在今年9月開始減息，打打補針。此舉當然對美元不利，預計美股仍被力頂，持續在高位忽上忽落。然而，待選舉塵埃落定，美股或會出現明顯下跌，到時反而對港股有利。

美國經濟數據出人意表 美股高位震盪有隱憂

2024年08月05日

美國公布經濟數據之多，應是全球首屈一指，令人眼花撩亂，又感覺似是而非。其中又以失業率、非農業就業數據及消費者物價指數至為重要。

上周五，美國勞工部公布的七月份非農就業職位增長幅度降至11.4萬個，為三年半以來最差。失業人口增加了35.2萬人，失業率按月增加0.2%，升至4.3%，以上數據均遠差過市場預期。**美股當晚應聲大瀉，道指最多大冧989點，收市仍跌610點；納指曾大跌612點，回順至跌417點收市。其中藍籌股英特爾單日最大跌幅29.7%，收市仍跌26%，跌幅**

驚人，顯示市場充斥地雷股，陷阱處處。

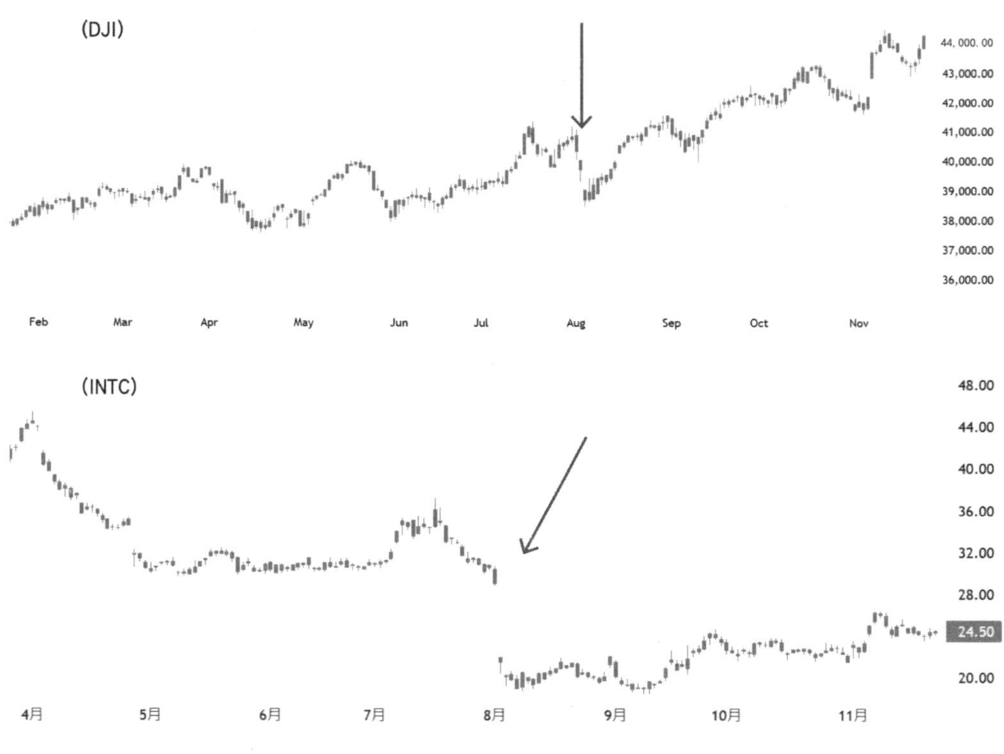

市場充斥地雷股，陷阱處處

本欄在今年7月23日曾指出，根據過往炒股多年經驗，美股於高位大幅震盪不是好事。箇中原因應是有大戶吼成交細推高，成交大就大舉出貨有關，精通圖表分析的股民會明白大戶如何操盤。

其後之反彈，就是大戶掃高引誘散戶們追入。上周四晚道指及納指先跌494點和405點，翌晚藉着經濟數據奇差，再分別大跌610點及417點，中段恐慌階段時更大冧989點及612點。兩晚大跌仍有眾多股民如蟻附羶般蜂擁撈底，博美股反彈，難怪股神巴菲特容易沽出大量股票。

現階段預料美股只有大反彈而沒有真正升幅，加上大選期近，聯儲局稍後時間應會進行減息。市場本來預期今年只會在9月減一次息，不過經歷上周公布之數據及美股兩日暴跌，大行馬上轉口風，認為連續減息起碼兩次或以上。然而，暴力加息令美股持續攀升，今次減息，以逆向思考，會否掉頭大跌，且看如何發展。

市況動盪充斥地雷 小心部署避禍就福

2024年08月12日

本港與美國股票市場異常波動，有如過山車般大上大落。今年8月份開局，港股先連跌4日共696點，即使反彈3日共450點，仍未能收復失地。

美股跌4日升3日，共下跌1,343點。其中上周一因經濟數據奇差，令市場憂慮美國步入衰退。道指出現近年罕見的1,033點大瀉幅，有高處不勝寒之感，相信往後是跌多升少。

然而，為保住代選出戰之副總統賀錦麗聲勢，聯儲局應會出盡法寶，力求美股維持在高位至年尾大選。9月減息已無懸念，只不過減息0.25厘還是0.5厘，現階段聯儲局仍在觀察研究。

劇烈動盪市況中，難免會有地雷股出現。8月2日道指下跌610點，實力股英特爾單日竟大冧近30%，當旺股英偉達拆細後，股價曾高見140.7美元，以近期跌至最低位計，瀉幅接近30%，引證美股在高位大幅震盪，出現地雷股並不令人意外。

這邊廂港股不遑多讓，不時有地雷股出現。近期就有華潤啤酒(00291)及ASM太平洋(00522)，兩隻基金愛股，單日曾分別大跌10%及24.8%。買入實力股，也會有如踩中地雷般被炸至遍體鱗傷，難怪有股仔狂插至體無完膚，暴跌八、九成。

事實上，大跌前應有手影可跟，有迹可尋。深諳圖表分析及炒股心法，應可避過即將大冧的股票。

公布業績有啟示 港股能否乘時起？

2024年08月19日

香港恒生指數升跌，與大型科技股包括騰訊(00700)、阿里巴巴(09988)、京東(09618)及美團(03690)等扯上重大關係，因科技四大天王佔恒指成份股比重甚大，而且市場以其馬首是瞻，故此成交量亦傲視同群。四者合共佔大市成交額約15%，足以證明其升跌對大市起關鍵作用。

成也科技，敗也科技。恒指曾力攀2018年4月歷史高位33484，科技股居功至偉。然而，高潮總有沉寂時，上升趨勢中，往往拉高市盈率，令股份估值偏貴。而新上市或回流香港作第二上市的中概股，公開發售時萬人空巷蜂湧抽籤，動輒數百倍至千倍計的超額認購。

加上輿論攻勢，掛牌時一飛沖天，價比天高，連沒有盈利的B仔股也不例外。鬥傻理論下火棒抛高，其實已埋下大跌之危機。

遺憾的是，股價炒至不合理、估值嚴重高不可攀的科技股，紛紛被納入成份股行列，恒指危如累卵。時任美國總統特朗普掀開中美貿易戰序幕，恒指開始下挫。2020年阿里巴巴分拆旗下螞蟻金融，市況一度上升，不過後來臨門一腳煞停上市計劃，港股回復跌勢。

內房股陸續發生債務違約事件，美國踩多一腳瘋狂打擊中概股，港股跌勢一發不可收拾。連番大插，眾多科技股瀉至體無完膚，跌逾九成者俯拾皆是，連股王騰訊也大跌逾七成。

恒指於2022年10月31日14597點觸底回升，反反覆覆上升回落至現時水平，大跌空間已不大。內地進行維穩政策，對企業應有幫助。

上周三大科技巨企公布業績，騰訊及京東表現亮麗，阿里巴巴平穩，顯示最壞時期已成過去，現時只是人心虛怯，尚未恢復信心。美國減息在即，港股後市應可看高一線，尤其被人睇淡多時的科技龍頭股，可逢低吸納。

股票市場克服恐懼 方能洞察勝機

2024年08月25日

股票市場有上有落，應市時不宜對升升跌跌看得太重。股票市場在入市一刻，當然是希望贏錢，然而實際如何，是由多個因素組成。如能克服恐懼與貪婪的人類天性，贏面應是較高。

上周就出現兩個驚嚇的場面，首先是莫名其妙的減持行動，源自美國巨企沃爾瑪竟在京東集團(09618)公布業績良好、股價由近期谷底回升之際，竟低價大手進行配股減持行動，套現約281億港元，匪夷所思。

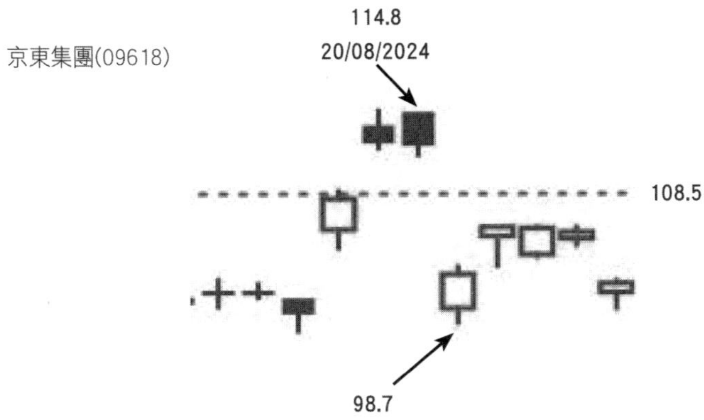

嗶哩嗶哩(9626)

嗶哩嗶哩(9626)公布業績虧損大幅收窄，但股價仍較上日收市價106.30元低開4%至102元，最多大跌近7%

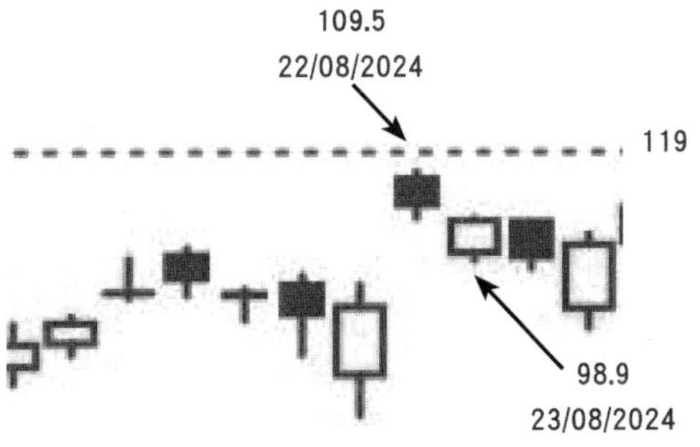

翌日早上港股開市，京東受到投資者恐懼性拋售，跌至98.7元低位，下挫12%。初哥在聊天室中已建議跌破100元可分注吸納，即日夠膽於拋售時買入者，兩日內最高升幅可達6%。

另外一宗是業績見光死例子，**上周五嗶哩嗶哩(9626)公布業績虧損大幅收窄，但股價仍較上日收市價106.30元低開4%至102元，最多大跌近7%。初哥開市前已建議可掛在99.8元吸納，嗶哩嗶哩股價同樣受到投資者恐懼性追沽，大插至最低位98.9元，隨即大反彈至107.1元收市，更在當晚預託證券股價大升至117.2元，低位計大升幅約18%。**可惜入市10分鐘後反彈4%，因見市況波動，建議先行食糊，殊為可惜。

從以上兩個例子，可想而知夠膽在人人恐懼時入市，往往有意想不到的收穫。然而，不是任何股票皆可用此方法。如不熟悉基本因素及精通圖表分析，胡亂於股價大跌時入市，偶一不慎，遇上超級地雷，入市後仍大插幾成，則傷亡慘重。

強弱勢炒法已失效 暴跌股有迹可尋

2024年09月12日

為求挽救快將步入衰退之經濟，加上臨近大選，9月18議息日，聯儲局應會開始減息。近日先放風測試市場反應，有評論改變睇法，將預期減息由0.25厘轉為0.5厘，且看聯儲局如何行動，到時便知分曉。

美股整個升浪是由加息潮開始一路攀升，現今步入減息期，會否一路減一路下跌，看大戶出貨手影，機率不低，是否如此，拭目以待。

香港股民從前喜用「追強勢股、避弱勢股」的炒法，現時變幻莫測的市況，此方法已不及以往般準繩。由谷底轉強勢，當然可以追入，博其短線升幅。不過升了一段時間的強勢股，卻宜避之則吉，否則高位接貨，回吐大跌時可致損失慘重。箇中原因，除外資於高位進行沽空行動外，北水亦傾向高低槓短炒密食當三番，長線揸股票並不是他們那杯茶。近期持續強勢之內銀股及石油股，高價回落幅度不輕，仍迷信於長揸強勢股，已吃了眼前虧。

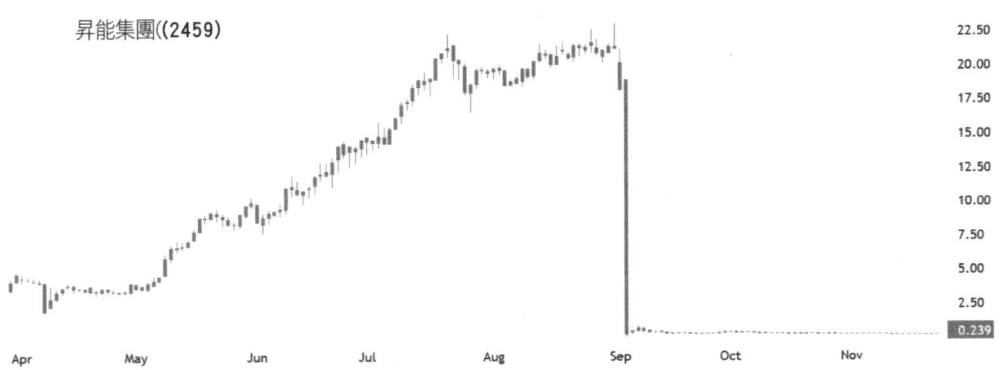

半新股昇能集團(02459)在2024年4月初由1.97元狂升至8月尾超高位23.1元，因證監會指出公司股權高度集中，觸發股價曾大瀉99.3%，最低插至0.14元

上周二有一隻半新股昇能集團(02459)出現異動，今年4月初由1.97元狂升至8月尾超高位23.1元，因證監會指出公司股權高度集中，觸發股價曾大瀉99.3%，最低插至0.14元。事實上，這類暴跌股事前在圖表上有迹可尋，能掌握箇中竅門，應可避開，逃過一劫。

外資持續沽空港股 浴缸理論適時進退

2024年09月17日

自上屆美國總統特朗普掀起中美貿易戰幔，外資主力沽空，港股江河日下，開展了漫長的跌市。北水力挽狂瀾，港股偶爾出現大反彈，造成難辨牛熊的忽上忽落市況。個別圖表分析工具及傳統智慧漸已失效，前者之簡單平均線及較深奧之波浪理論，在上沖下洗的市場中屢次中伏；有智慧不如趁勢之傳統智慧亦發揮不了作用。

箇中原因是恒指成分股數目不少，而市場參與者資金不足。在外資持續沽空下，北水採取短炒策略，利用「浴缸理論」應付來勢洶洶的沽空盤。低位伺機撈貨，升至一定程度，套取利潤，再轉移至下一批股票，以維持相當之成交額，等待時機才大舉出擊。

美國持續加息期間，高息中特股跑贏恒指表現，持貨者皆有利潤在手。預期美國於本周三議息時宣布減息，卻見跌市中當救生圈的高息中資電訊股、石油股及內銀股皆跌幅顯著，相反飽受摧殘之科網股反彈幅度頗為可觀。故而精通「浴缸理論」之輪流炒，適時上車落車，才可於此變幻莫測的股市中分一杯羹。

減息趨勢已成 逆向思維看樓市股市

2024年09月23日

初哥於今年7月23日及8月1日兩篇東網文章中指出，按美國聯邦儲備局長鮑威爾之出爾反爾表現，配合今年11月5日世界關注、影響全球經濟至深的美國總統大選，應會在9月開始減息，僥倖測中。

事實上，當初聯儲局信誓旦旦謂通脹需回落2%以下，才會進行減息，然而基於現時的大選形勢，為求增加執政黨勝算，已不顧一切。近期市場共識本來是1/4厘，但諾貝爾經濟學得獎者忽然幫口説應減半厘，於是上周三晚一錘定音，大減半厘。鮑威爾更露口風往後仍有減息空間，市場共識11月7日議息再次減息之機會大增。

話雖如此，當11月總統大選塵埃落定，會否一如預期般減息，要看屆時的經濟及通脹數據才可決定。惟有一點肯定的是，基本上未來一段時間內利率應不會回升，往後減息行動可望持續，除非通脹高至不能忍受程度。

美股道瓊斯指數是以價格加權指數為基礎，舞動最大的幾隻成分股，即可推上指數，翻手為雲，覆手為雨。

事實擺在眼前，美股企在高位，是靠國際性巨企的美股七雄支撐大市。眾多股票皆由高位回落甚多，包括由股東巴菲特手持重倉之西方石油及美國銀行等。

美國本土經濟並非如想像般好，先有地區銀行倒閉潮，繼而持續有知名大企業全球炒人，零售業倒閉量亦激增，與美股道指納指屢創新高之歌舞昇平表現有天淵之別。由於外強中乾，估計減息趨勢還會持續一段時間。同美元掛鈎之港元，跟隨美息亦步亦趨，事前眾多評論謂香港加息幅度不完全跟足美息，今次或會不緊貼減息。不過金管局帶頭迅速下調基準利率半厘，迫使銀行跟隨減1/4厘。

港股近期由9月12日至9月20日連續6個交易日共升1,147點，升破頭肩底形態頸線，後抽回落後，只要不跌破極點高位18071(收市價計)、及牛熊分界線約在17680點，根據量度升幅，可見19700點。

樓市方面，因租金持續上升，供平過租情況下，未來料吸引優才計劃來港工作的人士，轉租為買比例增加。息口下調，發展商貨尾，部分將會轉賣為租。風向指標之長實集團入標市建局九龍城啟德項目，開始投下對本港樓市重回正軌之信心一票。樓市由谷底展開反彈，指日可待。

港股後市如何發展？

2024年09月30日

雖云太陽底下無新事，然而在股票市場，卻不停地上演着初哥常掛口邊的「世事難料」。對任何突如其來發生的事情，如能以平常心面對，冷靜分析，自可定出應對策略。

事前作出部署，勝過臨場執生。寫文章分析大市對判斷後市方向有極大幫助，初哥於今年頭至今，測市多次，幸不辱命，屢測屢中。

屈指一算，貼中大市例子有多篇。例如今年1月11日標題「美股位高勢危，港股有冇機會大升？」、2月1日「爆雷股層出迭見，港交所如何拆彈」、2月22日「港股否極泰來， 14597已成近年低位」、3月4日「港股日升日跌，股民如何面對」、4月11日「語言偽術充斥市場，港股估值是否便宜」、4月18日「總統與財長減息言論南轅北轍，你信邊個？」、4月25日「環球政局撲朔迷離，港股美股點部署」、5月1日「股票市場洗腦遊戲，適時進退談何容易」、5月9日「港股連升多日一洗頹風，超值股應往哪處尋」、5月27日「恒指量度目標位已見，後市如何發展？」、6月13日「人有人格股有股路，捨易取難勝算低」、6月27日「港股牛熊難分辨，新股市場有表現」、7月18日「初哥測中港股高低位，下半年展望如何？」、7月23日「口術不迭出爾反爾，9月減息高唱入雲」， 8月1日「大選風雲變色，港股美股命運如何？」、8月19日「公布業績有啟示，港股能否乘時起」、9月5日「歷史不斷重演，香港樓市會否起死回生？ 」、及9月23日「減息趨勢已成，逆向思維看樓市股市」等等。

上周一(23日)文章刊出後，恒指一如所料快速升抵量度目標位19700點。加上內地推出雷霆萬鈞的組合拳，上周五(27日)恒指猶如追風逐電地狂升至最高位20743點，收市20632點，成交創出歷史紀錄4,457億元，似有大舉挾空倉之嫌。

現階段會劇烈波動，短線阻力21139點，大幅回吐後，可望挑戰中線阻力22700點。短線支持位20000點心理關口位，更強支持位在兩個上升裂口頂位19000點及18400點，可逢低吸納，迎接年底來臨的大升浪。

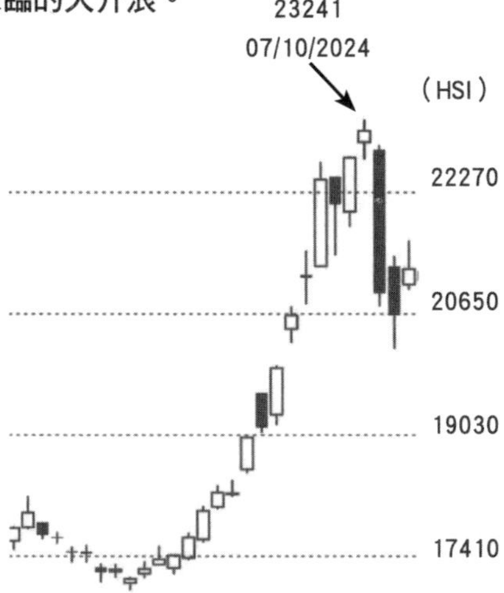

短線阻力21139點,大幅回吐後，可望挑戰中線阻力22700點。短線支持位20000點心理關口位，更強支持位在兩個上升裂口頂位19000點及18400點，可逢低吸納，迎接年底來臨的大升浪

中東戰雲密布 會否有利香港股市表現？

2024年10月07日

初哥於今年9月尾文章曾提及，恒指可望挑戰22700阻力。上週五(10月4日)一如所料抵達，最高位見22742，收市22736。由今個浪底16954起計，短短兩星期內升幅竟高達5,788點，成交更高逾5,000億元，勢如破竹。前者歷史罕見，後者更是史無前例。事實上，這次狂升浪應有箇中玄機。

自從美國2018年以貿易戰為由打壓中港股市開始，加上移民潮影響，港股輾轉下跌至2022年10月31日最低位14597，接著大幅反彈至2023年1月27日　22700，再被唱淡力沽至2024年1月24日之14794，在大摩前高層配合唱淡「香港已死、恒指將會跌落12000點」之際，大市由今年9月中預期美國宣布減息的16964開始展開噴井式狂升，速度之快，令做淡者(玩期指者以沽盤居多)損失慘重。

2018年開始，港股輾轉下跌至2022年10月31日最低位14597，2023年1月27日大幅反彈至22700，再被力沽至2024年1月24日之14794。大市由今年9月中預期美國宣布減息的16964開始展開噴井式狂升

中國眼見外資不斷瘋狂沽貨及沽空，洞若觀火，採取兵家哲學「置之死地而後生」策略，不動聲色，磨礪以須。先讓對港股有信心之大戶在低位大量撈貨，然後等待美國臨近大選，聯儲局大減半厘息。加上中東戰雲密布，油國資金不敢滯留本國，亦不敢移往

美國等西方國家，很大機會流至香港。

美國減息後，內地才大舉推出組合拳，跌至極低殘、估值極不合理之中港股市立即強勁反彈。現水平港股平均市盈率約10至11倍，個別股票仍低至只有單位數字，屬偏低水平，可逢低吸納，迎接年尾的旺市，恒指目標位25000/26269，支持位在20000心理關口位。

鄰近地區如台灣加權指數及日經平均指數，近年在經濟仍處於低迷狀態下，竟創出歷史新高，印證股市表現未必與當地經濟同步，應與資金流向有莫大關係。而且根據以往經驗，股市領先經濟表現約3至6個月，不過並非全部股票皆受惠。暫時看來並不是牛市重臨，只能當成大型上落市看待。「難為牛熊定分界」，正是現今股票市場的寫照。

一盤冷水照頭淋 港股上望目標需檢討？

2024年10月14日

繼今年9月23日成功預測恒指短期內上升到量度升幅位19700點後，初哥9月30日在本欄指出，恒指中線目標22700點。然而世事難料，在中國宣布推出組合拳挽救低迷經濟後，十一長假期後港股竟如脱韁癲馬般火速直衝上10月7日最高位23241點，氣勢如虹，懾人心魄。

正當眾股民翹首以待，翌日10月8日內地財金官員開記者招待會，公布一系列措施，卻被演繹為不符合市場預期。內地A股由最高位升逾10%，迅即掉頭回吐至升幅逾半，港股更馬上作出劇烈反應，最低大冧2,336點，創出歷史單日最大跌幅，成交更誇張至超大的6,204億元，同樣創出歷史前所未有的新高紀錄。

初哥在10月7日早市分析，已提及趁上升時，先將獲利甚深的貨源減持一半，原因是恐防翌日內地A股復市或有反高潮出現。惟始料不及的是，跌幅之鉅，竟超出預期。

事後看來，初哥判斷，10月8日的大冧市內有乾坤。中國吼準中東戰爭進一步加劇，美國聯儲局為求有利執政黨連任，開始大減半厘息的時候，推出組合拳。內地A股休市多日，各方資金瘋狂湧入，港股飛騰上天。美國為求壓制升勢，突然祭出意料之外的高於市場通脹數據，於是大選後議息再大減半厘息的願望落空。一盤冷水照頭淋，內地採用退守策略，惟有等候適當時機才再大舉出擊。

處於此種瞬息萬變的博弈市場，只有摸着石頭過河，不宜太冒進，並設定20000至23300範圍。採取急插時買入，狂升時食糊，密食當爆棚策略。經過數次大上大落後，只要不跌穿19300，或會向上挑戰25000 / 26269點。

港股急升暴跌成常態 守穩呢個位或升至2萬6

2024年10月20日

世事往往出人意表，太多人留意到的，多不會再發生；就算發生，其震撼性或效應亦未必如第一次。N年前流行臨場跟貼內地A股來炒港股，至數年前出現「信北水資金流向得天下」屢戰多勝的局面，這些現時都紛紛失效，如未能適時察覺改變，調整思維，幾可肯定難以成為贏家一族。

自97年回歸後，眾多國企、紅籌及成長中之科網股陸續在香港上市，內地資金紛紛踏足充滿機遇之港股市場，望能分一杯羹，與外資分庭抗禮。外資以基金為主導，北水則是聯群結黨般集腋成裘地炒股。兩者之分別，在於前者喜在低位大量入貨，耐心坐貨至非常滿意回報才大舉沽出。後者採用的策略，則是在低位愈跌愈撈，升至有一定利潤便會大量沽貨，彷似體操的高低槓般炒法，最後動作當然是落地於原位。此種玩法形成急升暴跌，與過往本地股民只需跟風炒作便可贏錢的模式截然不同。

未能順應潮流者，短炒落敗而回的場面時常出現。高位追貨被綁，短線變長揸，不知何年何月才見家鄉，損失金錢之餘，更輸了時間成本及信心。

今年港股走勢，可印證初哥所言非虛。數次大型波幅上落，近期更加誇張，以往升跌三百多點已被視為大升或大跌，現時升跌五六百點卻是屢屢發生。近日中央政府連番出招，加上十一長假期前，待美國大減半厘息，中東局勢進一步加劇之際，突然推出組合拳，恒指一個月內狂升超過6,000點，直奔上23241點，成交更創出歷史新高的5,000億至6,000億元金額。正當股民如痴如醉般奮勇向前，北水乘機將獲利貨大量沽出，7個交易日竟大瀉逾3,000點，高位追貨者損失慘重。

根據成交量之啟示，早前應有中東資金睇好港股市場而大手入貨。按其炒股手法，以睇長線為主，所以此次大回吐，可看作是急升後獲利回吐而已。只要不跌穿19300點，後市仍有望向上挑戰25000 / 26269點。

環迴股市高低槓 應對策略可否靠這招？

2024年10月27日

股票市場中，炒股成功者自有一套法則。其中一招是逆向散戶思維炒法，雖不能百發百中，惟運用得宜，亦有一定勝算。其理據是建基於少數股民贏錢機率，高過大部分散戶股民。

事實上，散戶都是跟隨當時市場風向而進行交易，普遍克服不了「恐懼與貪婪」的心魔，以致經常錯過低吸良機。左望望右望望，見旁邊的人入市贏錢了才想着去高追，卻原來已是水尾，難怪長期作戰總是輸錢。

當然，逆向思維炒股法也並非至高無上，如用得不合時宜，太早上車或者上錯車，結果也是難逃輸錢之命運。輸錢不肯止蝕，坐艇死守，輕則輸了時間成本，重則股價一沉不起，甚至公司停牌清盤收場。所以初哥經常強調，精用圖表睇市，加上炒股心法輔助，適時上車，及時落車，才能馳騁於複雜多變的現今股票市場。

根據成交量之啟示，早前應有中東資金睇好港股市而大手入貨。按其炒股手法,以睇長線為主，所以此次大回吐，可看作是急升後獲利回吐而已。只要不跌穿19300點，後市仍有望向上挑戰25000 /26269點

近期港股經過暴升5,000幾6,000點，急瀉約3,000點後，現時呈現升跌升跌的環迴格局，箇中原因或與北水喜玩高低槓炒法有關。股民要提高勝算，宜參考其炒股步伐，伺機而動。恒指暫仍當作狂升後之急速回吐，上周出現極點低價位20423點，成為短期後市分水嶺（收市價計）。支持位在20000點眾人心理關口位、及技術性支持位19977點，跌穿會向下填補未完成的上升裂口位，阻力21000點/21622點，升穿則會向上挑戰25000點/26269點。

美國總統大選日　市況混亂如何應付？

2024年11月03日

今年美國總統選舉戰況激烈，形勢變幻莫測。本由現任總統拜登競逐連任，可惜辯論

時反應遲緩，目光呆滯，加上講話連番失誤，令選民聯想到如此表現，縱使連任，能否順利完成任期頓成疑問。民望大插水，民調被特朗普大幅領先，處於劣勢。民主黨內迫退之聲不絕，於是惟有以其副手賀錦麗代替出選總統寶座。

新人事新作風，配合黨內多名重量級人物包括民望甚高之前任總統奧巴馬及克林頓助選，利益集團大力捐款宣傳助攻，聲望大增，曾一度拋離特朗普3%以上。唯近期此消彼長，民調互有領先。

按人數計算，賀錦麗暫仍領先少許，然而，在美國當選總統，需要贏過半數選舉人票才可入主白宮。共和民主兩黨各有長期據點，關鍵在於模棱兩可之搖擺州份。雖然人數方面，賀錦麗仍領先，但莊家盤口睇高特朗普一線。初哥信後者多些，是否如此，今周三香港時間便會知曉。

根據上兩屆總統選舉歷史，港股及美股當日會劇烈波動。選情會因一路點票期而此起彼落，股民不宜高追對暫勝者有利的股票或指數表現，否則在大上大落的市況中，容易迷失方向損手而回。

處於此種政治市，運用相反理論應市，或會有意想不到效果。如果不熟悉逆向思維炒法、或者看不通走勢的，當日暫作壁上觀，等待揭盅後才作出部署，亦不失為安全做法。

特朗普當選 中港股市有冇運行？

2024年11月10日

11月3日初哥在本專欄預測特朗普當選下任美國總統，果然一矢中的。幸運貼中，應歸功於初哥愛用捉棋思維及曾教過的「新聞判斷法」。

初哥年幼時在耳濡目染情況下，喜歡賭錢博弈遊戲，又因兒時大病引致右耳聾左耳聽覺不靈光，經常要從別人的説話前文後理中去猜測，從而愛上需要思考力的中國象棋。

讀書時期因在中秋晚會上贏了當屆冠軍蘇福蔭，於是夢想成為棋王。在十六歲那年終於全港公開賽入了十六強，青少年組入了八強，不過後來在擂台賽中大敗於七屆冠軍趙汝權，而且屢次在街邊捉殘局而未嘗一勝，心想離棋王級思路甚遠，難以登上棋王之路，遂放棄了再參賽念頭。然而，捉棋的思路對初哥日後判斷事物甚有幫助，加上喜歡讀中國歷史，對新聞判斷有一定程度掌握。聊天室有學生有興趣學「新聞判斷法」，初哥或會開班授徒。

特朗普再次登上總統寶座，最大贏家除了其本人及共和黨員外，大力傾財𠝹身以助的Tesla創辦人馬斯克成為商界最大贏家。Tesla股價幾日內升幅可觀，馬斯克身家大漲，現已躍居全球首富地位，拋離股神巴菲特甚遠。看來應會入閣做其幕後智囊，且看如何屢發新招。特朗普上次2017年出任總統後，為了兑現選舉承諾，更主要是為求連任鋪路，於是出手打壓中國，掀起貿易戰幔，推出大幅增加關税的措施。中港經濟大受影響，連累港股也大跌，間中出現少許轉機，大市也曾出現大反彈。改朝換代至拜登政府，港股重複小彈急插的場面外，比特朗普在任時的表現更差。低點14597，較特朗普主政時期之21139有過之而無不及。

歷史雖然不斷重演，惟初哥信奉「每次演繹皆有不同」的哲理。普遍最容易犯的錯誤，就是喜歡用上次或最近的故事，去反射到今次的情景中。今次特朗普政府，加上了在中國設廠的馬斯克，又無競選連任的包袱，政策會否照搬競選時的一套，頓成疑問。明年中港股市，初哥仍睇高一線，每逢急跌時吸納，應有可觀回報。

聯儲局出爾反爾 12月減息會否出現？

2024年11月17日

美國總統選舉塵埃落定，共和黨特朗普在民調落後之下，反而輕勝民主黨賀錦麗，印證民調多是由當屆執政黨所控制，水份成數甚高。初哥寧信真金白銀落注的莊家賭盤，果然有效。

除了輸掉總統寶座外，連一向有制衡作用之參眾兩院選舉，民主黨也一併敗北，輸得落花流水，箇中原因或與拜登政府執政時期的表現有莫大關係。最致命的是以巴戰爭，提供武器，任由以色列狂轟濫炸手無寸鐵的當地市民，連救人的醫護人員也不放過，慘不忍睹。人神共憤下，唯有用手上一票，選出了有犯罪嫌疑，面臨被起訴的特朗普。

鮑威爾自食其言，出爾反爾，以政治任務幫執政黨提高勝算，吼準時機，於今年9月在通脹未低過2%之時，強行大減半厘息。其理據是通脹趨勢向下，可以開始減息，並在10月再減0.25厘，不過無濟於事，難以力挽狂瀾。上週四經濟數據顯示通脹仍揮之不去，預示未來減息空間不大，證明9月份數據應是用會計撥數方式，巧妙地將高通脹數字推遲兩個月。待大選後才撥亂反正，剛好上週四公布數據還原基本面。

特朗普將於明年1月20日就任總統，其政綱力主減息。鮑威爾為求討好特朗普，料在12月議息會議，再減0.25厘，以求繼續連任聯儲局主席。是否如此，到時便分知曉。

反覆上落難捉摸 贏多輸少有竅門

2024年11月24日

根據過往歷史，股災多發生在10月份。今年9月中恒指曾見低位16964，之後屢傳中央出招救市，大市直衝上10月7日的23241，升幅達6277點。內地A股長假期後復市當日（10月8日），公布組合拳之救市金額6萬億元（人民幣，下同），較市場預期之10萬億元為少，港股才出現股災式大跌至10月17日低位19977。

之後上落多次，在11月8日曾中段突破21000眾人心理關口位，升至21355，可惜倒跌收市，並出現陰陽燭極具殺傷力之「射擊之星」，顯示反彈完畢。

恒指再反覆下跌至上週五(11月22日)的19229，成交增加，或會向下填補19002至19072的上升裂口。至於突破性上升裂口18426至18532會否回補，則要看19000心理關口位能否守穩。

現今股票市場非常複雜多變，除了世界政局不穩，虛假資訊泛濫，還有多種衍生工具及對沖基金作怪，股市已難界定牛熊市之分。初哥之前曾經多番提過，在牛市仍輸錢的應是熊，反觀在熊市仍能贏錢便是牛了。

在股市中如想贏錢，非要有一套應市策略才可戰勝市場，買何種股票及入市時機當然重要。根據初哥在聊天室教的方法，貼22次股票，16次獲利，6隻輕微止蝕。贏多輸少，應歸功於買中獲利點，有一定利潤便先行食糊。當回調時定下止賺位，跌穿買入位，則在稍後時間定下數個百分點止蝕。成功例子有海吉亞（6078），第一次最高升逾25%，第二次輕微止蝕，第三次最高升逾8%，跑贏恒指的下跌逾千點甚多。

此舉有兩大好處，既可保持手上足夠資金，而輕微先行止賺／止蝕後，可以在更低位再進行部署。手中無蝕本貨，沒有主觀情緒，更能眼明心亮。誠然，間中止賺／止蝕後會有反彈回升，便可以印證那是一隻強勢股，可密切留意，並伺機吸納，此一方法勝算甚高。至於上車落車之法，要靠圖表及炒股心法輔助才能成功。

初哥教路 浸浴缸 高低槓

作　　者：鄧建初

出　　版：香港財經移動出版有限公司

地　　址： 香港柴灣豐業街 12 號啟力工業中心 A 座 19 樓 9 室

電　　話：（八五二）三六二零 三一一六

發　　行：一代匯集

地　　址：香港九龍大角咀塘尾道 64 號龍駒企業大廈 10 字樓 B 及 D 室

電　　話：（八五二）二七八三 八一零二

印　　刷：培基印刷鐳射分色公司

初　　版：二零二五年一月

如有破損或裝訂錯誤，請寄回本社更換。

免責聲明

本書僅供一般資訊及教育之用途，並不擬作為專業建議或對任何投資計劃的具體推薦。本書的出版商、作者以及參與創作本書的任何其他人士、機構於提供的信息的準確性、可靠性、完整性或及時性不作任何陳述或保證。金融市場瞬息萬變，本書的信息隨時發生變更，我們不能保證讀者使用時是最新的。

我們已竭力提供準確的信息，對於因提供的信息中的任何錯誤、不準確之處或遺漏，或基於本書中提供的信息而採取或不採取的任何行動，我們概不負責。讀者有責任自行研究並在進行投資計劃之前自行評估核實。本書的出版商、作者對因使用本書中提供的信息而可能導致的任何損失、不便或其他損害概不負責。

PRINTED IN HONG KONG

ISBN：978-988-76533-8-7